涟漪滤镜效果

鱼眼滤镜效果

往内挤压滤镜效果

双色调滤镜效果

闪电滤镜效果

波纹滤镜效果

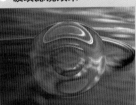

微风滤镜效果

云彩滤镜效果

彩色笔滤镜效果

幻影动作滤镜效果

镜头闪光滤镜效果

气泡滤镜效果

律师声明

北京市邦信阳律师事务所谢青律师代表中国青年出版社郑重声明：本书由著作权人授权中国青年出版社独家出版发行。未经版权所有人和中国青年出版社书面许可，任何组织机构、个人不得以任何形式擅自复制、改编或传播本书全部或部分内容。凡有侵权行为，必须承担法律责任。中国青年出版社将配合版权执法机关大力打击盗印、盗版等任何形式的侵权行为。敬请广大读者协助举报，对经查实的侵权案件给予举报人重奖。

侵权举报电话：

全国"扫黄打非"工作小组办公室　　　中国青年出版社
010-65233456　65212870　　　　　010-59521012
http://www.shdf.gov.cn　　　　　　E-mail: cyplaw@cypmedia.com　MSN: cyp_law@hotmail.com

图书在版编目（CIP）数据

会声会影X3 中文版从入门到精通 / 杰诚文化编著 . 一北京 : 中国青年出版社，2010.9
ISBN 978-7-5006-9487-8
I. ①会 ... II. ①杰 ... III. ①图形软件，会声会影X3　IV. ① TP391.41
中国版本图书馆 CIP 数据核字（2010）第 161507 号

会声会影 X3 中文版从入门到精通

杰诚文化　编著

出版发行	中国青年出版社
地　　址	北京市东四十二条 21 号
邮政编码	100708
电　　话	（010）59521188 / 59521189
传　　真	（010）59521111
企　　划	中青雄狮数码传媒科技有限公司

责任编辑	肖　辉　张海玲　沈　莹
封面制作	刘晓颖

印　　刷	北京机工印刷厂
开　　本	787 x 1092　1/16
印　　张	26.25
版　　次	2010 年 10 月北京第 1 版
印　　次	2010 年 10 月第 1 次印刷
书　　号	ISBN 978-7-5006-9487-8
定　　价	45.00 元（附赠 1DVD）

本书如有印装质量等问题，请与本社联系　电话：（010）59521188 / 59521189
读者来信: reader@cypmedia.com
如有其他问题请访问我们的网站: www.21books.com

"北京北大方正电子有限公司"授权本书使用如下方正字体
封面用字包括: 方正兰亭黑系列

你是否想把电脑中一张张普通的照片添加上各种特效后制作成电子相册？是否想过像大导演一样自编自导地制作一些小电影？掌握了会声会影X3的使用方法，就可以让你的想法变成现实，尽情挥洒无限创意！

软件说明

会声会影X3是一款功能强大的视频编辑软件，它可以对图片以及视频素材进行编辑，并且在制作完成后输出为不同格式的视频。会声会影X3软件包括"会声会影编辑器"、"影片向导"、"DV转DVD向导"和"刻录"4个组件，用户可以根据需要选择合适的组件。

该软件不仅具备符合家庭或个人所需的影片剪辑功能，甚至可以挑战专业的影片剪辑软件，无论是影片制作行业的新人或是业余爱好者，会声会影X3都可以满足你对照片、视频素材进行编辑的要求。

本书特色

实用易学：视频入门知识热身＋编辑技法修炼＋综合影片创作＝从入门到精通

专题讲解：通过对4大组件、7大功能的专题讲解，让读者了解会声会影的各项功能，分阶段消化所有知识点。

实例演练：全书108个知识点实例和41个范例演练将软件各项功能融汇到实例操作中讲解，提高实际操作软件的能力，最后3章分别讲解了3个极具实用价值的案例，将全书的知识点灵活地串联在一起，巩固了前文所讲知识，使读者能够轻松学以致用。

技能提升：每章最后部分的"更进一步"专栏，补充最常用的视频编辑知识，帮助读者快速成为视频编辑方面的专家！

内容导读

本书共分为15章，从会声会影X3的认识、安装开始，到将制作好的视频文件导出，逐一对视频或图像文件在会声会影X3中的制作步骤进行了介绍，同时还包含了影片编辑时常用的一些音频、视频格式等方面的专业知识。其中第2~10章介绍了会声会影编辑器的使用知识，结合实例，读者可以掌握在会声会影编辑器内进行影片捕获、编辑、创建的操作方法。第11~12章分别对会声会影X3中"影片向导"、"DV转DVD向导"和"刻录"的使用方法进行了介绍。第13~15章将前几章所学的知识结合起来，讲解了完整的影片制作方法，帮助读者将所学知识融会贯通，真正实现我的影片我做主！

阅读说明

光盘文件路径：
帮助读者快速查
找配书光盘。

操作步骤：
手把手、一步步
教授读者学习软
件功能，使读者
全面、系统掌握
软件操作方法。

操作面板详解：
用图表的方式逐
条讲解面板功能，
使读者一目了然。

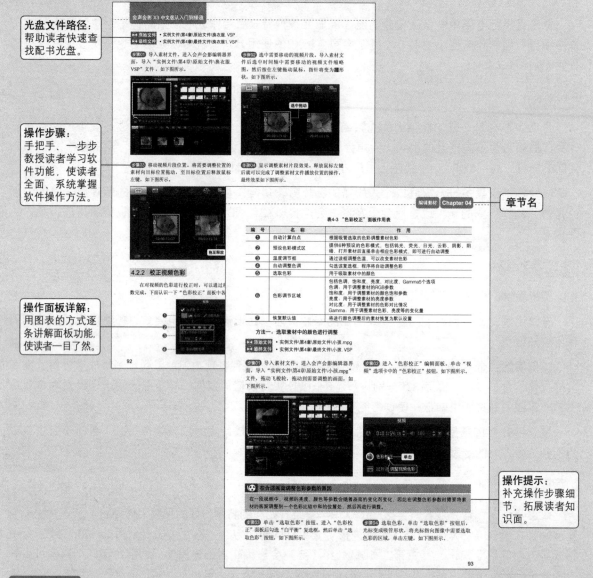

章节名

操作提示：
补充操作步骤细
节，拓展读者知
识面。

适用读者群

1. 准备学习或正在学习会声会影X3的初级读者

——本书通过详尽的实例讲解，可以快速提高读者操作软件的能力。

2. DV发烧友、多媒体设计人员、影视节目制作者

——专业的知识讲解和技巧点拨，帮助读者全面解决视频编辑过程中的问题。

3. 家庭数码视频用户

——内容实用，可作为家庭用户的最佳指导教材。

本书在编写过程中力求严谨，但由于本人水平有限，书中难免有疏漏和不妥之处，敬请广大读者批评指正。

作 者

Chapter 01
会声会影X3的认识与安装

Chapter 02
会声会影X3基础知识

Chapter 03
会声会影X3的素材获取

Chapter 04
编辑素材

Chapter 05
影片特效制作

Chapter 06
设置影片场景转换效果

Chapter 07
影片的覆叠设置

Chapter 08
标题、字幕特效设置

Chapter 09
影片的音效设置

Chapter 10
分享视频

Chapter 11
DV直接转换为DVD

Chapter 12
快速轻松制作影片

Chapter 13
制作宝宝相册

Chapter 14
制作婚礼视频

Chapter 15
制作"鸟类简介"短片

索引

Chapter 01
会声会影X3的认识与安装

在使用会声会影X3软件前，用户需要了解该软件的安装要求、安装步骤和新增功能，本章主要对这方面的知识进行介绍。

通过本章的学习，您可以：

▲ 掌握会声会影X3的安装方法

▲ 了解会声会影X3的新增功能

▲ 掌握会声会影X3支持的输入和输出文件格式

▲ 认识常见的音频与视频格式

▲ 熟悉会声会影X3的3大工具

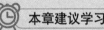 本章建议学习时间：60分钟

当用户使用DV录制视频后，可以使用专业软件将视频编辑成影片以供观看。会声会影X3软件是一款简单易用的视频编辑和光盘制作软件，可用于创建专业级视频和相册。

1.1 | 安装会声会影X3的系统要求

使用会声会影X3编辑影片时会使用一些较大的视频文件，因此需要考虑到电脑硬盘、内存容量等配置是否能够正常运行会声会影X3。下面介绍安装会声会影X3软件的推荐系统配置以及输入输出设备配置，如表1-1所示。

表1-1 系统配置与输入、输出配置表

系统配置	建议配置
中央处理器（CPU）	Intel Pentium 4 3.0 GHz、AMD Athlon XP 3000+ 或更高处理器
内存	1GB 以上，具体取决于所用的视频捕获设备
硬盘	2GB以上容量，1GB用于安装程序，1GB用于放置需要的视频或图像文件
显示卡	16X PCI ExpressTM显卡
声卡	支持环绕声的多声道声卡
操作系统	建议使用Windows XP或Windows Vista
输入、输出设备	**作用及参数**
1394卡	用于捕获 DV、D8、HDV、AVCHD 摄像机中的视频文件
USB接口	用于连接移动设备、相机、U盘等设备以获取编辑中需要的文件
光驱驱动器	用于刻录或采集文件，包括Windows 兼容 Blu-ray、DVD-R/RW、DVD＋R/RW、DVD-RAM 或 CD-R/RW 驱动器

1.2 | 查看电脑属性

了解了安装会声会影X3软件需要的系统配置要求后，用户可以查看自己的电脑配置是否符合要求，确保能够成功安装会声会影X3软件，下面介绍详细的操作步骤。

步骤01 打开"系统属性"对话框。右键单击桌面上的"我的电脑"图标，在弹出的快捷菜单中单击"属性"命令，如下图所示。

步骤02 查看电脑属性。在弹出的"系统属性"对话框中切换到"常规"选项卡中，即可看到电脑的属性参数，如下图所示。

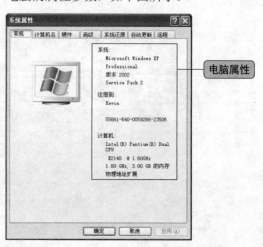

范例操作

范例01　查看电脑硬盘空间使用情况

　　电脑的硬盘空间足够大是能够顺利安装会声会影X3软件的重要条件，在安装会声会影X3前首先需要确认电脑的硬盘空间是否充足。

01 打开"我的电脑"窗口。在桌面上双击"我的电脑"图标，如下图所示，即可打开"我的电脑"窗口。

02 打开"WINXP(C:)属性"对话框。右击"我的电脑"窗口中的 WINXP(C:)图标，在弹出的快捷菜单中单击"属性"命令，如下图所示。

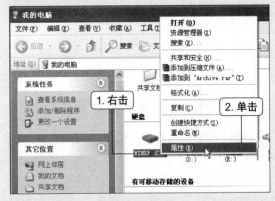

03 显示磁盘空间使用情况。在弹出的"WIN-XP(C:)属性"对话框中切换到"常规"选项卡，可以查看该磁盘的已用空间、可用空间等相关信息，如右图所示。查看完毕后单击"确定"按钮即可。按照同样的操作步骤可以查看其他磁盘空间的使用情况。

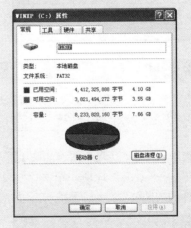

1.3 │ 安装会声会影X3

　　确定电脑的配置可以安装会声会影X3软件后，将安装光盘放入光盘驱动器中，或打开安装文件所在文件夹双击安装程序文件，就可以进行安装了，下面介绍详细的操作步骤。

步骤01 进入安装界面。将会声会影X3的安装光盘放入电脑光驱中，系统会自动弹出会声会影X3的安装界面，单击"安装会声会影X3"按钮，进行会声会影X3软件的安装。

步骤02 设置软件安装位置。运行[会声会影.X3
官方简体中文版].VSX3_Pro_TBYB.exe安装程序
后,在"提取位置"界面设置提取文件位置后
单击"继续"按钮,如右图所示。

步骤03 显示解压软件进度。设置完成软件提取
位置后,软件会自动解压缩,弹出"iNOSSO(R)
2.0对于Corel VideoStudio Pro X3"对话框,显示
解压软件的进度,如下图所示。

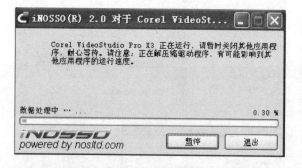

步骤04 接受协议。进入"许可证协议"界面,
弹出Coree VideoStudio Pro X3界面,勾选"我接
受许可协议中的条款(A)"复选框,单击"下
一步"按钮,如下图所示。

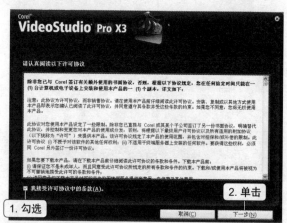

更改软件安装路径

安装会声会影X3软件时用户可以更改软件安装的位置。在"保存文件的位置"界面中单击"更改"按
钮,再在弹出的"浏览文件夹"对话框中选择目标文件夹即可。

步骤05 选择所在国家。在"选择您所在的国家/
地区"列表框中选择"中国"选项,单击"更
改"按钮更改软件的安装位置,如下图所示。

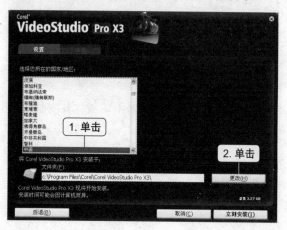

步骤06 设置安装路径。在弹出的"浏览文件
夹"对话框中选择安装软件的文件夹,然后单
击"确定"按钮,如下图所示。

步骤07 进行安装。可以看到已经设置将软件安装到F:\CorelCorel VideoStudio Pro X3文件夹下，单击"立刻安装"按钮，如下图所示。

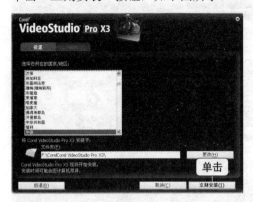

步骤08 安装进度。在Corel VideoStudio Pro X3安装界面中显示安装配置进度，同时介绍会声会影X3的功能，如下图所示。

步骤09 完成安装。软件安装完成后进入完成界面，单击"是，我要立即重启计算机"单选按钮，再单击"完成"按钮，如下图所示。

步骤10 查看安装会声会影X3最终效果。上述操作完成后返回电脑桌面，可以看到会声会影X3程序的快捷方式图标，如下图所示。

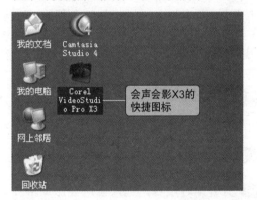

步骤11 会声会影软件界面。双击Corel 会声会影X3图标，出现会声会影选择界面，如下图所示。

步骤12 选择进入"高级编辑"。单击"高级编辑"按钮，进入高级编辑界面。

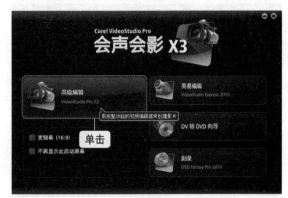

步骤13 显示进入状态。此时，进度条显示正在进入"高级编辑"操作界面，如下图所示。

步骤14 进入"高级编辑"操作界面。已经打开了会声会影X3软件界面，界面如下图所示。

"高级编辑"操作界面

1.4 | 会声会影X3的5大新增功能

与前几个版本相比，会声会影X3创新的影片制作向导模式只要3个步骤就可快速制作DV影片，即使是入门新手也可以在短时间内体验影片剪辑的乐趣。同时，操作简单、功能强大的会声会影编辑模式，从捕获、剪接、转场、特效到覆叠、字幕、配乐、刻录，可以使用户剪辑出好莱坞级的家庭电影。

1.4.1 快速编辑模式

用户可以在全新的"简易编辑"模式下快速组合影片。

原始文件 • 实例文件\第1章\原始文件\趣味.VSP

步骤01 打开即时项目。进入会声会影编辑界面，单击时间轴上方的"即时项目"按钮，如下图所示。

单击

步骤02 选择项目。单击需要使用的项目模板，单击"在开始处添加"单选按钮，单击"插入"按钮，如下图所示。

1. 单击

2. 单击

3. 单击

步骤03 调整项目。进入会声会影编辑界面，单击时间轴上方的"将项目调到时间轴窗口大小"按钮，如下图所示。

步骤04 项目效果。经过将项目调整到时间轴窗口大小的操作，效果如下图所示。

步骤05 最终效果。经过以上操作，效果如下图所示。

1.4.2　实时特效

全新的NewBlue特效套件，包括3D动态特效，其超高效率的实时预览可以使用户实时体验套用特效后的效果。

原始文件　• 实例文件\第1章\原始文件\竹子\竹子1.VSP
最终文件　• 实例文件\第1章\最终文件\竹子2.VSP

步骤01 打开项目文件。进入会声会影编辑器界面，插入"实例文件\第1章\原始文件\竹子\竹子1.VSP"文件，如下图所示。

步骤02 打开"滤镜"素材库。插入素材文件后，单击预览窗口右侧的"滤镜"按钮，在"画廊"下拉列表中选择"NewBlue样品效果"选项，如下图所示。

 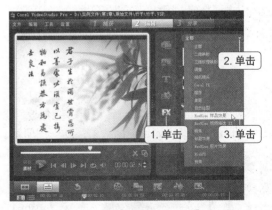

步骤03 选择需要使用的滤镜。在"NewBlue样品效果"素材库中，选中需要使用的滤镜效果，向时间轴的素材方向按住左键拖动鼠标，如下图所示。

步骤04 应用滤镜效果。将滤镜效果拖到时间轴中的素材上，如下图所示，释放鼠标左键，即可完成应用滤镜效果的操作。

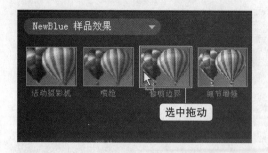

步骤05 自定义滤镜样式。在素材上单击鼠标右键，在快捷菜单中单击"打开选项面板"命令，在"属性"面板中单击滤镜效果列表框内的"修剪边界"选项，单击"自定义滤镜"按钮，如下图所示。

步骤06 选择NewBlue修剪边界样式。弹出"New-Blue修剪边界"对话框，在修剪样式列表框内单击"最大修剪"选项，如下图所示。

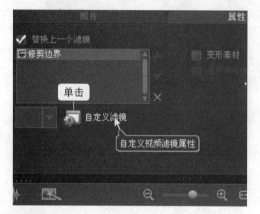

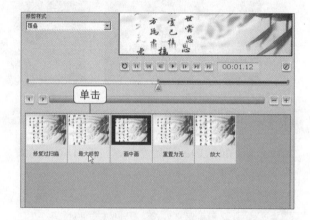

步骤07 选择修剪样式。在"NewBlue修剪边界"对话框的"修剪样式"列表框内单击"覆叠"选项，最后单击"确定"按钮，如右图所示。

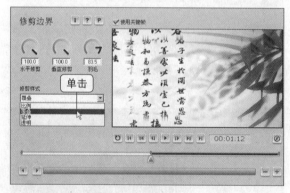

步骤08 显示应用滤镜效果。经过以上操作返回会声会影编辑器界面，单击预览窗口下方的"播放"按钮，即可预览设置滤镜后的效果，如下图所示。

1.4.3 提供自定义动感音效

会声会影X3透过 SmartSound及Dolby Digital 5.1环绕自定义动感音效，让用户在观看影片的同时还可以听到震撼的动感音效。

🔘 **原始文件** • 实例文件\第1章\原始文件\竹子\竹子2.VSP
🔘 **最终文件** • 实例文件\第1章\最终文件\竹子3.VSP

步骤01 打开项目文件。进入会声会影编辑器界面，插入"实例文件\第1章\原始文件\竹子\竹子2.VSP"文件，如下图所示。

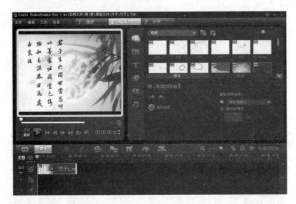

步骤02 打开音效库。插入素材文件后单击预览窗口右侧的"音频"按钮🎵，在音频素材库下方单击"选项"按钮，如下图所示。

步骤03 选择需要使用的音乐。在"自动音乐"面板的"音乐"下拉列表中选择需要使用的音乐，勾选"自动修整"复选框，如下图所示。

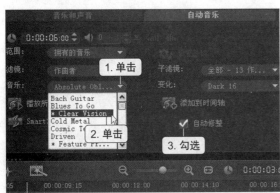

步骤04 添加时间轴。单击"添加到时间轴"按钮，如下图所示。

步骤05 显示动感音频效果。经过以上操作，即可将动感自动音效添加到时间轴，单乐轨中出现选择的音频效果，如右图所示。

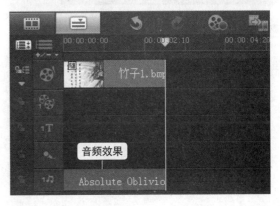

1.4.4 快速电影制作

　　会声会影X3全新设计的界面可加快导览、组合剪辑片段及编辑速度，使用户几分钟之内即可完成一部影片的制作，然后您可以利用进阶编辑工具中完美影片内容。

原始文件 • 实例文件\第1章\原始文件\竹子\竹子1.VSP
最终文件 • 实例文件\第1章\最终文件\竹子4.VSP

步骤01 捕获视频。进入会声会影编辑器界面，单击"捕获"标签，单击"从数字媒体导入"按钮，如下图所示。

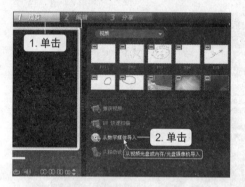

步骤02 选取"导入源文件夹"。弹出"从数字媒体导入"对话框，单击"选取'导入源文件夹'"图标，如下图所示。

步骤03 选择导入文件夹。弹出"选取'导入源文件夹'"对话框，单击源文件夹前的方框，单击"确定"按钮，如下图所示。

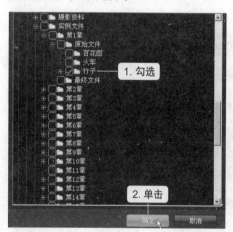

步骤04 从数字媒体导入。返回"从数字媒体导入"对话框，单击"起始"按钮，如下图所示。

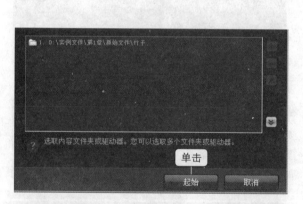

步骤05 选择图像。进入"选择要导入的项目"界面，单击"显示图片"按钮，选择需要使用的图片，单击"开始导入"按钮，如右图所示。

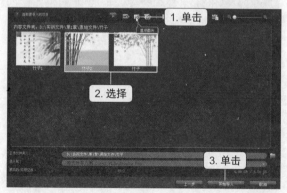

步骤06 导入设置。弹出"导入设置"对话框，勾选"捕获到素材库"和"插入到时间轴"复选框，单击"确定"按钮，如下图所示。

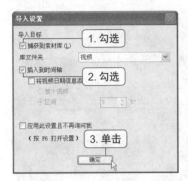

步骤07 进入编辑界面。单击"2 编辑"标签，进入视频编辑环节，如下图所示。

步骤08 替换素材。右键单击时间轴下方需要替换的素材，在弹出的快捷菜单中指向"替换素材"选项，在级联菜单中单击"视频"选项，如下图所示。

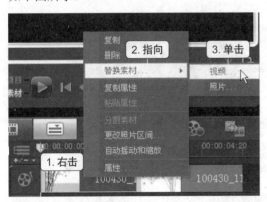

步骤09 选择素材。弹出"替换/重新链接素材"对话框，在视频的保存路径中选择需要替换的文件，单击"确定"按钮，如下图所示。

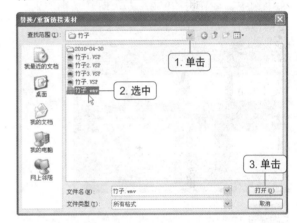

步骤10 显示添加、替换/重新链接素材效果。经过以上操作后，返回会声会影编辑器界面，单击预览窗口下方的"播放"按钮，即可预览添加、替换/重新链接素材后的效果，如下图所示。

1.4.5 新增专业内容

会声会影X3提供好莱坞级专业的RevoStock范本，包括专业的音乐、标题、转场及即时特效，使用进阶影片编辑工具可以使作品更加完美。

- 📀 **原始文件** • 实例文件\第1章\原始文件\竹子\竹子3.VSP
- 📀 **最终文件** • 实例文件\第1章\最终文件\竹子4.VSP

步骤01 打开项目文件。进入会声会影编辑器界面,插入"实例文件\第1章\原始文件\竹子\竹子3.VSP"文件,如下图所示。

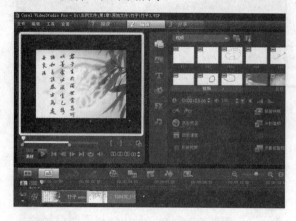

步骤02 打开边框素材库。单击预览窗口右侧的"图形"按钮,在"画廊"下拉列表中单击"边框"选项,如下图所示。

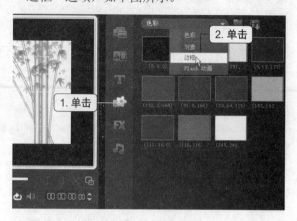

步骤03 选择需要使用的边框。在"边框"素材库中选中需要使用的F32边框,向时间轴的素材方向拖动,如下图所示。

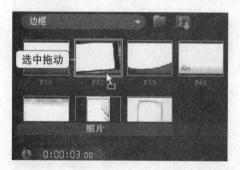

步骤04 应用边框。将边框拖到时间轴中的素材下方,如下图所示,释放鼠标左键,即可完成应用边框的操作。

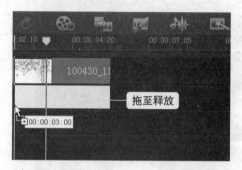

步骤05 添加"自动摇动和缩放"滤镜。右击时间轴上的第二段素材,在弹出的快捷菜单中单击"自动摇动和缩放"命令,如下图所示。

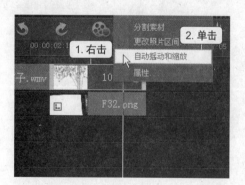

步骤06 打开"NewBlue样品转场"素材库。单击预览窗口右侧的"转场"按钮,在"画廊夹"下拉列表中单击"NewBlue样品转场"选项,如下图所示。

步骤07 选择需要使用的转场效果。在"NewBlue样品转场"素材库中选中"3D彩屑"图标,将其向时间轴的素材方向拖动,如下图所示。

步骤08 应用转场效果。将转场效果拖到时间轴中两个素材之间的灰色方块上,如下图所示,释放鼠标左键即可完成应用转场效果的操作。

步骤09 打开"NewBlue3D 彩屑"对话框。为影片添加转场效果后，单击编辑面板中的"自定义"按钮，如下图所示。

步骤11 打开音效库。插入素材文件后单击预览窗口右侧的"音频"按钮，在音频素材库中单击S06选项，将其向音乐轨上拖动，如下图所示。

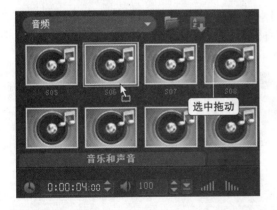

步骤13 确定需要剪辑的位置。切换到"音频视图"后，在音乐文件需要剪辑的位置处单击鼠标左键，如下图所示，确定需要剪辑的位置。

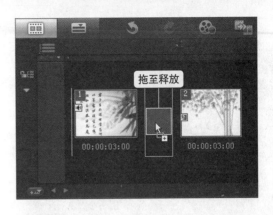

步骤10 选择风向左吹动面板。在弹出的"New-Blue 3D彩屑"对话框中单击"风向左吹动面板"选项，单击"确定"按钮，如下图所示。

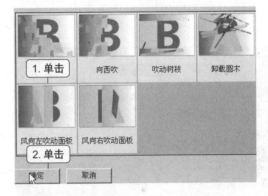

步骤12 应用音乐效果。将音乐拖到时间轴下方的音乐轨后释放鼠标左键，即可完成应用音乐效果的操作。

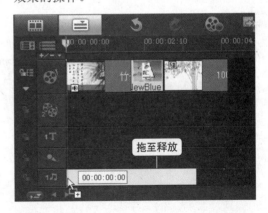

步骤14 剪辑音频文件。单击"预览窗口"下方的"按照飞梭栏的位置分割素材"按钮剪切素材，如下图所示。

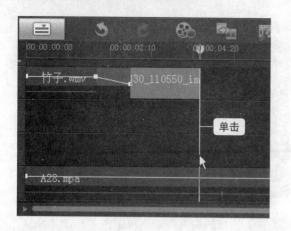

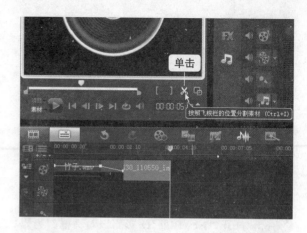

步骤15 删除不需要的音乐文件。经过以上操作将选中的素材剪辑为两个音乐文件，右击不需要的片段，在弹出的快捷菜单中单击"删除"命令，如下图所示。

步骤16 显示删除音乐文件片段效果。经过以上操作将不需要的音频文件删除，如下图所示。

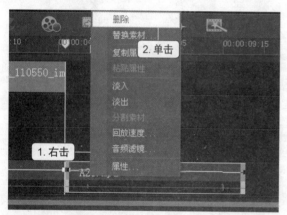

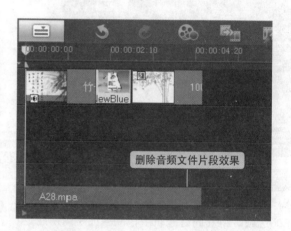

步骤17 显示应用滤镜、转场及音乐最终效果。经过以上操作即可完成了滤镜、转场及音乐效果的应用操作，单击预览窗口下方的"播放"按钮即可看到最终效果，如下图所示。

1.5 认识视频与音频

编辑影片时，视频与音频是不可缺少的基本元素，本节就来介绍会声会影X3软件所支持的视频与音频格式与常见的视频、音频格式相关知识。

1.5.1 会声会影X3支持的文件格式

在编辑影片时，可以插入图像、视频、音频和光盘等4大类文件。输出影片时，可以输出图像、视频、音频、光盘和媒体等5个类别的文件，下面分别介绍会声会影X3所支持的输入和输出文件格式。

1．支持输入的文件格式

- 视频：AVI、MPEG-1、MPEG-2、AVCHD、MPEG-4、H.264、BDMV、DV、HDV、DivX、QuickTime、RealVideo、WMV、MOD（JVCMOD文件格式）、M2TS、M2T、TOD、3GPP、3GPP2
- 音频：Dolby Digital Stereo、Dolby Digital 5.1、MP3、MPA、WAV、QuickTime、WMA
- 图像：BMP、CLP、CUR、EPS、FAX、FPX、GIF、ICO、IFF、IMG、J2K、JP2、JPC、JPG、PCD、PCT、PCX、PIC、PNG、PSD、PSPImage、PXR、RAS、RAW、SCT、SHG、TGA、TIF、UFO、UFP、WMF
- 光盘：DVD、VCD、SVCD

2．支持输出的文件格式

- 视频：AVI、MPEG-1、MPEG-2、AVCHD、MPEG-4、H.264、BDMV、HDV、QuickTime、RealVideo、WMV、3GPP、3GPP2、FLV
- 音频：Dolby Digital Stereo、Dolby Digital 5.1、MPA、WAV、QuickTime、WMA、Ogg Vorbis
- 图像：BMP、JPG
- 光盘：DVD、VCD、SVCD、Blu-ray（BDMV）
- 媒体：CD-R/RW、DVD-R/RW、DVD+R/RW、DVD-R双层、DVD+R 双层、BD-R/RE

1.5.2 常见的视频格式

随着电子产品的更新，视频文件的格式也随之变化，不同的视频格式有着各自的特点和用途。了解一些常见的视频格式的特点，在创建和编辑影片时十分必要。

本节将介绍一些常见的视频格式，主要有MPEG、AVI、MOV、WMV等。

拍摄视频时，不同的器材生成的视频格式也会有所不同。在播放视频时，不同的播放设备所识别的视频格式也有所不同，下面就来介绍一些常见的视频格式。

1．MPEG格式

MPEG是Moving Picture Experts Group的缩写，包括MPEG-1、MPEG-2和MPEG-4等格式，这3种MPEG格式是最常见的。

MPEG-1被广泛运用于VCD的制作以及网络视频片段。大部分的VCD都是用MPEG-1格式压缩的，使用MPEG-1的压缩方法，可以把一部120分钟长的电影压缩到1.2GB左右。在 NTSC制式下，MPEG-1的视频分辨率为 352像素×240 像素，帧速率为 29.97fps。在 PAL制式下，MPEG-1的视频分辨率为 352像素×288 像素，帧速率为25fps。

MPEG-2的图像质量比MPEG-1高许多，它主要应用于DVD制作，在一些高清晰电视广播和要求较高的视频编辑处理中经常应用。使用MPEG-2的压缩方法，可以把一部120分钟长的电影压缩到4GB~8GB。在NTSC制式下，MPEG-2的视频分辨率为 720像素×480像素，帧速率为 29.97 fps。在PAL制式下，MPEG-2的视频分辨率为 720像素×576 像素，帧速率为25fps。

MPEG-4 是一种新兴的压缩方法，它可以把一部 120 分钟长的电影压缩到 300MB 左右，一般用于网络或手机视频的制作。

2．AVI格式

AVI的英文全称为Audio Video Interleaved，即音频视频交错格式，它是将语音和影像同步组合在一起的文件格式，主要应用于多媒体光盘，用于保存电视、电影等各种影像信息。这种视频格式的优点是图像质量好，缺点是文件过于庞大。

3．RM格式

RM的全称为RealMedia，是一种常见的网络视频格式，可以使用RealPlayer或RealOne Player对符合RealMedia技术规范的网络音频、视频资源进行实时播放，并且RealMedia可以根据不同的网络传输速率制定出不同的压缩比率，从而实现在低速率网络中进行影像数据的实时传送和播放。

4．MOV格式

MOV即QuickTime影片格式，常用于存储数字媒体类型文件，如音频和视频。使用数码相机拍摄视频时，一般采用MOV格式保存。

5．ASF 格式

ASF是Advanced Streaming Format的缩写，即高级串流格式。ASF文件的内容既可以是用户所熟悉的普通文件，也可以是由一个编码设备实时生成的连续的数据流。ASF既可以传送事先录制好的节目，也可以传送实时播放的节目。

6．WMV格式

WMV的英文全称为Windows Media Video，是微软公司推出的一种流媒体格式。该格式的特点是压缩比例高、压缩后的文件体积小。在同等视频质量下，使用WMV格式压缩的文件量比使用MPEG格式压缩的文件量小很多，非常适合在网络上播放和传输。

7．FLV格式

FLV的英文全称为FLASH VIDEO，是一种新兴的视频格式，在网络上使用比较广泛。FLV格式的视频文件体积小、加载速度快，适合于制作成在线观看视频，目前各大在线视频网站均采用此视频格式。

电视信号标准（电视制式）

电视作为人们日常生活中最常见的一种家用电器，普及率非常高。但是不同的国家和地区采用的电视信号标准并不相同，下面就来介绍常见的电视信号标准及它们之间的区别。

（1）NTSC 制式

NTSC制式是1952年由美国国家电视标准委员会制定的彩色电视广播标准，它采用正交平衡调幅的技术方式，它的帧速率是每秒30帧，每帧525条扫描线。美国、加拿大、日本、韩国等国家采用的是这种制式。

（2）PAL 制式

PAL制式是德国在1962年制定的彩色电视广播标准，它采用的是逐行倒相正交平衡调幅的技术方式，克服了NTSC制式相位敏感造成的色彩失真的缺点，它的帧速率是每秒25帧，每帧625条扫描线。中国、德国、英国等国家采用的是这种制式。根据不同的参数细节，PAL制式可以进一步分为G、I、D等制式，中国采用的是PAL-D制式。

1.5.3 常见的音频格式

音频是影片偏辑的重要元素之一，音频文件有很多种格式，如MP3、Real Audio、WAV格式等。在编辑影片时，用户可根据需要选择相应的音频格式，下面来介绍常见音频格式的特点。

1．WAV格式

WAV文件是最经典的Windows多媒体音频格式，又称为波形格式数据，用于保存Windows平台的音频信息资源，应用非常广泛。WAV文件用量化位数、采样频率和声道数3个参数来表示声音，有单声道和立体声之分。

2．MP3格式

MP3的全称为MPEG-1 Audio Layer 3，它可以在音质损失很少的情况下将音频文件压缩到更小，目前网络中的音频文件大多数都是MP3格式。

3．MP4格式

MP4是MPEG-4 Part 14的缩写，是一种音频压缩格式，压缩比达到了1:15。压缩为MP4格式的音频文件比MP3更小，但音质却没有下降。MP4还增加了完美再现立体声、多媒体控制、降噪等新特性。另外，它通过特殊的技术实现数码版权保护，有效地保证了音乐版权的合法性。

4．Real Audio格式

Real Audio是Progressive Networks推出的一种音频压缩格式，它的压缩比较高，可达到1:96，在网络上比较流行。Real Audio格式的音频文件的最大特点是可以边下载边播放。

5．WMA格式

WMA是Windows Media Audio的缩写，WMA在压缩比和音质方面都超过了MP3与Real Audio格式，即使在较低的采样频率下也能产生较好的音质。WMA可以用于多种格式的编码文件，一些常见的支持WMA的应用程序包括Windows Media Player、Windows Media Encoder、RealPlayer、Winamp等。

6．DVD-Audio

DVD-Audio是一种高分辨率、多声道的音频格式，它是DVD光碟格式的一种扩展，能够传输先前所有音频载体格式无法携带的全新标准的高质量音频数据，具有多声道音频的能力。

更进一步

★ 认识会声会影X3的3大工具

会声会影X3有3个编辑影片的工具，即"高级编辑"、"简易编辑"和"DV转DVD向导"，下面一起认识这3个工具。

高级编辑：用户在"高级编辑"中编辑影片时，可以对影片进行捕获、编辑和分享这3步操作。在编辑影片时，又可以针对影片的效果、覆叠、标题和音频这4个方面进行设置。

简易编辑：在影片向导中编辑影片时，用户可以根据向导的提示，通过网络摄像头、导入视频、导入照片、导入相机/内存卡、从移动电话等方式快速完成影片的制作。

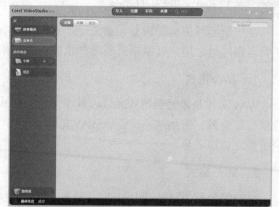

DV转DVD向导：在"DV转DVD向导"中可以直接捕获数码摄像机中的视频，捕获的视频将直接刻录成DVD或保存到DVD文件夹中。

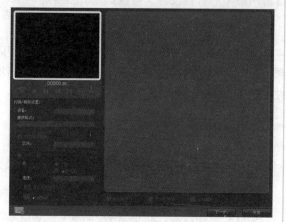

Chapter 02
会声会影X3基础知识

在使用会声会影X3编辑影片的过程中，经常会遇到如像素、帧、流媒体等专业术语。此外，如果用户对影片的帧速率、回放方法等选项设置的方法不了解，就很难制作出满意的影片。本章主要介绍视频文件编辑的基础知识。

通过本章的学习，您可以：

▲ 掌握视频编辑中常用术语的含义
▲ 了解输入输出设备的安装与使用
▲ 认识会声会影X3编辑器的基本结构
▲ 使用会声会影X3菜单栏中的命令
▲ 熟悉会声会影X3素材库的使用

本章建议学习时间：90分钟

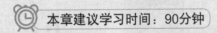

在制作影片前，首先需要学习一些视频编辑的基础知识，本章将对视频编辑过程中常用的基础知识以及会声会影X3的基础操作进行介绍。

2.1 视频编辑的常见术语

使用视频编辑软件时，经常会用到一些专业术语，例如像素、帧、覆叠等。本节主要对编码解码程序、拍摄与捕获相关术语以及视频编辑常用术语等相关内容进行介绍，为编辑影片打下基础。

2.1.1 编码解码程序

电脑中的程序文件都是以数字格式存储的，编码解码程序的作用就是在运行相应程序时，对程序中的数字进行编码解码，将计算机语言解读为用户看得懂的语言。在使用会声会影X3进行视频编辑时，主要涉及到视频与音频编码解码器的使用。视频和音频文件都是按一定格式存储的，设置了文件输出格式后，选择计算机中相应的解码器就可以创建一个媒体文件，并且能够在该计算机中正常播放。在Windows XP操作系统中已经内置了一些编码解码器，所以用户不需要再次安装。

 范例操作

范例02 查看电脑系统中的编码解码程序

在Windows XP操作系统中已经安装了一些常用的视频与音频编码解码器，用户可以通过"设备管理器"查看编码解码的相关文件。

01 打开"设备管理器"窗口。右击桌面上的"我的电脑"图标，在弹出的快捷菜单中单击"设备管理器"命令，如下图所示。

02 打开"视频编码解码器属性"对话框。在"设备管理器"窗口中单击"声音、视频和游戏控制器"选项的展开按钮，然后双击"视频编码解码器"选项，如下图所示。

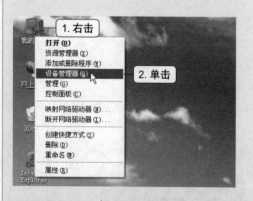

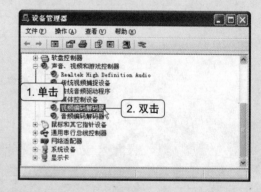

通过"系统属性"对话框打开"设备管理器"窗口

在系统桌面右击"我的电脑"图标，在弹出的快捷菜单中单击"属性"命令，弹出"系统属性"对话框，在"硬件"选项卡下单击"设备管理器"按钮，即可打开"设备管理器"窗口。

03 查看视频编码解码器。在"视频编码解码器 属性"对话框中切换到"属性"选项卡，就可以查看到电脑中所安装的"视频压缩编码解码器"，如下图所示。查看完毕后单击"确定"按钮，返回"设备管理器"窗口。

04 打开"音频编码解码器属性"对话框。在"设备管理器"对话框中双击"音频编码解码器"选项，如下图所示。

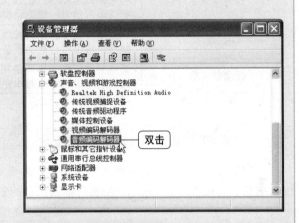

05 查看音频编码解码器。在"音频编码解码器属性"对话框中切换到"属性"选项卡，可以查看到电脑中所安装的"音频压缩编码解码器"，如右图所示。查看完毕后单击对话框下方的"确定"按钮，返回"设备管理器"窗口。

2.1.2 视频拍摄与捕获相关术语

在视频的编辑过程中，从素材的拍摄到视频的采集、编辑、输出，都会使用到一些硬件设备和技术，下面就来对视频拍摄与捕获的硬件设备以及相关技术的术语进行介绍，具体内容如表2-1所示。

表2-1 视频拍摄与捕获相关术语表

术语名称	说　明
D8	D8的全称为Digital 8，是索尼公司为填补S-VHS和DV摄像机之间的空缺而开发的一种数码格式摄像机。D8可以记录数码质量的视频，也可以播放原有的Hi8录像带，其价格比许多数码摄像机便宜
DV	在多数情况下DV是Digital Video的缩写，中文名称为数码摄像机。DV机体积较小，重量也比较轻，易于携带，适合家庭用户摄像使用。在摄像时，使用者可以通过数码摄像机的液晶显示屏观看需要拍摄的活动影像，并且可以马上看到拍好的活动影像

（续表）

术语名称	说　明
IEEE 1394卡	IEEE 1394是一种串行标准，IEEE 1394卡中提供了1394接口，将IEEE 1394卡连接到电脑后可支持外置设备热插拔，可为外置设备提供电源。IEEE 1394通过DV端子接口以及专用的IEEE 1394线直接把数码摄像机拍摄的高质量视频和音频信号传输到计算机中，并且不会损失质量
模拟捕获卡	模拟捕获卡用于采集视频文件。模拟捕获卡通过AV或S端子接口将模拟视频信号采集到电脑中，使模拟信号转化为数字信号，其视频信号源可来自模拟摄像机、电视信号、模拟录像机等
USB接口	USB接口是一种串行总线接口，用于将电脑与数码设备连接。USB接口可以很快捷地将很多种数码设备连接到电脑，例如优盘、数码相机、摄像头等
光盘刻录机	光盘刻录设备的作用是将电脑中的各种数据写入到空白的光盘中。用户可以通过光盘刻录机，将制作完成的影片刻录成光盘永久保存

2.2 ｜ 捕获设备的认识与安装

　　录制视频后，如果想将其导入到电脑中，需要很多辅助设备，例如使用IEEE 1394卡连接，通过模拟捕获卡捕获等，本节就来介绍各种捕获设备的安装与使用方法。

2.2.1　IEEE 1394卡的安装与使用

　　IEEE 1394卡是视频采集的接口，但是多数电脑主机中并不提供1394接口，需要用户自己购买，然后进行安装。

1．IEEE 1394卡的选购

　　IEEE 1394转接卡简称为1394卡，它和USB扩展卡一样，是一种高速串行总线接口。1394卡本身并不能捕捉视频，只是一个连接DV和计算机的接口，如果没有这个接口，DV机录制的视频就不能传输到电脑中。

　　市场上1394卡可以分为两大类，一种是采用专门编码器的1394卡，另外一种就是采用OHCI（Open Host Connect Interface）技术的1394卡。由于采用OHCI技术的1394卡是标准接口卡，Windows系统把其作为标准设备加以支持，不需生产厂商提供软件编码器，直接采用微软DirectX中集成的编码器即可工作，甚至还可以通过升级编码器来提高图像质量，所以采用OHCI技术的1394卡的使用范围比较广泛。

　　选购1394卡时应注意以下几个问题：① 品牌问题。目前市场热销的主要品牌有品尼高、友立、天敏、明达等。② 选择性能好的芯片。芯片对视频采集的品质有关键性的影响，TI、Lucent、VIA等芯片的口碑较好。从功能和性能上来讲，芯片的指标都是一样的，只是品牌、成本、价格不同。由于芯片的差异，1394卡可能有软件兼容性的问题，在选购时查看1394卡上的标识可以确认DV采集卡使用的芯片厂家。③ 购买1394卡时配套的视频采集软件。视频采集软件扮演着非常重要的角色，无论多好的1394采集卡，如果使用较差的软件，那么采集到的影像文件也不会很理想，通常购买1394视频采集卡都会附送视频编辑的软件。下面来认识几种1394接口和1394卡。

（1）笔记本自带的1394接口。有些笔记本上自带1394接口，但全部是4针接口，又称为MiNi接口，如下图所示。

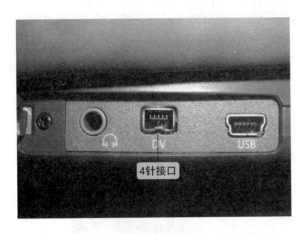

（3）6针接口1394卡。在购买台式电脑的IEEE-1394卡时，有些只有6针接口，如下图所示。使用此类1394卡时，就要使用4针对6针的数据传输线。

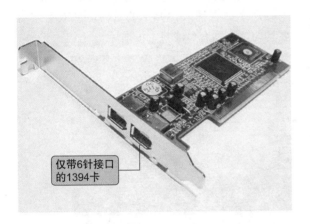

（5）1394数据传输线的插头。1394数据传输线的插头与1394卡相对应，分为IEEE 1394的4针插头和6针插头两种，如右图所示。

（2）DV机的4针1394接口。DV机的1394接口都是4针接口，如下图所示。在选购1394卡与DV机的传输线之前，务必确认所购买的传输线的插孔是否为4针。

（4）4针接口和6针接口并存的1394卡。1394卡中有既带有4针接口也带有6针接口的类型，如下图所示。使用此类1394卡时，既可以使用4针对6针的数据传输线，也可以使用4针对4针的数据传输线。

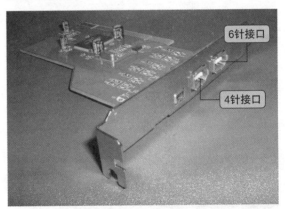

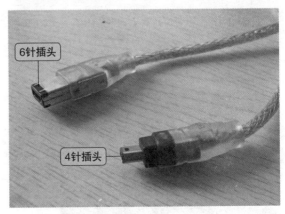

2．IEEE 1394 卡的安装

安装 IEEE 1394 卡时需要打开主机箱，将其安装在主板的一个 PCI 插槽中，下面来介绍一下具体的安装步骤。

步骤01 准备工作。因为电脑及其附件安装所采用的螺丝全部都是十字螺丝，所以准备一把十字螺丝刀，如下图所示。另外，如果用户所处的环境空气比较干燥，需要先用手触摸一下金属物体，释放掉手上可能存在的静电。

步骤02 取下电脑主机箱中的螺丝。关闭电脑电源，按照顺时针方向拧下电脑主机箱上的螺丝，如下图所示。

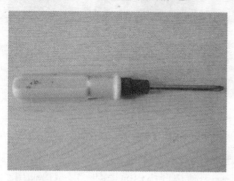

取下螺丝

步骤03 取下机箱盖。取下机箱上的螺丝后，将机箱盖取下，如下图所示。

步骤04 插入 1394 卡。取下机箱盖后在主板上找到空闲的 PCI 插槽，将 1394 卡插入 PCI 插槽，如下图所示。在插入 1394 卡的时候注意双手用力要均匀，否则有可能将主板损坏。

取下机箱盖

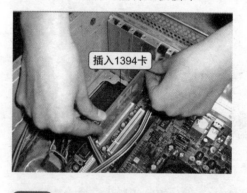

插入 1394 卡

步骤05 固定 1394 卡。将 1394 卡插入到 PCI 插槽后，将固定螺丝与卡上的螺丝孔对准，然后使用十字螺丝刀拧紧螺丝固定，如下图所示。

步骤06 完成 1394 卡的安装。固定了 1394 卡的位置后将主机的机箱盖装好，就完成了 IEEE 1394 卡的安装操作，最终效果如下图所示。

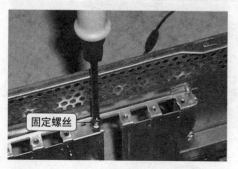

固定螺丝

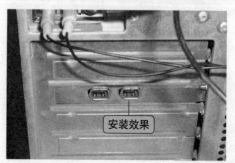

安装效果

2.2.2 通过USB接口获取数码设备中的素材

从数码设备中捕获素材，主要通过USB接口传输数据。在购买电脑主机时，一般会带有4~6个USB接口。下面以获取照相机中的素材为例，介绍一下操作步骤。

步骤01 连接数码设备与电脑。将数码设备的数据线与电脑的USB接口相连，如下图所示。

步骤02 取消自动播放。连接了数码设备后，打开设备开关，电脑桌面会弹出自动播放设备的对话框，单击"取消"按钮，如下图所示。

步骤03 进入数码设备的文件夹。打开"我的电脑"窗口，在"扫描仪和照相机"区域双击照相机图标。

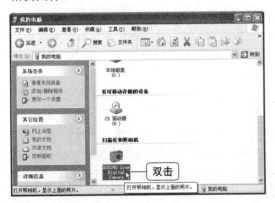

步骤04 复制素材。进入照相机中的文件存储文件夹后，右键单击要复制的素材，在弹出的快捷菜单中执行"复制"命令，如下图所示。

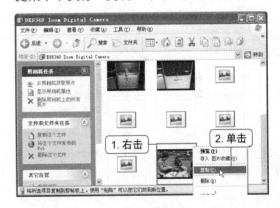

步骤05 粘贴素材。打开要保存素材的文件夹，在空白位置右键单击鼠标，在弹出的快捷菜单中执行"粘贴"命令，如下图所示。

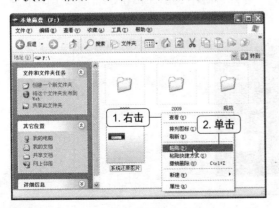

步骤06 显示获取素材效果。经过以上操作后，就完成了从照相机中获取素材的操作，最终效果如下图所示。

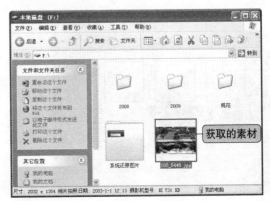

2.2.3 模拟捕获卡

模拟采集卡通过AV或S端子将模拟视频信号采集到电脑中，将模拟信号转化为数字信号。采集的视频信号源可来自模拟摄像机、电视信号、模拟录像机等。模拟捕获卡与数字采集卡的一个重要区别就是使用数字采集卡，在采集过程中视频信号没有损失，可以保证得到与原始视频源一模一样的效果；使用模拟捕获卡，视频信号会有一定程度的损失。但是，现在有一些高档的模拟捕获卡也能获得很好的采集质量。虽然模拟捕获卡没有1394卡使用广泛，但是当用户需要从模拟摄像机或者电视中采集一段视频的时候，模拟捕获卡就是一件必不可少的工具。

电视卡就是一种常用的模拟捕获卡。如果要采集电视信号，就需要一块带RF接口的电视卡。使用电视卡除了能在电脑上观看电视节目以及对电视进行录像外，还可以对模拟视频进行采集，并且支持采集的格式也很多。常见的电视卡有朗视飞影电视通、天敏电视大师、MIROPCTV、Super TVUSB、美如画等，用电视卡看电视或录制电视节目画面质量较高，且价格非常便宜、适用性强，并得到很多第三方软件的支持。

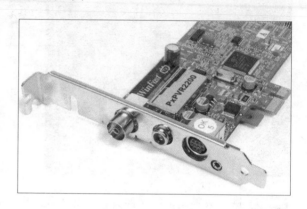

2.2.4 摄像头

摄像头（CAMERA）又称为电脑相机、电脑眼等，是一种视频输入设备。目前摄像头主要通过网络进行有影像、有声音的交谈和沟通，另外，还可以将摄像头应用于当前各种流行的数码影像、影音处理软件。

摄像头根据是否需要安装驱动分为有驱型与无驱型两种。有驱型指的是无论电脑在哪个版本的操作系统下，使用摄像头前都需要安装相应的驱动程序，然后才能使用。无驱型是指电脑的操作系统在Windows XP SP2以上，无需安装驱动程序，将摄像头的连接线插头插入电脑USB接口即可使用。

使用无驱型摄像头时，将摄像头的连接线插头插入电脑USB接口后，电脑的通知区域显示发现新硬件。打开"我的电脑"窗口，在"扫描仪与照相机"区域显示出摄像头的程序图标，双击打开摄像头窗口即可使用。使用有驱型摄像头时，可以先将驱动程序复制到电脑中，然后连接摄像头进行安装，下面就来介绍一下有驱型摄像头的安装操作步骤。

步骤01 连接摄像头与电脑。将摄像头的数据线与电脑的USB接口相连，如下图所示。

步骤02 使用连接向导。电脑识别摄像头的USB接头后弹出"找到新的硬件向导"对话框，单击"否，暂时不"单选按钮，然后单击"下一步"按钮，如下图所示。

步骤03 选择安装方式。进入"这个向导帮助您安装软件"界面,单击"从列表或指定位置安装(高级)"单选按钮,然后单击"下一步"按钮,如下图所示。

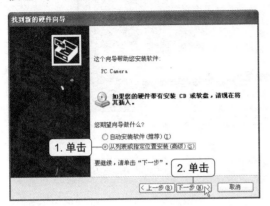

步骤04 打开"浏览文件夹"对话框。进入"请选择您的搜索和安装选项"界面,单击"在搜索中包括这个位置"列表框右侧的"浏览"按钮,如下图所示。

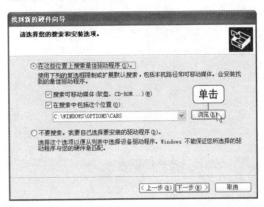

步骤05 选择摄像头安装驱动。弹出"浏览文件夹"对话框,选中摄像头驱动程序所在的文件夹,然后单击"确定"按钮,如下图所示。

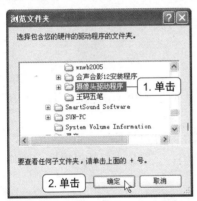

步骤06 确认安装选项。返回"请选择您的搜索和安装选项"界面,单击"下一步"按钮,如下图所示。

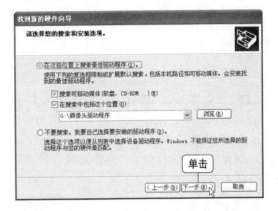

步骤07 开始安装驱动程序。单击"下一步"按钮,进入"向导正在安装软件,请稍候"界面,向导开始安装摄像头的驱动程序,在对话框下方显示出程序安装的进度,如下图所示。

步骤08 完成安装。驱动程序安装完成后进入"完成找到新硬件向导"界面,单击"完成"按钮,如下图所示。

步骤09 显示摄像头拍摄的画面效果。经过以上操作后，就会弹出一个摄像窗口，窗口内显示摄像头拍摄到的场景，最终效果如右图所示。

2.3 | 光盘与刻录设备

在刻录制作好的影片时，需要使用到光盘和刻录设备，本节就来介绍一下光盘的类型以及刻录设备的安装知识。

2.3.1　光盘类型

刻录时使用的光盘，从结构来看可分为CD、DVD以及蓝光光盘3种类型，下面来介绍一下每种光盘的特点。

1．CD光盘

CD英文名称为COMPACT DISC，是一种小型镭射盘。比较常见的有声频CD，它是一种用于存储声音信号轨道（如音乐和歌曲）的标准CD格式。

其实CD适于存储较大数量的数据，数据的内容可能是任何形式的计算机文件、声频信号数据、照片或图像文件、软件应用程序和视频数据。一张CD的容量为700MB，它的优点包括耐用性、便利和制作成本低。

2．DVD光盘

DVD全称为Digital Versatile Disc，中文名称为数字多用途光盘，最常见的DVD即单面单层DVD，容量约为VCD的7倍，即4.7GB。DVD支持杜比AC-3 / 5.1通道环绕立体声技术，图像和声音质量更高。

DVD光盘从录制模式来看又分为一次性写入光盘与可擦写光盘两种类型。顾名思义，一次性光盘即只能够刻录一次，而可擦写光盘则可以重复刻录。

3．蓝光光盘

蓝光光盘即Blu-Ray Disk，是DVD的下一代标准之一，蓝光光盘的尺寸与普通光盘（CD）及数码光盘（DVD）一样，但是利用405n蓝色激光在单面单层光盘上可以录制、播放长达27GB的视频数据，比现有DVD的容量大5倍以上。

由于各种品牌鱼龙混杂，在挑选刻录所使用的光盘时，一定要注意盘体的质量，刻录盘上哪怕只有小小的划痕或灰尘都可能导致刻录不成功。如果碰到有瑕疵或气泡的盘片，甚至有可能在刻录时损坏刻录机。

正规的CD-R盘片是不存在这些问题的。挑选光盘时要仔细观察刻录光盘表面的颜色，如果颜色不均匀就不要购买。因为颜色不均匀说明染料旋涂不过关，属于次品，根本无法进行正常的刻录。

2.3.2 刻录设备

刻录时首先要为电脑安装刻录机，刻录不同类型的碟片，需要的刻录机类型也会有所不同。现在有很多刻录机可以兼容多种光盘的刻录与读取，例如COMBO刻录机就是集VCD-R、VCD-W、DVD-R三合一的刻录设备。

1．机箱内置刻录机

如果用户购买的是质量中等的刻录机，最好保留以前的光驱，因为刻录机在读盘的过程中很容易损坏光头。一旦刻录机光头损坏，就可以利用以前的光驱。下面就介绍在已经安装光驱的情况下安装刻录机的方法。

步骤01 取下电脑主机箱后的螺丝。关闭电脑系统及主机电源，按照顺时针方向拧下电脑主机箱上的螺丝，如下图所示。

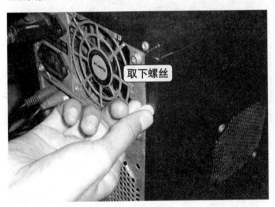

步骤02 取下机箱盖。取下机箱后的螺丝后，将机箱盖取下，如下图所示。

步骤03 将箱体正面的挡板取掉。箱体正面的挡板采用的是倒扣结构，取下机箱盖后从机箱内部按下倒扣然后向外推，取下挡板，如下图所示。

步骤04 将刻录机放入到机箱中。拆开箱体正面的挡板后，从挡板处将刻录机插入到机箱中，如下图所示。

步骤05 固定刻录机。安装好刻录机后，用螺丝固定好刻录机，如下图所示。

步骤06 连接刻录机的数据线。将刻录机的数据线一头插入到电脑主板插槽中，另外一头则插入到刻录机的数据线接口中，如下图所示。

固定螺丝

连接数据线

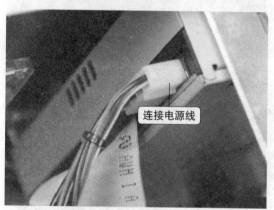

连接电源线

步骤07 为刻录机接好电源线。将机箱内部预设的电源线插头插入光驱的接口，如右图所示，为刻录机接好电源，这样就完成了刻录机的安装。

2. 自制外置刻录机

当一个刻录机供多个用户使用时，每次使用时都对刻录机进行拆装会很不方便，这时用户可以选择将内置式刻录机组装为外置式刻录机，下面就来介绍一下如何自制外置式刻录机。

步骤01 准备刻录机和外置光驱盒。购买一台刻录机以及一台外置光驱盒，一般使用5寸的外置光驱盒，如下图所示。

步骤02 认识电源线和数据线。取下光驱盒的上盖，可以看到移动光驱盒内的一些接口。光驱盒内部为刻录机模拟了电脑内部的环境，包含数据线电源线，如下图所示。

步骤03 取下光驱盒的前挡板。取下光驱盒上盖后，从盒子内部按下倒扣位然后向外推，取下挡板，如下图所示。

步骤04 为刻录机连接电源线。取下挡板后从盒子的前面插入刻录机，然后为其连接好电源线，如下图所示。

步骤05 为刻录机连接IDE线。插入电源线后，再为刻录机连接数据线，如下图所示。

步骤06 完成自制的外置式光驱。将光驱盒的挡板和上盖安装好，完成外置式光驱的制作，如下图所示。为了防止刻录机在盒子内部滑动，还需要将刻录机和盒子的底面用螺丝进行紧固，连接电源线和USB接口后即可以使用。

2.4 | 认识会声会影编辑器的操作界面

了解了视频编辑的基础知识后，接下来学习会声会影X3的基础知识。下面认识会声会影编辑器的操作界面，界面中各部分的作用如表2-2所示。

表2-2 会声会影X3编辑器界面组成部分及作用

编 号	名 称	作 用
❶	标题栏	显示当前程序的名称和项目文件的标题
❷	控制按钮	包括"帮助与产品信息"、"最小化"和"关闭"按钮,单击"帮助与产品信息"按钮,在下拉列表中单击"[Corel VideoStudio]帮助"选项,可打开"帮助"窗口;单击"最小化"按钮可将程序窗口最小化,单击"关闭"按钮可关闭程序窗口
❸	菜单栏	包括"文件"、"编辑"、"工具"和"设置"4个菜单
❹	步骤标签	包括捕获、编辑和分享3大步骤,编辑步骤下又包括视频、所有媒体、照片、项目视频、Windows媒体库、库创建者等6个小步骤,单击标签即可切换到相应界面进行编辑
❺	预览窗口	用于预览视频文件以及应用设置后的效果
❻	素材库	会声会影X3程序中预设了一些媒体、转场、标题、图形、滤镜、音频等素材文件,切换到相应素材库后即可以查看相应素材
❼	导览面板	用于对视频文件的播放进度进行设置,包括飞梭栏、剪辑按钮、导览按钮和时间码4部分
❽	编辑面板	面板中显示编辑视频文件的功能按钮,例如在"视频"面板中包括"色彩校正"、"回放速度"、"反转视频"、"抓拍快照"、"分割音频"、"按场景分割"、多重修整视频等7个功能按钮
❾	工具栏	该区域内包括编辑视频文件的常用按钮,包括"时间轴视图"按钮、"故事板视图"按钮、"撤销/重复"按钮、"成批转换"按钮、"轨道管理器"按钮、"录制/捕获"选项按钮、"绘图创建器"按钮、"缩小"按钮、"将项目调到时间轴窗口大小"按钮
❿	时间轴	显示当前项目中包含的所有素材、背景音乐、标题和各种转场效果

会声会影X3的菜单栏包括"文件"、"编辑"、"工具"和"设置"4个菜单,每个菜单中都集合了不同的操作命令,下面来认识一下每个菜单的作用。

1."文件"菜单

菜单中包含了"新建项目"、"打开项目"、"保存"等命令,如右图所示。通过该菜单可以创建项目、打开项目、保存项目、导出项目、重新链接、成批转换、修复DVB-T视频、设置项目参数、将媒体文件插入到时间轴或素材库中以及退出程序。

2."编辑"菜单

菜单中包含了"撤销"、"重复"、"复制"、"粘贴"、"删除"、"分割素材"等15个编辑操作常用的命令,如右图所示。命令右侧为该命令的快捷键,使用快捷键可以提高编辑速度。

3."工具"菜单

菜单中包含了VideoStudio Express 2010、DV转DVD向导、DVD Factory Pro 2010、绘图创建器等4个命令,如下图所示。单击VideoStudio Express 2010,可在弹出的对话框中对视频、文件夹、专辑、项目等进行操作。

4."设置"菜单

菜单中包含"参数选择"、"项目属性"、"激活5.1环绕声"、"智能代理管理器"、"素材库管理器"、"制作影片模板管理器"、"轨道管理器"、"章节点管理器"、"提示点管理器"等9个常见设置命令。指向"素材库管理器"命令,可以在级联菜单中进行库创建者、导入库、导出库、重置库等操作,如下图所示。

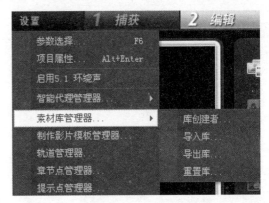

2.5 | 项目文件

运行会声会影编辑器时,视频的捕获及编辑等操作都可以直接进行,并不会涉及到项目文件的内容。项目在编辑器中主要有3个作用:一是保存当前操作结果,在下一次运行编辑器时可以在以前的制作基础上继续进行;二是设置当前影片的各种属性,如输出影片的格式、帧速率和压缩等各种属性;三是建立当前影片的工作环境,如回放方式、工作文件夹等。

2.5.1 项目文件的基础操作

项目文件的基础操作包括项目文件的新建、打开等,这些操作都是使用会声会影时最基础也是必不可少的操作,下面来分别介绍一下每项操作的步骤。

1.新建项目文件

新建项目文件时可以通过会声会影启动器新建,也可以在已打开的"高级编辑"中新建,下面介绍详细的操作步骤。

方法一:通过会声会影启动器新建项目文件

步骤01 打开会声会影X3软件。在桌面上双击会声会影X3软件的快捷方式图标,如右图所示。

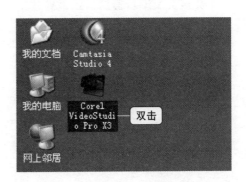

步骤02 进入"高级编辑"界面。在弹出的会声会影X3启动器中单击"高级编辑"按钮,如右图所示。

步骤03 显示新建的项目文件。经过以上操作后,即可弹出会声会影编辑器窗口,完成新建项目文件的操作,最终效果如右图所示。

方法二:在已打开的会声会影编辑器中新建项目文件

步骤01 执行"新建项目"命令。在打开的会声会影软件中,执行"文件>新建项目"命令,如下图所示。

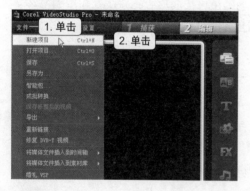

步骤03 显示新建的项目文件。经过以上操作后,即可新建一个会声会影编辑器窗口,最终效果如右图所示。

步骤02 取消文件保存。执行"新建项目"命令后,如果当前正在编辑的项目文件没有执行"保存"操作,将弹出Corel VideoStudio 提示框提示是否保存改动,单击"否"按钮,如下图所示。

2. 打开项目文件

在打开项目文件时，既可以在保存位置双击文件直接打开，也可以在打开的会声会影X3软件中使用"打开项目"命令打开，下面介绍一下详细的操作步骤。

方法一：在电脑系统中直接打开项目文件

步骤01 打开"我的电脑"窗口。进入系统桌面后，双击"我的电脑"图标，如下图所示。

步骤02 打开项目文件。在"我的电脑"窗口中打开项目文件所在的文件夹，双击需要打开的项目文件，如下图所示。

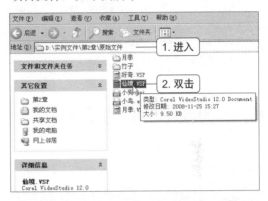

步骤03 显示打开的项目文件。经过以上操作，即可弹出会声会影编辑器窗口，此时软件窗口中显示的就是需要打开的文件，标题栏中显示项目文件的名称以及所在位置，如右图所示。

方法二：在打开的会声会影X3软件中打开项目文件

步骤01 打开"打开"对话框。在打开的会声会影软件中执行"文件>打开项目"命令，如下图所示。

步骤02 打开项目文件。在弹出的"打开"对话框中进入项目文件所在的文件夹，选中需要打开的项目文件，然后单击"打开"按钮，如下图所示。

步骤03 显示打开的项目文件。经过以上操作打开需要的项目文件，标题栏显示项目文件的名称以及所在位置，如右图所示。

📀 项目文件的保存操作

对于项目文件的保存操作，将在本书第4章的4.4节进行详细的介绍。

2.5.2 项目属性的认识与设置

通过查看项目文件的项目属性，可以对影片的文件格式、压缩的方式和压缩的比例、帧速率和最终影片的长宽比进行了解以及编辑。对项目属性的设置将直接影响到影片的最终效果，制作好的影片与项目属性的设置是分不开的，本节中就来对项目属性进行介绍。

1. 查看项目属性

通过"项目属性"对话框即可查看项目属性，如果需要编辑项目属性，就要通过"项目选项"对话框进行设置，下面介绍一下详细的操作步骤。

◯ 原始文件 • 实例文件\第2章\原始文件\月季\月季.VSP

步骤01 打开"项目属性"对话框。打开"实例文件\第2章\原始文件\月季\月季.VSP"文件，执行"设置>项目属性"命令，如右图所示。

步骤02 显示"项目属性"。在弹出的"项目属性"对话框中可以看到文件的名称、大小、版本、区间、文件格式等内容，如右图所示，需要对项目属性进行编辑时，单击"编辑"按钮。

步骤03 显示"项目选项"对话框。在弹出的"项目选项"对话框中，可以对项目的Corel Video-Studio（会声会影）、常规、压缩这3个选项进行设置。单击相应标签，即可切换到该选项卡中进行设置，"常规"选项卡如右图所示。

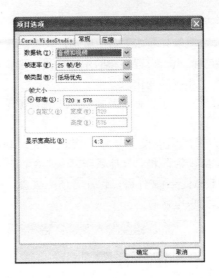

2．"项目选项"对话框的相关内容

通过"项目选项"对话框可以对文件的电视制式、音频声道、帧速率、帧大小等内容进行设置，为了使用户能够设置出更好的效果，下面就来介绍一下"项目选项"对话框中的各选项。

（1）"Corel VideoStudio（会声会影）"选项卡
Corel VideoStudio选项卡界面如右图所示，其中各选项介绍如下。

- 电视制式：设置电视制式，电视制式有PAL和NTSC两种，中国的电视为PAL制式，因安装软件时设置了国家为中国，所以程序默认设置制式为PAL。

- 执行非正方形像素渲染：非正方形像素可避免图像失真，能保持DV和MPEG-2文件的实际分辨率。采用非正方形像素渲染，可以使视频质量更接近于真实画面。一般来说，正方形像素适合于计算机显示器的宽高比，而非正方形像素适合于电视屏幕。

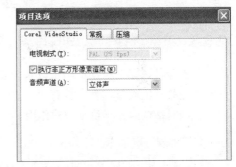

- 音频声道：包括立体声和多声道环绕声两种类型。多声道环绕声存在很多种不同格式，立体声多用于自然界发出的声音，一般情况下选择立体声音频。

（2）"常规"选项卡
"常规"选项卡界面如下左图所示，其中各选项介绍如下。

- 数据轨：用于指定是否创建带有声音的影片。有时一些文件格式不支持音频，此选项中只有"视频"选项可用，但多数情况下都会选择"音频和视频"选项。

- 帧速率：是指每秒钟刷新图片的帧数，也可以理解为图形处理器每秒钟能够刷新几次。帧速率过低会使影片产生不连贯的效果，帧速率过高则会影响到影片的大小，而且很容易错过影片中的一些细节，建议用户使用25~30帧每秒的帧速率。

- 帧类型：根据采集卡的不同类型，提供了"低场优先"、"高场优先"和"基于帧"3个选项。"低场优先"用于1394采集卡，"高场优先"用于视频采集卡，"基于帧"是指采集软件已默认选择了低场或高场或素材本身已知为低场或高场。

- 帧大小：用于设置帧的分辨率，分辨率越高影片的像素就越多，但是影片文件就会越大，建议选择"720×576"选项。

- 显示宽高比：用于设置影片的显示长宽比，共有"4∶3（标准屏幕比例）"和"16∶9（宽屏比例）"两种选项。

（3）"压缩"选项卡

"压缩"选项卡界面如下右图所示，其中各选项介绍如下。

- 介质类型：用于设置视频的压缩格式，选择不同的选项后"视频设置"和"音频设置"选项组也会产生相应的变化。
- 视频设置：用于设置视频格式和视频数据速率。速率越高，视频的效果越好；速率越低，文件越大。
- 音频设置：用于设置音频的格式、类型和频率。其中，音频类型提供了"MPEG音频"、"LPCM音频"和"杜比数码音频" 3个选项。其中MPEG音频文件具有尺寸小、音质好的特点，LCPM音频文件可以保证音质不失真，杜比数码音频主要指杜比降噪系统和杜比环绕声系统，常用于电影。

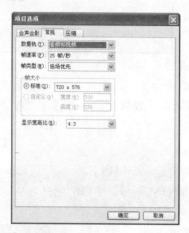

2.5.3 参数选择的认识与设置

在"参数选择"对话框中可以对项目文件的常规、编辑、捕获、性能、界面布局等5个方面进行设置。在打开的项目文件中执行"设置>参数选择"命令，即可打开"参数选择"对话框。下面来认识一下该对话框内各项目参数的作用。

1."常规"选项卡

"常规"选项卡如下右图所示，其中的选项介绍如下。

- 撤销：勾选该复选框将启动"撤销/重复"功能，可以通过执行"编辑"菜单中的"撤销"、"重复"命令，或按下快捷键Ctrl+Z来进行撤销、重复操作。右侧的"级数"选项是允许撤销或重复的最大次数，最多为99次。但是指定的次数越高，所占的内存空间越大，计算机的性能会降低。
- 重新链接检查：勾选该复选框，在会声会影启动时会自动检测项目中素材的对应源文件是否存在。如果某一素材改变了位置、被重命名或者丢失，系统会自动弹出信息提示框，提示源文件已经丢失，要求重新链接素材。
- 显示启动画面：勾选该复选框，每次启动会声会影时会出现启动画面，启动画面见左下图。
- 工作文件夹：用于设置保存完成项目的文件夹。
- 素材显示模式：决定视频素材在时间轴上的表示方式。"仅略图"选项表示在时间轴仅用相应的略图来代表素材，"仅文件名"选项表示在时间轴上用文件名代表素材，"略图和文件名"表示同时用相应的略图和文件名来代表素材。
- 媒体库动画：选择该复选框可启用媒体库中的媒体动画。
- 将第一个视频素材插入到时间轴时显示消息：当会声会影检测到插入的视频素材属性与当前项目设置不匹配时提供提示消息。

- 自动保存项目间隔：用于设置自动保存当前项目文件的时间间隔。
- 即时回放目标：设置回放项目的目标设备，共有"预览窗口"、"DV摄像机"和"预览窗口DV摄像机"3个选项。双端口设备通常指双端口显卡，使用户可以同时在预览窗口和外部显示设备上进行项目回放。
- 背景色：单击右侧的黑色正方形图标，在弹出的颜色列表中选择相应颜色即可完成预览窗口背景颜色的设置。
- 在预览窗口中显示标题安全区域：勾选此复选框，在创建标题时预览窗口中会显示一个矩形框，只要文字位于此矩形框内标题即可完全显示出来。
- 在预览窗口中显示DV时间码：勾选此复选框，DV视频回放时在预览窗口中显示DV视频的时间码，使用该功能的前提是显卡必须兼容VMR（视频混合渲染器）。
- 在预览窗口中显示轨道提示：勾选此复选框，在回放停止时显示不同覆叠轨的轨道信息。

2. "编辑"选项卡

"编辑"选项卡的界面如下左图所示，其中的选项介绍如下。

- 应用色彩滤镜：选择调色板的色彩模式，有NTSC和PAL两种选项，一般选择PAL即可。
- 重新采样质量：指定所有效果和素材的质量，建议使用较低的采样质量以获取最有效的编辑性能。
- 用调到屏幕大小作为覆叠轨上的默认大小：勾选此复选框，可将插入到覆叠轨上素材的默认大小设置为适合屏幕大小。
- 默认照片/色彩区间：设置添加到项目中的照片或色彩的默认长度，区间的时间单位为秒。
- 显示DVD字幕：设置是否显示DVD字幕。
- 图像重新采样选项：选择一种图像重新采样的方法，有"保持宽高比"和"调到项目大小"两个选项。
- 对照片应用去除闪烁滤镜：减少在使用电视查看照片时所发生的闪烁。
- 在内存中缓存照片：允许用户使用缓存处理大的照片文件，以便更有效地进行编辑。
- 默认音频淡入/淡出区间：指定视频素材音频的默认淡入和淡出区间，此处输入的值将作为音量达到正常级别（对于淡入）或达到最低量（对于淡出）所需要的时间量。
- 即时预览时播放音频：勾选该复选框，在时间轴内拖动音频文件的飞梭栏即可预览音频文件。
- 自动应用音频交叉淡化：当用户使用两个重叠视频时，对视频中的音频文件自动应用交叉淡化。
- 默认转场效果的区间：指定应用于项目文件中所有转场效果的区间，单位为秒。
- 自动添加转场效果：勾选该复选框，如果项目文件中的素材时间超过两个，程序将自动为其应用转场效果。
- 默认转场效果：用于设置应用自动转场效果时所使用的转场效果。

3. "捕获"选项卡

"捕获"选项卡的界面如下右图所示,其中的选项介绍如下。

- 按「确定」开始捕获:勾选该复选框,在捕获视频时需要先按下"确定"按钮才能开始捕获。
- 从CD直接录制:允许用户直接从CD中录制音频。
- 捕获格式:指定捕获的静态图像文件需要另存的格式,包括BITMAP和JPEG两种格式。
- 捕获质量:设置捕获图像的质量。质量越高,文件也会越大。
- 捕获时去除交织:实现在捕获图像时保持连续的图像分辨率,而不是交织图像的渐进图像分辨率。
- 捕获结束后停止DV磁带:设置DV摄像机在视频捕获过程完成后自动停止磁带回放。
- 显示丢弃帧的信息:勾选该复选框,在捕获视频时可以显示在视频捕获期间丢弃多少帧。
- 开始捕获前显示恢复DVB-T视频警告:勾选该复选框可以显示恢复DVB-T视频警告,以便捕获流畅的视频素材。
- 在捕获过程中总是显示导入设置:选择该复选框每次捕获时都显示导入设置。

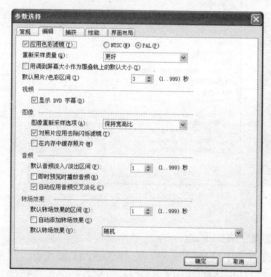 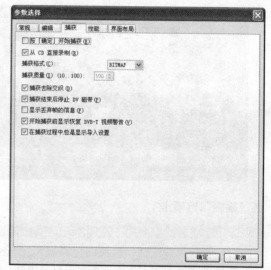

4. "性能"选项卡

"性能"选项卡界面如下左图所示,其中的选项介绍如下。

- 启用智能代理:勾选该复选框,在每次视频源文件插入时间轴时自动创建代理文件。
- 当视频大小大于此值时,创建代理:允许用户设置生成代理文件的条件。如果视频源文件的帧大小等于或高于此处所设置的帧大小,则为该视频文件生成代理文件。
- 代理文件夹:设置存储代理文件的文件夹。
- 自动生成代理模板:勾选该复选框,根据预定义设置自动生成代理文件。
- 视频代理选项:在生成代理文件时使用的设置。需要更改代理文件格式或其他设置时,单击"模板"按钮,可以选择已经包含预定义设置的模板。单击"选项"按钮,可以调整详细设置。

5. "界面布局"选项卡

"界面布局"选项卡界面如下右图所示,其中的选项介绍如下。

- 布局:在该选项组中可以对会声会影X3的操作界面进行布局更改,用户可以通过选择预设选项更改界面的布局,其中"布局2"为程序默认设置。

 范例操作

范例03 设置预览窗口的背景颜色

经过本节的学习，可以掌握会声会影X3项目文件属性与参数选择的设置操作，下面结合本节所讲知识将会声会影软件的预览窗口背景颜色设置为蓝色，具体操作步骤如下。

01 打开"参数选择"对话框。进入会声会影编辑器界面，执行"设置>参数选择"命令，如下图所示。

02 打开"颜色列表"。在弹出的"参数选择"对话框中切换到"常规"选项卡，单击"背景色"右侧的颜色图标，如下图所示。

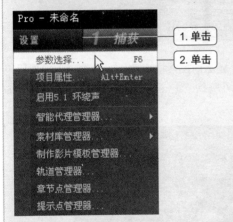

03 选择预览窗口背景颜色。在弹出的颜色列表中单击蓝色图标，如下图所示，然后单击对话框中的"确定"按钮。

04 查看最终效果。经过以上操作，返回会声会影编辑器，可以看到预览窗口的背景颜色已被更改为蓝色，最终效果如下图所示。

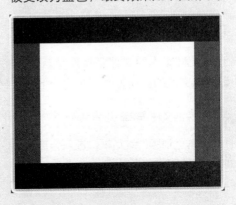

2.6 | 素材库

在会声会影X3的素材库中预设了不同种类的素材文件，并根据文件的类型进行了分类，本节中就来介绍一下素材库的使用操作。

2.6.1 切换素材库

在会声会影X3中，包括媒体、标题、转场、滤镜、音频、图形10个类型的素材库，用户可根据需要切换到需要的素材库，下面介绍一下详细的操作步骤。

步骤01 打开会声会影X3编辑器窗口。在系统桌面上双击会声会影 X3图标，如下图所示。

步骤02 进入会声会影编辑器界面。弹出会声会影X3启动窗口，单击"高级编辑"按钮，如下图所示。

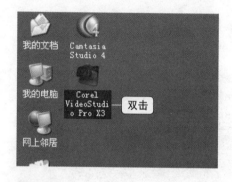

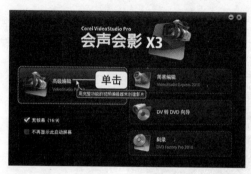

步骤03 转换素材库。进入会声会影编辑器界面，单击预览窗口右侧的"图形"按钮，在"画廊"下拉列表中显示"色彩"选项，如下图所示。

步骤04 显示切换素材库效果。经过以上操作后，就可以切换到"色彩"素材库下，最终效果如下图所示。

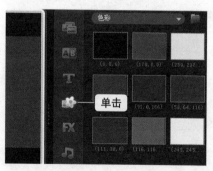

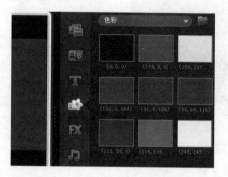

2.6.2 为素材库添加文件

会声会影素材库中的文件是软件默认添加的，用户还可以将电脑中的一些文件添加到素材库中。下面以视频文件的添加为例，介绍一下为素材库添加文件的操作，具体操作步骤如下。

原始文件 • 实例文件\第2章\原始文件\小狗.avi、小鸟.avi

步骤01 打开"浏览视频"对话框。进入会声会影编辑器界面，软件的素材默认选择为"视频"，单击"添加"按钮，如下图所示。

步骤02 选择需要加载的视频。弹出"浏览视频"对话框，找到需要加载的文件，依次选择需要加载的视频文件，然后单击"打开"按钮，如下图所示。

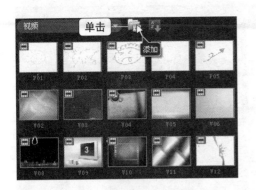

📀 为"照片"素材库添加文件

在为照片素材库添加文件时，需要先进入"照片"素材库，然后单击"添加"按钮，弹出"浏览照片文件"对话框，选择需要添加的图像即可。

步骤03 确认文件插入序列。弹出"改变素材序列"对话框，不改变任何设置单击"确定"按钮，如下图所示。

步骤04 显示加载视频文件效果。经过以上操作后，就完成了将视频文件添加到素材库的操作，最终效果如下图所示。

2.6.3 素材的排序

使用素材库中的文件时会改变文件在素材库中的位置，为了方便使用素材，用户可定期对素材进行排序，下面介绍一下详细的操作步骤。

步骤01 扩大素材库。进入会声会影编辑器界面，为了方便查看素材库内容，单击素材库下方的"关闭选项面板"按钮，如下图所示。

步骤02 选择排列类型。单击"对素材库中的素材排序"按钮，在弹出的下拉列表中选择"按名称排序"选项，如下图所示。

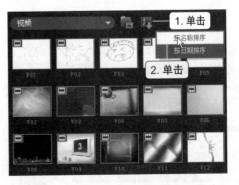

步骤03 显示排序效果。经过以上操作后，就完成对"视频"素材库中的文件按名称进行排序的操作，最终效果如右图所示。

2.6.4 建立素材库

除了会声会影X3中预设的素材库，用户还可以在这些素材库中建立自己的素材库。下面以在"标题"素材库中创建素材库为例来介绍一下具体的操作。

步骤01 打开"库创建者"对话框。进入会声会影编辑器界面，单击素材库上方的"画廊"下拉列表右侧的下三角按钮，在弹出的下拉列表单击"库创建者"选项，如下图所示。

步骤02 打开"新建自定义文件夹"对话框。弹出"库创建者"对话框，在"可用的自定义文件夹"下拉列表中默认选择"视频"选项，单击"新建"按钮，如下图所示。

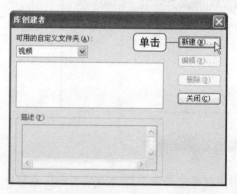

步骤03 创建库。弹出"新建自定义文件夹"对话框，在"文件夹名称"和"描述"文本框中输入相关信息，然后单击"确定"按钮，如下图所示。

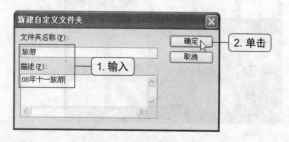

步骤04 确认创建。返回"库创建者"对话框，可以看到所创建的素材库名称及描述等信息，单击"关闭"按钮，如下图所示，关闭"库创建者"对话框。

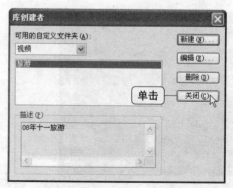

步骤05 显示创建素材库效果。返回会声会影编辑器界面，单击"画廊"下拉列表右侧的下三角按钮，在下拉列表中就可以看到刚才创建的素材库，如右图所示。

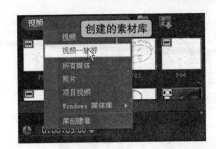

 范例操作

范例04 新建一个图像素材库并添加素材文件

素材库是用户制作影片的源泉，除了软件中已有的素材库，用户还可以根据需要创建其他的素材库，下面介绍一下详细的操作步骤。

原始文件 • 实例文件\第2章\原始文件\好奇.jpg

01 打开"库创建者"对话框。进入会声会影编辑器界面，单击"画廊"下拉列表右侧的下三角按钮，在弹出的下拉列表中单击"库创建者"选项，如下图所示。

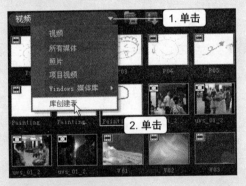

02 选择"照片"素材库。弹出"库创建者"对话框，在"可用的自定义文件夹"下拉列表中选择"照片"选项，如下图所示。

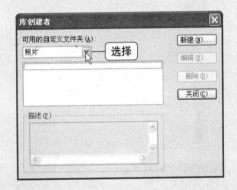

03 打开"新建自定义文件夹"对话框。选择了可用的自定义文件夹后单击"新建"按钮，如下图所示。

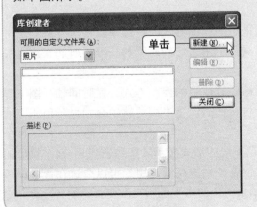

04 创建库。弹出"新建自定义文件夹"对话框，在"文件夹名称"和"描述"文本框中输入相关信息，然后单击"确定"按钮，如下图所示。返回"库创建者"对话框中单击"关闭"按钮。

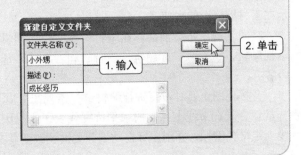

05 切换到新创建的素材库。返回会声会影编辑器界面，单击"画廊"下拉列表右侧的下三角按钮，在弹出的下拉列表中指向"照片"选项，在级联列表中单击新创建的素材库，如下图所示。

06 打开"浏览照片"对话框。选择了新创建的素材库后，单击"画廊"下拉列表右侧的"添加"按钮，如下图所示。

07 加载素材文件。弹出"浏览照片"对话框，找到选中需要使用的素材文件，单击"打开"按钮，如右图所示，即可完成为新创建的素材库添加素材文件的操作。

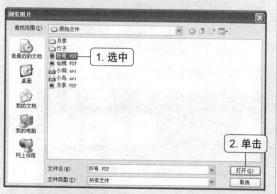

2.7 时间轴视图

时间轴位于软件界面的下方，用于显示当前项目中包含的所有素材、背景音乐、标题和各种转场效果，下面来介绍一下时间轴不同视图方式的特点以及切换操作。

1. 两种视图的特点

故事板视图是会声会影在为视频素材添加效果时所采用的视图方式。在故事板视图下每添加一个视频滤镜或转场效果，在时间轴中都会以缩略图的形式显示出来，同时素材持续的时间长度也显示在素材缩略图的底部。

时间轴视图是会声会影在编辑覆叠文件、编辑影片标题时使用的视图方式。在时间轴视图下显示视频轨、覆叠轨、标题轨、声音轨和音乐轨。插入素材文件后，在不同的轨中分别显示出相应的内容。

音频视图主要对声音进行编辑。在该视图下以音量调节线的形式显示除标题轨外其余4个轨道的音量。音量调节线上各点的水平位置代表了素材中相应位置音量的高低，用户可以通过在音量调节线上定义关键帧，并用鼠标拖动这些关键帧改变其在音频轨道中的水平位置来改变素材的音量。

2. 切换时间轴视图方式

了解了每种视图方式的特点后，下面来切换时间轴视图并认识每种视图的操作方式。

🔘 **原始文件** • 实例文件\第2章\原始文件\竹子\竹子.VSP

步骤01 打开素材文件。打开"实例文件\第2章\原始文件\竹子\竹子.VSP",软件窗口的时间轴自动切换到故事板视图,如下图所示。

步骤02 认识故事板视图。在故事板视图下,可以看到插入素材的缩略图和转场效果,如下图所示。

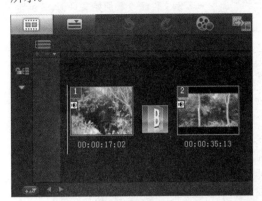

步骤03 切换到时间轴视图。单击"时间轴视图"按钮,如下图所示,即可切换到时间轴视图下。

步骤04 显示全部可视化轨道。单击时间轴左上角的"显示全部可视化轨道"按钮,即可看到项目文件中的视频轨、标题轨、音乐轨上的文件,如下图所示。

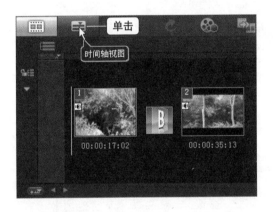

步骤05 切换到"音频视图"下。单击"混音器"按钮🎵,如下图所示,即可切换到音频视图下。

步骤06 显示切换到音频视图。切换到音频视图下,可以看到素材中的声音曲线,并且"属性"选项卡切换为"环绕混音"选项卡,如下图所示。

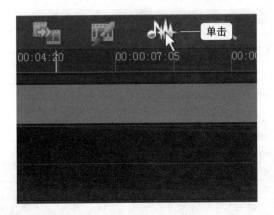

2.8 | 批量转换视频格式

在会声会影中除了可以编辑影片外，还可以将视频文件转换为不同的格式。下面就来介绍一下批量转换视频格式的操作步骤。

📀 **原始文件** • 实例文件\第2章\原始文件\小狗.avi、小鸟.avi
📀 **最终文件** • 实例文件\第2章\最终文件\小狗.flv、小鸟.flv

步骤01 打开"成批转换"对话框。进入会声会影编辑器界面，单击时间轴上方的"成批转换"工具按钮，如下图所示。

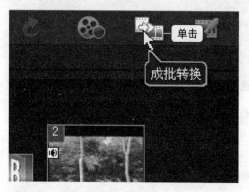

步骤02 打开"打开视频文件"对话框。在弹出的"成批转换"对话框中单击"添加"按钮，如下图所示。

步骤03 选择需要转换的文件。弹出"打开视频文件"对话框，按住Ctrl键的同时依次选择需要加载的视频文件，然后单击"打开"按钮，如下图所示。

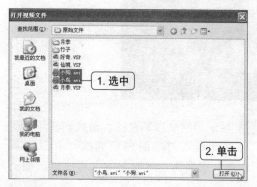

步骤04 确认文件插入序列。弹出"改变素材序列"对话框，单击"确定"按钮，如下图所示。

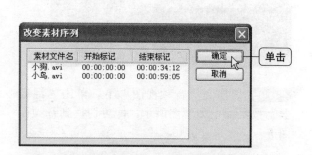

步骤05 打开"浏览文件夹"对话框。返回"成批转换"对话框，单击"保存文件夹"文本框右侧的□按钮，如右图所示。

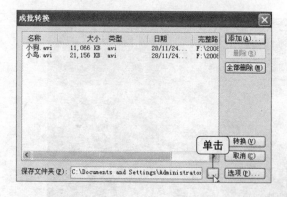

步骤06 选择保存文件夹。弹出"浏览文件夹"对话框，选择文件需要保存的路径，然后单击"确定"按钮，如下图所示。

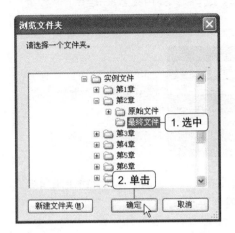

步骤07 选择文件保存类型。返回"成批转换"对话框，单击"保存类型"下拉列表右侧的下三角按钮，在弹出的下拉列表中选择"FLASH文件（*.flv）"选项，如下图所示。

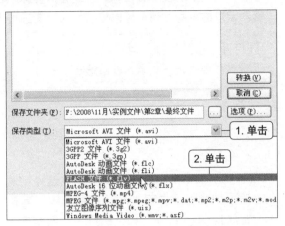

步骤08 开始转换。经过以上步骤，单击"成批转换"对话框中的"转换"按钮，如下图所示。

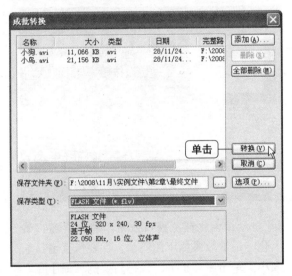

步骤09 显示文件转换进度。单击"转换"按钮，软件开始执行转换操作，在界面中显示出文件转换的进度，如下图所示。

步骤10 完成转换。文件转换完成后，弹出"任务报告"对话框，显示此次转换的任务、目标、状态等信息，单击"确定"按钮，完成转换，如右图所示。

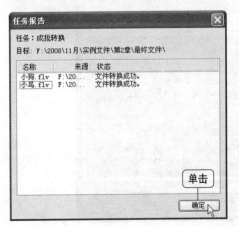

更进一步

★ 更改界面布局

本章主要对视频编辑基础以及会声会影X3的基础知识进行了介绍, 会声会影X3提供了两种编辑器窗口的布局, 用户可以根据个人习惯进行更改。

01 打开"参数选择"对话框。在会声会影编辑器界面中执行"设置>参数选择"命令, 如右图所示。

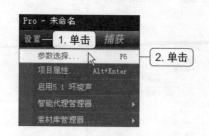

02 选择界面布局。在弹出的"参数选择"对话框中切换到"界面布局"选项卡中, 单击"布局1"单选按钮, 如下图所示, 然后单击"确定"按钮。

03 显示更改布局效果。返回会声会影编辑器界面, 可以看到更改布局后的效果, 如下图所示。如果需要恢复默认的布局效果, 在"参数选择"对话框的"界面布局"选项卡中单击"布局2"单选按钮, 再单击"确定"按钮即可。

04 最大化预览窗口。需要最大化预览窗口时, 单击预览窗口右下角的"扩大"按钮, 如下图所示。

05 显示最大化预览窗口效果。将预览窗口最大化, 最终效果如下图所示, 需要恢复窗口原大小时单击由"扩大"按钮转换的"最小化"按钮即可。

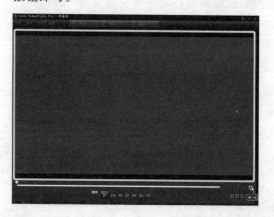

Chapter 03
会声会影X3的素材获取

在进行影片编辑时素材文件的获取非常重要，可以从DV机、移动设备、数字媒体中获取素材，也可以使用软件自带的绘图创建器制作自己需要的素材。本章中就来介绍一下捕获素材前的准备工作以及素材的捕获操作。

通过本章的学习，您可以：

▲ 掌握优化系统资源的操作方法
▲ 学习从DV中捕获素材的操作方法
▲ 从数字媒体和移动设备中导入素材
▲ 使用电脑中已有的素材
▲ 使用绘图创建器创建素材

 本章建议学习时间：75分钟

在获取编辑影片所需要的视频素材时，可以选择从DV机中直接捕获，使用电脑中已有的素材文件或者通过会声会影X3中的绘图创建器进行创建，本章就来介绍一下获取素材的方法。

3.1 捕获素材前的准备工作

获取素材时，捕获的素材文件将会占用电脑硬盘的空间，如果用户的硬盘可用空间不足，将会导致无法捕获。这就需要用户在进行素材捕获前对电脑的硬盘空间进行释放。

3.1.1 设置硬盘的写入缓存功能和IDE设备

硬盘的写入缓存功能有助于电脑硬盘与外部交换数据，但是在捕获视频的过程中，关闭写入缓存可以在硬盘中腾出一部分空间。IDE设备是硬盘一种接口技术，它的传送模式包括PIO和DMA两种，使用DMA模式传送可以不经过CPU直接从系统内存传送数据，从而避免捕获时可能发生的丢帧问题，下面介绍一下详细操作步骤。

步骤01 打开"设备管理器"窗口。在桌面上右击"我的电脑"图标，在弹出的快捷菜单中单击"设备管理器"命令，如下图所示。

步骤02 打开"ST380815AS属性"对话框。在弹出的"设备管理器"窗口中单击"磁盘驱动器"前面的展开按钮，在展开列表中右击"ST380815AS"选项，在弹出的快捷菜单中单击"属性"命令，如下图所示。

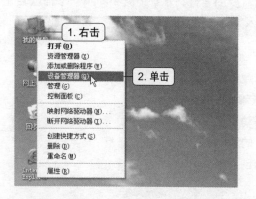

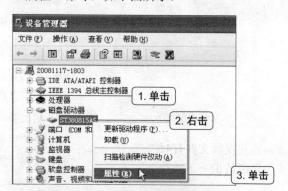

步骤03 关闭磁盘的写入缓存。在弹出的"ST-380815AS属性"对话框中切换到"策略"选项卡，取消勾选"启用磁盘上的写入缓存"复选框，然后单击"确定"按钮，如右图所示。

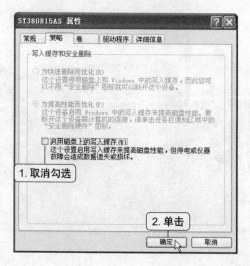

> ◉ **重新开启硬盘的写入缓存功能**
>
> 为了确保电脑中其他数据的传输，在捕获完视频文件后用户可以按照相同的操作步骤重新开启硬盘的写入缓存功能。

步骤04 打开"主要IDE通道属性"对话框。返回"设备管理器"窗口，单击"IDE ATA/ATAPI控制器"前的展开按钮，在展开的列表中右击"主要IDE通道"选项，在弹出的快捷菜单中单击"属性"命令，如下图所示。

步骤05 设置DMA传送模式。在弹出的"主要IDE通道属性"对话框中切换到"高级设置"选项卡，单击"设备0"选项组内的"传送模式"下拉按钮，选择"DMA（若可用）"选项，如下图所示。对"设备1"选项组进行同样的设置，然后单击"确定"按钮。

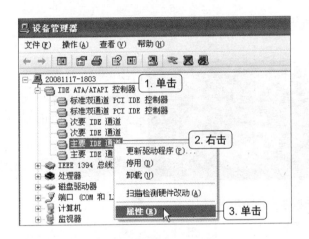

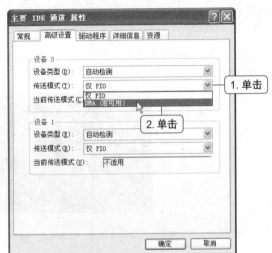

3.1.2 认识捕获界面

捕获视频文件有4种方法，分别为捕获视频、DV快速扫描、从数字媒体导入和从移动设备导入。下面先来认识一下捕获界面中各区域的作用，如下图和表3-1所示。

表3-1 "捕获"界面各区域作用

编 号	名 称	作 用
❶	预览窗口	用于查看DV机中所录制的视频
❷	导览面板	用于控制DV机中视频的播放，采用不同的视频捕获方式时，导览面板会有所变化
❸	素材库	用于存放会声会影X3中的一些视频、音频文件，捕获到的视频或图像也可以保存在其中
❹	捕获选项面板	用于显示捕获文件的4种方法，单击按钮即可进入相应的捕获面板
❺	信息区域	捕获视频后该区域将会显示出捕获设备、捕获格式、文件大小、音频等信息

3.2 从DV机中捕获视频

完成捕获视频前的准备工作后，下面学习如何从DV机中捕获视频。首先来认识一下捕获面板中各区域的作用，如下图和表3-2所示。

表3-2 捕获面板各区域作用

编 号	名 称	作 用
❶	区间	用于显示捕获视频的时间
❷	来源	用于显示视频来源的DV机的类型
❸	格式	用于设置捕获后视频的格式，包括DV、MPEG、VCD、SVCD、DVD5种格式，在下拉列表中选择相应选项即可
❹	捕获文件夹	用于设置捕获后文件所保存的位置，文本框内显示程序默认的保存位置，可通过单击右侧的"捕获文件夹"按钮进行更改
❺	按场景分割	勾选该复选框后，在捕获视频文件时可将捕获的视频文件自动按场景分割
❻	选项	用于设置捕获文件的捕获选项和视频属性
❼	捕获视频	用于捕获视频文件，单击该按钮可开始捕获视频
❽	抓拍快照	用于捕获图像文件

3.2.1 捕获视频

在捕获DV视频前首先需要将DV机与电脑连接，然后才能进行相应的捕获操作。捕获视频时可以对捕获的视频格式、工作文件夹等进行设置，下面介绍一下详细的操作步骤。

◎ 最终文件 ・ 实例文件\第3章\最终文件\uvs081225-001.avi

步骤01 取消自动播放。将DV机与电脑连接后，将DV开关推到VCR档，电脑中将弹出"自动播放"对话框，单击"取消"按钮，如下图所示。

步骤02 打开会声会影X3软件。双击桌面上的会声会影X3快捷方式图标，如下图所示。

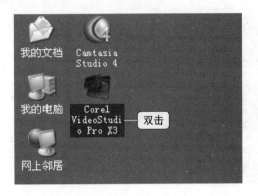

步骤03 进入会声会影编辑器。在会声会影启动窗口中单击"高级编辑"选项，如下图所示。

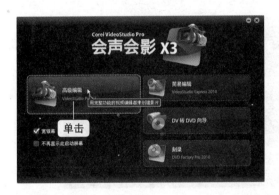

步骤04 进入"视频捕获"面板。在会声会影编辑器界面中单击"捕获"标签，切换到"捕获"界面，单击"捕获视频"按钮，如下图所示。

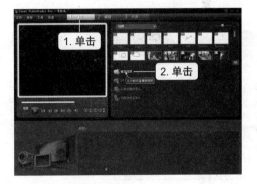

步骤05 打开"浏览文件夹"对话框。进入"捕获视频"界面后单击"捕获文件夹"按钮，如下图所示。

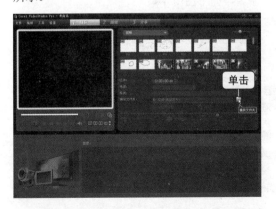

步骤06 选择工作文件夹。在弹出的"浏览文件夹"对话框中选中目的文件夹，然后单击"确定"按钮，如下图所示。

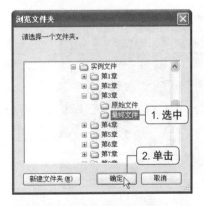

🔘 **捕获界面不可用的原因**

进入"捕获视频"界面后，如果编辑面板中的选项处于不可用状态时，则表示DV机未连接到电脑，需要重新连接DV机。

步骤07 设置按场景分割。返回视频捕获界面，勾选编辑面板中的"按场景分割"复选框，如下图所示。

步骤08 打开"捕获选项"对话框。单击"选项"按钮，在弹出的下拉列表中选择"捕获选项"选项，如下图所示。

步骤09 设置捕获选项。弹出"捕获选项"对话框，确认已勾选"捕获到素材库"复选框，然后单击"确定"按钮，如下图所示。

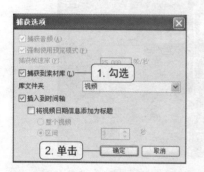

步骤10 开始捕获。进行设置后单击"捕获视频"按钮，如下图所示，软件即可执行视频的捕获操作，在素材库中可以看到捕获的内容。

步骤11 停止捕获。视频内容捕获完毕后单击"停止捕获"按钮，如下图所示。

步骤12 经过以上操作，进入之前设置的保存位置，就可以看到所捕获的视频文件，软件会自动为其命名，如下图所示。

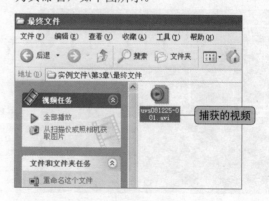

3.2.2　在DV视频中捕获图像素材

在捕获视频文件时也可以将视频中的画面直接捕获为图像，下面就来介绍一下捕获图像素材的操作方法。

步骤01 打开"DV快速扫描"对话框。将DV机与电脑连接后进入"捕获"界面，单击"DV快速扫描"按钮，如下图所示。

步骤02 播放DV机中的视频文件。弹出"DV快速扫描"对话框，单击预览窗口下方的"播放"按钮，如下图所示。

步骤03 确定捕获画面。播放到需要捕获的视频画面时，单击"暂停"按钮固定画面，如下图所示。

步骤04 捕获图像。确定需要捕获的画面后，单击编辑面板中的"抓拍快照"按钮，如下图所示。

步骤05 显示捕获的图像文件。单击"抓拍快照"按钮后软件即执行捕获图像的操作。捕获得到的图像将自动保存到软件的"照片"素材库中，如右图所示。

 范例操作

范例05　直接将视频捕获为MPEG-2格式

　　在捕获视频时，软件默认将捕获后的文件格式设置为avi格式，用户也可以根据需要将捕获后的文件设置为其他格式，下面介绍一下更改捕获文件格式的详细操作步骤。

最终文件　• 实例文件\第3章\最终文件\uvs100424-001.mpg

01 取消自动播放。将DV机与电脑连接后将开关推到VCR档，弹出"自动播放"对话框，单击"取消"按钮。

02 进入会声会影X3启动界面。双击桌面上的会声会影X3快捷方式图标。

03 进入会声会影编辑器。弹出会声会影启动窗口，单击"会声会影编辑器"按钮。

04 进入"视频捕获"面板。进入会声会影编辑器界面，单击"捕获"标签切换到"捕获"界面，单击"捕获视频"按钮。

05 设置视频捕获格式。进入"捕获视频"界面，单击"格式"下拉列表右侧的下三角按钮，在下拉列表中单击DVD选项，如下图所示。

06 打开"视频属性"对话框。单击"选项"按钮，在弹出的下拉列表中单击"视频属性"选项，如下图所示。

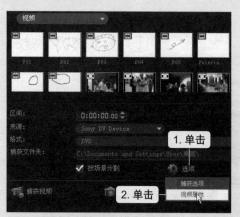

07 打开"MPEG设置"对话框。在弹出的"视频属性"对话框中单击"高级"按钮，如下图所示。

08 打开"新建"对话框。在弹出的"MPEG设置"对话框中单击"添加"按钮，如下图所示。

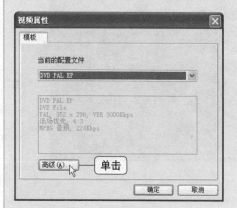

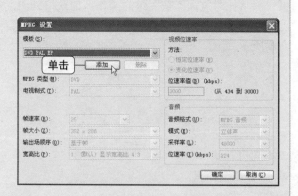

09 新建模板。弹出"新建"对话框，在"模板名称"文本框中输入新建模板的名称，然后单击"确定"按钮，如下图所示。

10 选择MPEG类型。返回"MPEG设置"对话框，"模板"文本框中显示新建的模板名称，单击"MPEG类型"下拉按钮，在下拉列表中选择MPEG2选项，如下图所示，最后单击"确定"按钮。

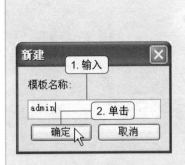

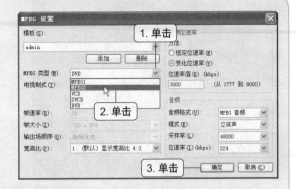

🎞 **使捕获后的文件更小**

在"MPEG 设置"对话框中选择了MPEG类型后,将"位速率值"设置为最低,将"音频"的"模式"设置为"单声道",将"采样率"和"位速率"都设置为最低参数,然后单击"确定"按钮,即可使捕获的视频文件小一些。

11 开始捕获。对以上选项进行设置后单击"捕获视频"按钮,如下图所示,开始捕获视频。

12 停止捕获。视频内容捕获完毕后单击"停止捕获"按钮,如下图所示。

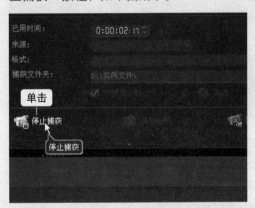

13 经过以上操作,即可在设置的文件保存位置找到捕获的视频文件,并且软件会自动为其命名。

3.3 | 通过DV快速扫描捕获视频

在进行DV磁带的捕获时,还可以通过DV快速扫描功能进行捕获。通过采用DV快速扫描的方式,可以将捕获的视频直接插入到会声会影X3编辑器的时间轴中,下面介绍一下详细的操作步骤。

📀 **最终文件** • 实例文件\第3章\最终文件\(00-59-15-05)(00-59-19-23).mpg

步骤01 进入"捕获视频"界面。将DV机与电脑连接后进入"捕获"界面,单击"DV快速扫描"按钮,如下图所示。

步骤02 播放DV机中的视频文件。弹出"DV快速扫描"窗口,单击预览窗口下方的"播放"按钮,如下图所示。

步骤03 确定开始捕获位置。播放视频文件，当预览窗口中出现需要捕获的画面时单击"暂停"按钮，如下图所示。

步骤04 设置捕获格式。单击"捕获格式"下拉列表框右侧的下三角按钮，在弹出的下拉列表中选择DVD选项，如下图所示。

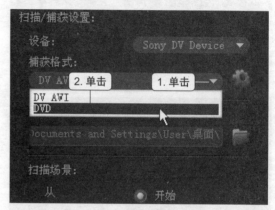

步骤05 开始扫描视频。设置了捕获格式后，单击"当前位置"单选按钮，然后单击"开始扫描"按钮，如下图所示。

步骤06 停止扫描。视频内容捕获完毕后单击"停止扫描"按钮，如下图所示。

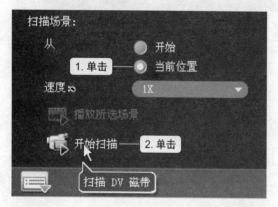

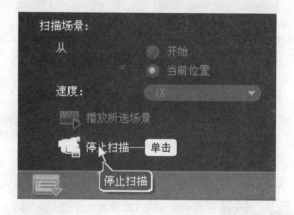

步骤07 显示扫描到的视频文件。单击"停止扫描"按钮后，在"DV快速扫描"窗口的故事板区域内显示扫描到的视频文件，如下图所示。

步骤08 转到下一个步骤。停止视频扫描后单击窗口右下角的"下一步"按钮，转到下一个步骤，如下图所示。

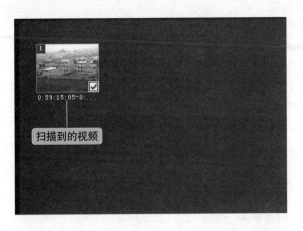

扫描到的视频

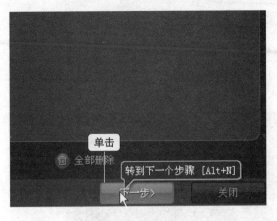

单击

全部删除

转到下一个步骤 [Alt+N]

下一步〉   关闭

步骤09 将扫描到的文件插入到时间轴。在弹出的"导入设置"对话框中勾选"插入到时间轴"复选框，然后单击"确定"按钮，如下图所示。

步骤10 显示捕获场景进度。执行以上操作后，软件开始对扫描到的场景进行捕获，在窗口中显示捕获进度，如下图所示。

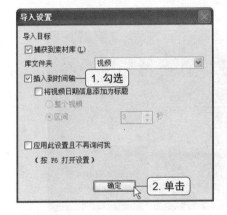

导入设置

导入目标
☑ 捕获到素材库(L)
库文件夹   视频
☑ 插入到时间轴 ── 1. 勾选
  □ 将视频日期信息添加为标题
  ○ 整个视频
  ● 区间   3   秒

□ 应用此设置且不再询问我
(按 F6 打开设置)

确定   2. 单击

视频捕获进度

正在捕获场景。按 ESC 中止。

步骤11 显示将扫描到的场景插入到时间轴效果。视频捕获完成后"DV快速扫描"窗口自动关闭，返回会声会影编辑器窗口，所扫描的视频已插入到时间轴中，如右图所示。

捕获的视频

3.4 | 插入电脑中的视频文件

在编辑影片时，如果需要使用电脑中已有的一些视频或图像文件，可以直接将文件插入到会声会影X3的时间轴中然后进行编辑，下面介绍一下详细的操作步骤。

原始文件 • 实例文件\第3章\原始文件\芭蕉.wmv

步骤01 打开"打开视频文件"对话框。进入会声会影编辑器界面，执行"文件>将媒体文件插入到时间轴>插入视频"命令，如下图所示。

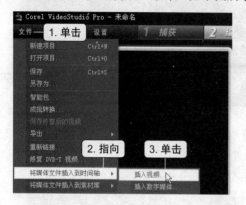

步骤02 选择需要插入的视频。弹出"打开视频文件"对话框，选中需要插入的文件，然后单击"打开"按钮，如下图所示。

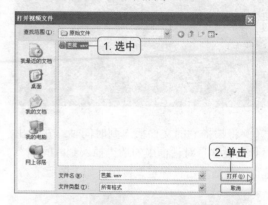

步骤03 显示插入文件效果。经过以上操作返回会声会影编辑器界面，可以看到所选择的文件已插入到时间轴中，如右图所示。

 范例操作

范例06 在时间轴中插入图像文件

编辑影片时也可能会使用图像文件，本例就来讲解如何将电脑中的图像文件直接插入到时间轴中，下面介绍一下详细的操作步骤。

原始文件 • 实例文件\第3章\原始文件\画.jpg

01 打开"浏览照片"对话框。进入会声会影编辑器界面，执行"文件>将媒体文件插入到时间轴>插入照片"命令，如右图所示。

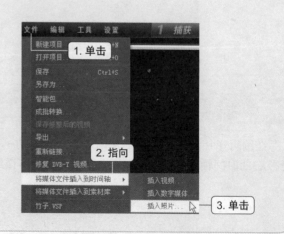

02 选择需要插入的图像。弹出"浏览照片"对话框，选中需要插入的图像文件后单击"打开"按钮，如下图所示。

03 显示插入文件效果。经过以上操作后，返回会声会影编辑器界面，就可以看到所选择的文件已插入到时间轴中，如下图所示。

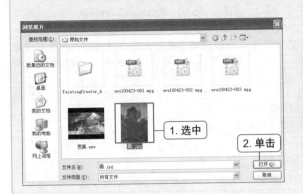

3.5 | 使用绘图创建器编辑视频文件

绘图创建器是会声会影X3中强大的编辑功能之一，通过绘图创建器可以制作动画和静态图像两种文件，制作完成的文件将被保存到会声会影X3的素材库中。本节中就来介绍一下绘图创建器的使用。

3.5.1 认识"绘图创建器"窗口

在"绘图创建器"窗口中包括制作图像或视频文件时需要设置的项目，如笔刷、颜色等选项，创建文件时可根据需要选择使用相应功能，下面先来认识一下"绘图创建器"窗口中各区域的作用，如下图和表3-3所示。

表3-3 "绘图创建器"窗口各区域作用

编 号	名 称	作 用
❶	笔刷大小调整区域	用于调整笔刷的高度和宽度，也可以按下"宽高相等"按钮将笔刷的高度和宽度设置为相同的参数
❷	笔刷样式区域	用于选择需要使用的笔刷样式，包括画笔、喷枪、蜡笔、炭笔、粉笔、铅笔、标记、油画、微粒、滴水、硬毛笔等11种样式
❸	工具按钮	该区域包括"清除预览窗口"、"放大"、"缩小"、"实际大小"、"背景图像选项"、"预览窗口背景图像透明度设置"、"纹理选项"、"色彩选取器"、"色彩选取工具"、"擦除模式"、"撤销"、"重复"、"开始录制"等13个工具按钮，用于设置视频背景、笔刷颜色等内容
❹	画廊条目列表	用于管理录制的视频，在列表上方还有播放、删除、更改区间3个按钮，用于对录制好的视频进行操作
❺	进程栏信息	用于显示生成视频文件时的进度信息
❻	参数选择设置	用于设置绘图创建器窗口的默认录制区间、背景色、背景图像、图层模式、自动调整等选项
❼	模式选择按钮	用于设置录制视频的模式，包括"静态模式"和"动画模式"两个选项

3.5.2 "绘图创建器"窗口中各功能的使用

下面介绍绘图创建器各功能的使用。

1．打开"绘图创建器"窗口

执行"工具>绘图创建器"命令或单击时间轴上方的"绘图创建器"按钮都可打开"绘图创建器"窗口，下面介绍一下详细的操作步骤。

步骤01 打开"绘图创建器"窗口。在会声会影编辑器中单击时间轴上方的"绘图创建器"按钮，如下图所示。

步骤02 显示打开的"绘图创建器"窗口。经过以上操作就会弹出"绘图创建器"窗口，如下图所示。

2．笔刷的选择与设置

在"绘图创建器"中提供了11种笔刷形状，用户可根据需要选择合适的笔刷并对笔刷的参数进行设置，下面介绍一下详细的操作步骤。

步骤01 选择笔刷样式。进入"绘图创建器"窗口，在窗口上方的笔刷样式区域中单击需要使用的笔刷，即可选择相应笔刷样式，如下图所示。

步骤02 设置笔刷参数。单击笔刷图标右下角的 ❀ 按钮，弹出参数面板，拖动相应选项下的滑块，然后单击"确定"按钮，即可完成笔刷参数的设置，如下图所示。

步骤03 锁定笔刷宽高比。单击笔刷大小调整区域右下角的"宽高相等"按钮，即可设置笔刷的宽高相等。

步骤04 调整笔刷大小。可以看到拖动笔刷大小调整区域高度或宽度滑块，另一滑块也同步移动。

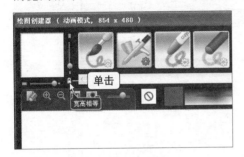

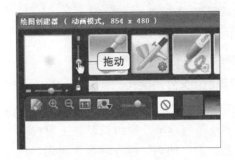

3．设置笔刷纹理与颜色

选择了笔刷的样式和大小后，还可以对笔刷的纹理以及颜色进行设置，下面介绍一下详细的操作步骤。

步骤01 打开"纹理选项"对话框。选择了笔刷样式后，单击"纹理选项"按钮，如下图所示。

步骤02 选择需要使用的纹理。在弹出的"纹理选项"对话框中选中需要使用的纹理图案，然后单击"确定"按钮，如下图所示。

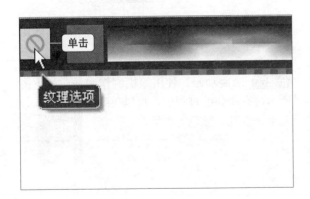

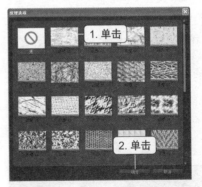

步骤03 设置笔刷颜色。单击"色彩选取器"图标，在弹出的颜色列表中选择需要使用的颜色，如右图所示。如果需要更多颜色，可单击"Corel色彩选取器"选项，再在弹出的"Corel色彩选取器"对话框中进行选择即可。

4. 设置录制参数

在录制视频文件时，视频区间、背景颜色等录制参数都可以根据需要自行设置，下面介绍一下详细的操作步骤。

步骤01 打开"参数选择"对话框。打开"绘图创建器"窗口后，单击窗口左下角的"参数选择设置"按钮，如下图所示。

步骤02 设置优先项参数。在弹出的"参数选择"对话框中可以看到默认录制区间、默认背景色等选项，如下图所示，用户可根据需要对相应内容进行设置。

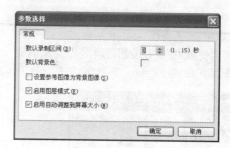

5. 选择制作文件的模式

使用绘图创建器可以录制视频，也可以制作图像文件。

进入"绘图创建器"窗口后，单击窗口左下角的"更改为'动画'或'静态'模式"按钮，在弹出的下拉列表中可以看到"动画模式"和"静态模式"选项，如右图所示，用户可根据个人需要进行选择。

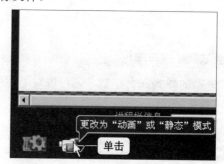

6. 开始录制与停止录制

对文件模式、参数选择等内容进行设置后，如果选择模式为静态模式，即可直接在绘制区绘制，如果所选择模式为动画模式，就要开始录制动画，下面介绍一下详细的操作步骤。

步骤01 开始录制。对笔刷选项设置完成后，单击"开始录制"按钮，如下图所示。

步骤02 录制动画。使用笔刷制作文件，如下图所示，在制作的过程中，可以更改笔刷的样式、大小、纹理、颜色等参数。

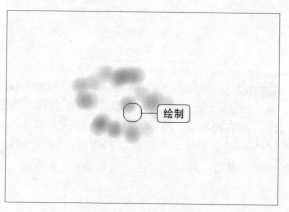

步骤03 停止录制。动画录制完成后单击"停止录制"按钮，如右图所示，即可停止动画的录制。

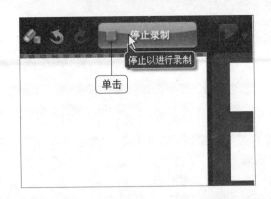

录制完动画的保存位置

动画制作完成后单击"停止录制"按钮，会声会影X3即将成功录制的动画保存在窗口右侧的画廊条目列表框内。

7．在录制的过程中清除所录制的内容

在动画录制的过程中，如果用户对制作的动画效果不满意，可直接将录制的动画删除，然后重新录制，下面介绍一下详细的操作步骤。

步骤01 清除预览窗口内容。录制了动画制作的过程后，对录制的结果不满意时可以单击"清除预览窗口"按钮，如下图所示。

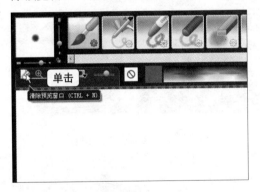

步骤02 显示清除内容效果。经过以上操作，即可将预览窗口中绘制的内容全部清除，如下图所示。

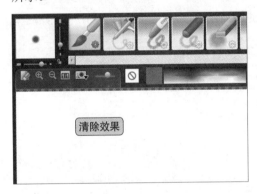

8．播放所录制动画

动画录制完毕后，可以在"绘图创建器"窗口中预览制作的动画效果，以确定是否保留此次录制的动画。

停止录制动画后，在画廊条目列表框中就会显示出所录制的动画，选中相应文件后单击"播放选中的画廊条目"按钮，如右图所示，即可对所选条目进行播放。确定保留此次录制时，单击"确定"按钮即可。

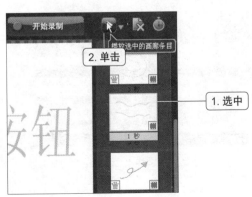

范例操作

范例07 绘制蓝天白云视频

通过绘图创建器可以创建视频文件以及图像，本例就使用绘图创建器来制作一个草地中花朵开放的视频，下面介绍一下详细的操作步骤。

01 打开"绘图创建器"窗口。进入会声会影编辑器界面，单击时间轴上方的"绘图创建器"按钮，如下图所示。

02 打开"参数选择"对话框。弹出"绘图创建器"窗口后，单击窗口左下角的"参数选择设置"按钮，如下图所示。

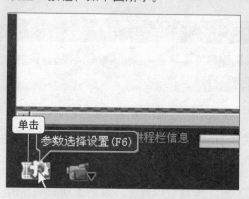

03 设置录制区间时间。在弹出的"参数选择"对话框中单击"默认录制区间"数值框右侧的微调按钮，将数值设置为"10"，然后单击"确定"按钮，如下图所示。

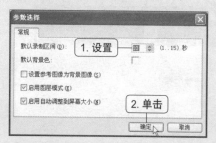

04 选择笔刷类型。单击窗口上方笔刷样式区域内的"画笔"选项，如下图所示。

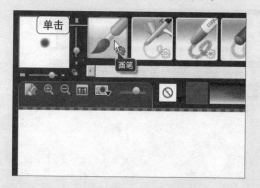

05 设置笔刷颜色。选择了笔刷形状后，单击"色彩选取工具"按钮，选择需要的颜色，如下图所示。

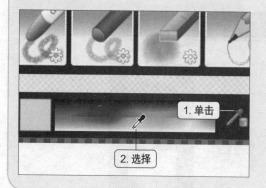

06 设置笔刷宽高相等。单击笔刷大小调整区域中的"宽高相等"按钮，锁定笔刷的宽高比，如下图所示。

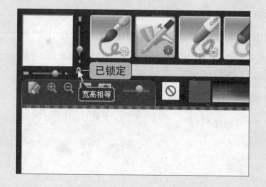

07 设置笔刷大小。向下拖动笔刷高度滑块，将高度宽度同步设置为29，如下图所示。

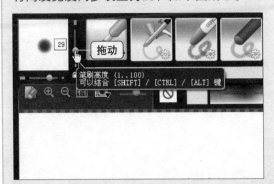

08 开始录制。完成以上选项设置后单击"开始录制"按钮，如下图所示。

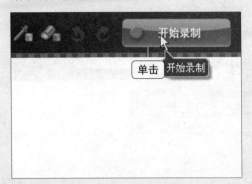

快速使用擦除模式

在创建视频文件时，进入"开始录制"状态后按住鼠标左键并拖动即可绘制需要的线条。当用户需要进入擦除模式时，可以直接按住鼠标右键拖动鼠标，这样之前绘制的线条即会被擦除。

09 录制动画。单击"开始录制"按钮后按住鼠标左键进行拖动，在预览窗口中进行绘制，如下图所示。

10 更换笔刷。使用画笔笔刷绘制需要的图案后，选择笔刷样式区域中的"微粒"笔刷，如下图所示。

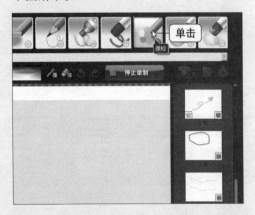

11 设置笔刷大小。向下拖动笔刷大小调整区域中的笔刷高度滑块，将笔刷的宽度和高度都设置为9，如右图所示。

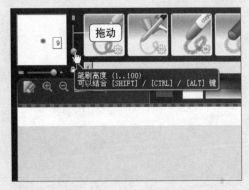

12 设置笔刷颜色。选择了笔刷形状后，单击"色彩选取工具"图标，在颜色列表中选取颜色，如下图所示。

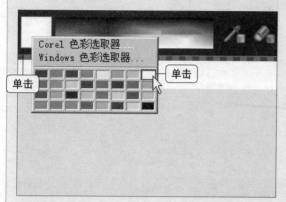

13 录制动画。选择了笔刷的颜色后在预览窗口中继续绘制，录制动画，如下图所示。

14 设置笔刷大小。向下拖动笔刷大小调整区域右侧的高度滑块，将笔刷的宽度和高度都设置为31，如右图所示。

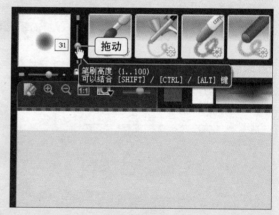

放大与缩小预览窗口

需要放大预览窗口时单击工具按钮区域中的"放大"按钮，需要将窗口调整到默认大小时，单击"实际大小"按钮即可。

15 绘制白云。经过上面的操作后，绘制出的白云效果如下图所示。

16 显示动画绘制最终效果。绘制完成全部动画，最终效果如下图所示。

17 停止录制。视频绘制完成后单击"停止录制"按钮，如下图所示。

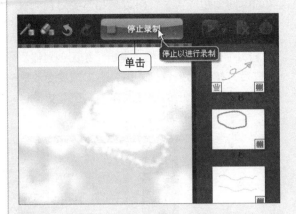

18 确定此次动画的创建。程序将创建的动画保存在窗口右侧区域，单击"确定"按钮，如下图所示。

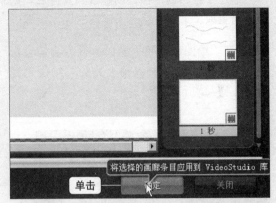

19 显示制作绘图创建器文件进度。单击"确定"按钮后，程序开始制作绘图创建器所创建的文件，在进程栏信息区域显示出创建的进度，如下图所示。

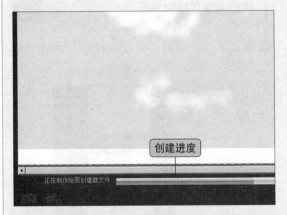

20 保存创建的视频。视频文件制作完成后"绘图创建器"窗口自动关闭，返回会声会影编辑器界面。在"视频"素材库中可以看到创建的视频文件，如下图所示。

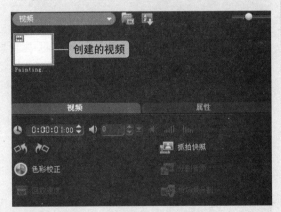

21 播放动画视频。返回会声会影编辑器界面后选中绘制的视频，单击预览窗口下方的"播放"按钮，程序即开始对所创建的视频文件进行播放，效果如下图所示。

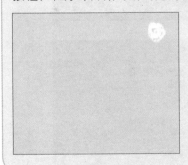

 更进一步

★ 创建视频后更改视频区间

通过"绘图创建器"创建视频文件后，如果视频的时间太短或太长，可以根据需要对视频区间进行更改，下面介绍一下详细的操作步骤。

01 打开"绘图创建器"窗口。进入会声会影编辑器界面，单击时间轴上方的"绘图创建器"按钮，如下图所示。

02 打开"区间"对话框。弹出"绘图创建器"窗口后，在画廊条目列表区中右击需要更改区间的文件，在弹出的快捷菜单中单击"更改区间"命令，如下图所示。

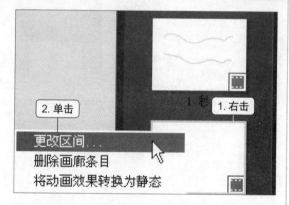

03 设置区间。在弹出的"区间"对话框中单击"区间"数值框右侧的微调按钮，将时间设置为15，然后单击"确定"按钮，如下图所示。

04 确定更改。返回"绘图创建器"窗口，单击"确定"按钮，如下图所示。

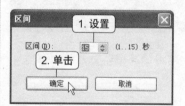

05 显示视频更改区间效果。经过以上操作后返回"会声会影编辑器"界面，更改区间后的视频重新生成为一个文件保存在"视频"素材库中，如右图所示。

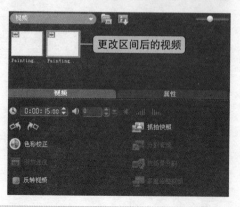

Chapter 04

编辑素材

在编辑影片的过程中，经常会遇到素材中有多余视频、素材的颜色效果不理想、素材的播放速度过快等情况，此时可以通过会声会影的编辑步骤对素材进行调整。

通过本章的学习，您可以：

▲ 掌握多重修剪素材的操作方法

▲ 学习调整素材播放顺序及速度的操作方法

▲ 熟悉校正视频色彩的操作方法

▲ 掌握反转视频的操作方法

▲ 了解按场景分割视频的操作方法

 本章建议学习时间：90分钟

拍摄了视频并将其导入到电脑后，如果素材的内容过于散乱，可以通过会声会影X3对其进行适当的编辑。通过本章的学习，用户可以掌握修整视频、调整视频播放顺序、分割视频以及保存视频等知识。

4.1 剪辑素材

剪辑素材是指将素材中需要的内容与不需要的内容分开，然后将不需要的素材内容删除。在进行素材剪辑时，用户可以进行简单的修整，也可以进行多重修整，本节中将对以上内容以及修整后视频的保存操作进行介绍。

4.1.1 修整视频素材

在进行简单视频素材修整时，可以通过会声会影 X3软件导览面板中的工具按钮来完成。导览面板中包括开始/结束标记、剪辑按钮等工具，下面就来认识一下导览面板中各部分的作用，如下图和表4-1所示。

表4-1　导览面板功能表

编　号	名　称	作　用
❶	飞梭栏	允许在项目或素材之间拖曳，可以调整播放点的位置
❷	修整标记	用于设置项目的预览范围或修整素材
❸	开始标记	单击该按钮可以在项目中设置预览范围的开始位置或是标记素材修整的开始点
❹	结束标记	单击该按钮可以在项目中设置预览范围的结束位置或是标记素材修整的结束点
❺	剪辑素材按钮	用于将所选素材剪辑为两部分，可与飞梭栏或开始/结束标记配合使用
❻	扩大按钮	单击可增大预览窗口的大小，但是扩大预览窗口时只能预览而不能编辑素材
❼	项目按钮	包括播放、起始、上一帧、下一帧、结束、重复、系统音量等7个按钮，用于播放项目文件时进行操作
❽	时间码	用于显示素材当前播放的时间，也可用于设置素材的时间位置

1. 去除头尾部分多余的内容

需要去除素材中开头和结尾部分的多余内容时，可以通过"开始标记"按钮和"结束标记"按钮进行操作，具体操作步骤如下。

◎ **原始文件** • 实例文件\第4章原始文件\后花园.wmv
◎ **最终文件** • 实例文件\第4章最终文件\后花园.VSP

步骤01 打开"打开视频文件"对话框。进入会声会影编辑器界面，执行"文件>将媒体文件插入到时间轴>插入视频"命令，如下图所示。

步骤02 选择需要插入的视频。弹出"打开视频文件"对话框后找到需要插入的视频文件，选中后单击"打开"按钮，如下图所示。

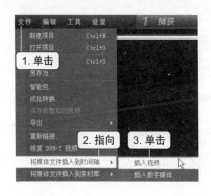

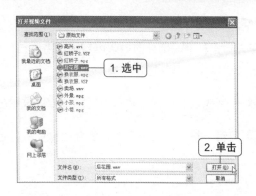

步骤03 播放视频文件。打开素材文件后单击导览面板中的"播放"按钮，如下图所示。

步骤04 确定素材开始位置。素材开始播放后"播放"按钮变为"暂停"按钮，单击"暂停"按钮即可暂停播放，如下图所示。

步骤05 设置开始标记。将视频素材停止播放后，单击导览面板中的"开始标记"按钮，如下图所示。

步骤06 继续播放素材。标记了素材的开始位置后再次单击"播放"按钮，软件会继续播放素材，如下图所示。

步骤07 确定素材结束位置。素材播放至需要结束的位置时单击"暂停"按钮，视频素材停止播放，如下图所示。

步骤08 设置结束标记。单击导览面板中的"结束标记"按钮，如下图所示。经过以上操作，就完成了去除素材头尾多余部分的操作，再次播放素材时标记外的视频素材将不被播放。

2．去除中间部分多余的内容

在去除素材中间部分的多余内容时，需要结合使用"开始标记"、"结束标记"按钮和"剪辑"按钮来完成操作，具体操作步骤如下。

步骤01 确定飞梭栏位置。素材播放至合适位置时单击"暂停"按钮。

步骤02 剪辑素材。将飞梭栏调整到合适位置后，单击导览面板中的剪辑素材按钮。

步骤03 显示剪辑素材效果。经过以上操作后，就可以将素材剪辑为两个片段。

4.1.2 多重修整视频素材

需要对素材进行多方面的剪辑时，可以在"多重修整视频"窗口中进行多重修整。下面先来认识一下"多重修整视频"窗口中各部分的作用，如下图和表4-2所示。

🔘 原始文件 • 实例文件\第4章\原始文件\换衣服.mpg
🔘 最终文件 • 实例文件\第4章\最终文件\换衣服.VSP

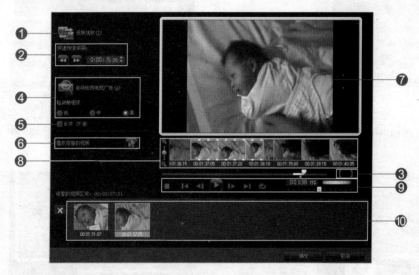

表4-2 "多重修整视频"窗口功能表

编　号	名　　称	作　　　　用
❶	反转选取	单击该按钮可以选取素材中选中部分以外的片段
❷	快速搜索间隔	包括"向后搜索"和"向前搜索"按钮，可以快速向前或向后浏览素材。每单击一次相应按钮则向前或向后推进15秒的内容
❸	开始/结束	用于标记素材开始和结束标记位置，包括起始和结束两个标记按钮
❹	自动检测电视广告	用于设置检测电视广告的敏感度，可通过滑块调节
❺	合并CF	将视频修整完成后可通过该区域设置是否合并视频
❻	播放修整的视频	修整视频后选中修整过的视频，单击该按钮可以进行播放
❼	预览窗口	通过该窗口可以在修整视频时查看素材中每一帧的内容
❽	帧显示区	显示素材中每一帧的画面，通过右侧的标尺可以设置帧的间隔
❾	导览面板	包括播放、停止、起始、结束、上一帧、下一帧、重复、时间码、飞梭轮等按钮，作用与编辑器中的导览面板类似
❿	修整后的视频片段区	用于存放或删除修整后的视频片段

　　了解了"多重修整视频"窗口中各区域的作用后，接下来就可以对视频进行修整了，具体操作步骤如下。

步骤01 打开"多重修整视频"窗口。进入"会声会影编辑"界面，导入"实例文件\第4章\原始文件\换衣服.mpg"文件，单击"视频"选项卡中的"多重修整视频"按钮，如下图所示。

步骤02 确定开始标记位置。进入"多重修整视频"窗口后，将光标指向飞梭轮，向右拖动飞梭轮确定素材开始标记的位置，如下图所示。

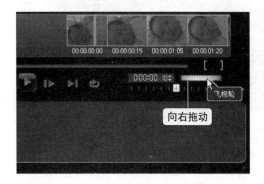

步骤03 标记素材开始位置。将飞梭轮调整到合适位置后单击窗口下侧的"开始标记"按钮，如下图所示。

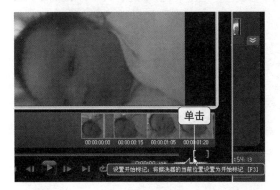

步骤04 向右搜索素材。标记了素材的开始位置后单击"快速搜索间隔"选项组中的"向前搜索"按钮，如下图所示。

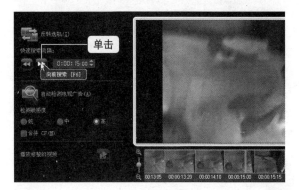

步骤05 确定结束标记位置。确定了向前搜索的位置后，再次将光标指向飞梭轮，向左拖动飞梭轮，以确定素材结束标记的大概位置，如下图所示。

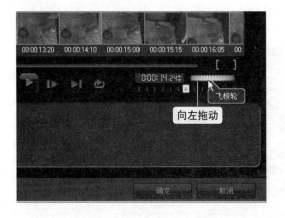

步骤06 精确确定素材结束位置。通过飞梭轮大概确定素材结束位置后单击"转到上一帧"或"转到下一帧"按钮，精确确定素材的结束位置，如下图所示。

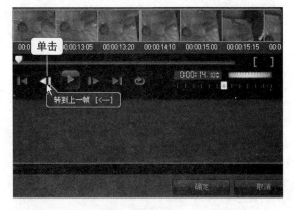

步骤07 标记素材结束位置。精确确定素材结束位置后单击窗口下侧的"结束标记"按钮，如下图所示。

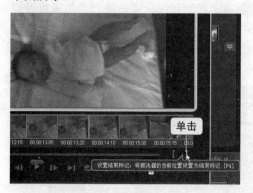

步骤08 显示素材第一个片段修整效果。经过以上操作，就完成了第一个素材片段的修整，如下图所示。

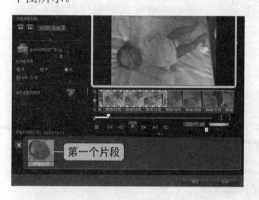

步骤09 确定视频多重修整。按照同样的方法，对素材进行多重修整后单击"确定"按钮，如下图所示。

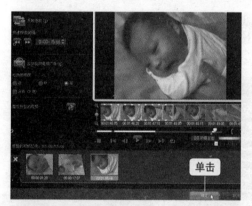

步骤10 显示多重修整效果。经过以上操作后，返回会声会影编辑器界面，就可以看到对视频进行多重修整后的效果，如下图所示。

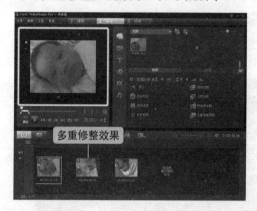

 范例操作

范例08 删除素材中的多余片段

本节中讲解了素材的剪辑操作，主要是删除视频素材中一些不需要的内容，下面就来动手练习如何去掉素材中的多余片段。

原始文件 • 实例文件\第4章\原始文件\卖场.wmv
最终文件 • 实例文件\第4章\最终文件\卖场.VSP

01 导入素材文件。进入会声会影编辑器界面，导入"实例文件\第4章\原始文件\卖场.wmv"文件，拖动飞梭轮，将其调整到需要剪切的位置，如右图所示。

02 按飞梭轮位置剪辑素材。确认素材的剪辑位置后，单击导览面板中的"剪辑"按钮，如下图所示。按照同样的方法根据场景将素材剪辑为不同的片段。

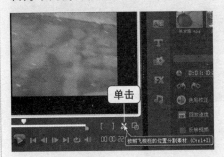

03 显示剪辑效果。经过以上操作后即可将一个视频素材剪辑为多个视频片段，最终效果如下图所示。

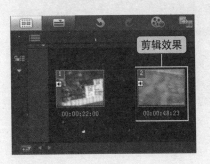

04 调整素材位置。剪辑素材后程序默认选择第一段视频，此时不进行其他操作，直接拖动鼠标调整飞梭轮位置，如下图所示。

05 标记素材开始位置。将飞梭轮调整到合适位置后单击窗口左侧的"开始标记"按钮，如下图所示。

06 标记素材结束位置。使用同样的方法确定素材结束位置，单击窗口左侧的"结束标记"按钮，如下图所示。

07 选择需要的视频片段。裁剪第一段视频片段后，单击时间轴中需要编辑的下一个视频片段，如下图所示。

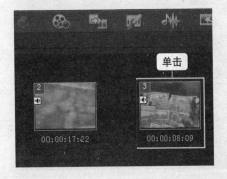

08 进入"多重修整视频"窗口。单击"视频"编辑面板中的"多重修整视频"按钮，如下图所示。

09 调整帧显示大小。进入"多重修整视频"窗口，向上拖动帧调节标尺上的滑块，将其调整为"5帧"，如下图所示，帧显示区内的帧数量会随之增加。

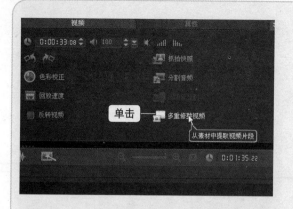

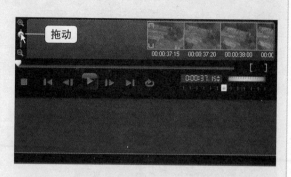

10 确认标记起始位置。结合使用飞梭轮和导览按钮将画面定位在需要标记的位置，如下图所示。

11 标记素材开始位置。将飞梭轮调整到合适位置后单击窗口左侧的"开始标记"按钮，如下图所示，即可确认视频片段的起始位置。

12 确认标记结束位置。结合使用飞梭轮和导览按钮，将画面定位在需要标记的位置，如下图所示。

13 标记素材结束位置。将飞梭轮调整到合适位置后单击窗口左侧的"结束标记"按钮，如下图所示，即可将视频中需要的一段素材添加到"修整视频"列表框内。

14 确认第二片段视频的起始位置。同样通过飞梭轮和导览按钮，将画面定位在视频中第二段需要标记的位置，如下图所示。

15 标记素材开始位置。将飞梭轮调整到合适位置后单击窗口左侧的"开始标记"按钮，如下图所示。

16 标记素材结束位置。同样通过飞梭轮和导览按钮，将画面定位在视频中第二段需要标记的位置，然后单击窗口左侧的"结束标记"按钮，如下图所示。

17 确认视频修整结果。将素材中需要的视频片段全部标记完成后单击"确定"按钮，如下图所示。

18 显示视频剪辑效果。经过以上操作后，返回会声会影X3编辑器界面，就可以看到视频多重修整后的效果，如右图所示。

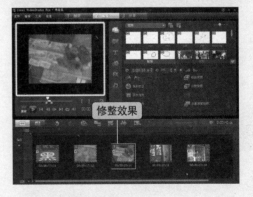

4.2 | 调整素材

修整视频后，为了使视频的播放顺序更为合理、播放速度更能体现影片的效果，还需要对素材进行一系列的调整。下面就来介绍一下如何调整视频素材播放速度、色彩校正和播放顺序。

4.2.1 调整视频素材的播放顺序

对一个素材进行修整后就会出现一些片段，用户可以通过改变这些片段在时间轴中的位置来改变素材的播放顺序，下面介绍一下详细的操作步骤。

⊙ 原始文件 • 实例文件\第4章\原始文件\换衣服. VSP
⊙ 最终文件 • 实例文件\第4章\最终文件\换衣服1. VSP

步骤01 导入素材文件。进入会声会影编辑器界面，导入"实例文件\第4章\原始文件\换衣服.VSP"文件，如下图所示。

步骤02 选中需要移动的视频片段。导入素材文件后选中时间轴中需要移动的视频文件缩略图，然后按住左键拖动鼠标，指针将变为◎形状，如下图所示。

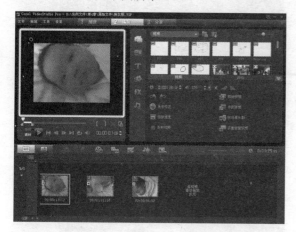

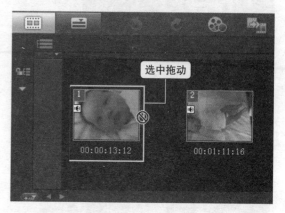

步骤03 移动视频片段位置。将需要调整位置的素材向目标位置拖动，至目标位置后释放鼠标左键，如下图所示。

步骤04 显示调整素材片段效果。释放鼠标左键后就可以完成了调整素材文件播放位置的操作，最终效果如下图所示。

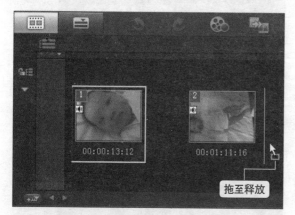

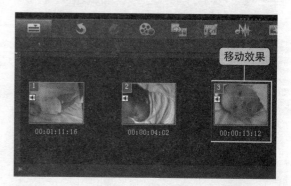

4.2.2 校正视频色彩

在对视频的色彩进行校正时，可以通过程序的白平衡功能完成，也可以通过调整素材的色彩参数完成。下面认识一下"色彩校正"面板中各部分的作用，如下图和表4-3所示。

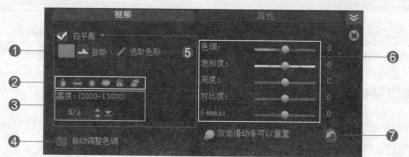

表4-3 "色彩校正"面板作用表

编 号	名 称	作 用
❶	自动计算白点	根据吸管选取的色彩调整素材色彩
❷	预设色彩模式区	提供6种预设的色彩模式，包括钨光、荧光、日光、云彩、阴影、阴暗，打开素材后直接单击相应色彩模式，即可进行自动调整
❸	温度调节框	通过该框调整色温，可以改变素材色彩
❹	自动调整色调	勾选该复选框，程序将自动调整色彩
❺	选取色彩	用于吸取素材中的颜色
❻	色彩调节区域	包括色调、饱和度、亮度、对比度、Gamma 5个选项 色调：用于调整素材的RGB参数 饱和度：用于调整素材的颜色饱和参数 亮度：用于调整素材的亮度参数 对比度：用于调整素材的色彩对比情况 Gamma：用于调整素材色彩、亮度等的变化量
❼	恢复默认值	将进行颜色调整后的素材恢复为默认设置

方法一：选取素材中的颜色进行调整

⊙ 原始文件 • 实例文件\第4章\原始文件\小孩.mpg
⊙ 最终文件 • 实例文件\第4章\最终文件\小孩. VSP

步骤01 导入素材文件。进入会声会影编辑器界面，导入"实例文件\第4章\原始文件\小孩.mpg"文件，拖动飞梭轮，拖动到需要调整的画面，如下图所示。

步骤02 进入"色彩校正"编辑面板。单击"视频"选项卡中的"色彩校正"按钮，如下图所示。

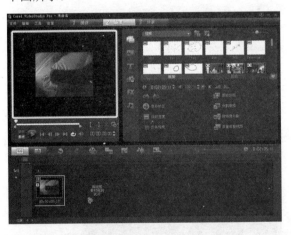

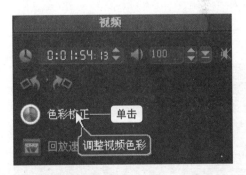

☢ 在合适画面调整色彩参数的原因

在一段视频中，视频的亮度、颜色等参数会随着画面的变化而变化，因此在调整色彩参数时需要将素材的画面调整到一个色彩比较中和的位置处，然后再进行调整。

步骤03 单击"选取色彩"按钮。进入"色彩校正"面板后勾选"白平衡"复选框，然后单击"选取色彩"按钮，如下图所示。

步骤04 选取色彩。单击"选取色彩"按钮后，光标变成吸管形状，将光标指向图像中需要选取色彩的区域，单击左键，如下图所示。

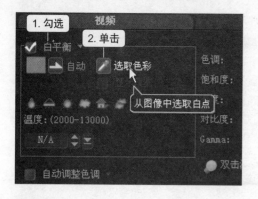

步骤05 显示调整色彩效果。经过以上操作，就完成了调整视频色彩颜色的操作，最终效果如右图所示。

方法二：通过预设模式调整

⊗ **原始文件** • 实例文件\第4章\原始文件\换衣服.mpg

⊗ **最终文件** • 实例文件\第4章\最终文件\换衣服2. VSP

步骤01 导入素材文件。进入会声会影编辑器界面，导入"实例文件\第4章\原始文件\换衣服.mpg"文件，拖动飞梭轮，调整到需要的画面，如下图所示。

步骤02 进入"色彩校正"编辑面板。导入素材文件后，单击"视频"面板中的"色彩校正"按钮，如下图所示。

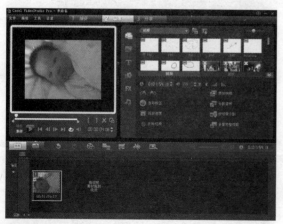

步骤03 选择色彩模式。进入"色彩校正"面板后勾选"白平衡"复选框，然后单击"荧光"按钮，如下图所示。

步骤04 显示调整色彩效果。经过以上操作后，就完成了通过预设模式调整色彩颜色的操作，最终效果如下图所示。

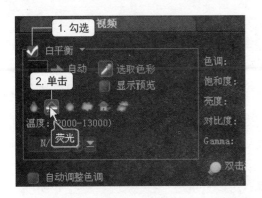

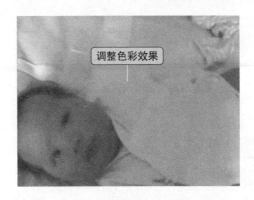

调整色彩效果

不同颜色模式的温度变化

选择了相应的颜色模式后,"白平衡"选项组中"温度"数值框内的数值也会有所变化,这是由于不同色彩模式的色温会有所区别。在进行颜色调整时,如果用户需要更精确地设置素材的颜色,也可以通过调整"温度"数值框内的数值来完成调整素材颜色的进一步操作。

4.2.3 反转视频

在进行视频播放时通常都是按照正常的顺序进行播放,但在拍摄一些特技效果时,会将按正常顺序录制的视频进行反转播放,下面介绍一下详细的操作步骤。

⊙ 原始文件 • 实例文件\第4章\原始文件\红轿子.mpg
⊙ 最终文件 • 实例文件\第4章\最终文件\红轿子1.VSP

步骤01 导入素材文件。进入会声会影编辑器界面,导入"实例文件\第4章\原始文件\红轿子.mpg"文件,如下图所示。

步骤02 反转视频。导入素材文件后单击"视频"面板中的"反转视频"按钮,如下图所示。

步骤03 显示反转视频效果。经过以上操作后,程序对素材进行了反转操作。在播放素材时画面将按逆序播放,最终效果如右图所示。

反转视频效果

范例操作

范例09 制作童年成长记录

本节对素材的调整方法进行了讲解，包括调整素材的播放顺序、速度、色彩等，下面结合本节所讲知识将孩子的视频片段制作成一份童年成长历程。

⊙ 原始文件 • 实例文件\第4章\原始文件\睡觉.jpg、睡觉1.jpg、委屈.jpg、好奇.jpg、高兴.avi
⊙ 最终文件 • 实例文件\第4章\最终文件\成长记录.VSP

01 导入素材文件。进入会声会影编辑器界面，依次导入"实例文件\第4章\原始文件\高兴.avi、好奇.jpg、睡觉.jpg、睡觉1.jpg、委屈.jpg"素材文件，如下图所示。

02 进入"色彩校正"编辑面板。导入素材文件后选中视频文件，单击"视频"面板中的"色彩校正"按钮，如下图所示。

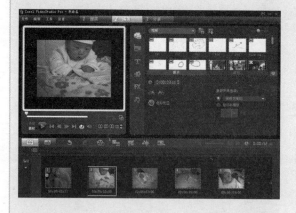

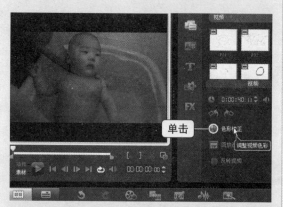

03 选择自动调整色调。勾选"自动调整色调"复选框，然后单击其右侧的下三角按钮，在弹出的下拉列表中选择"较亮"选项，如下图所示。

04 显示调整色彩效果。经过以上操作后，就完成了对素材调整色调的操作，最终效果如下图所示。

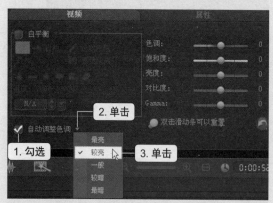

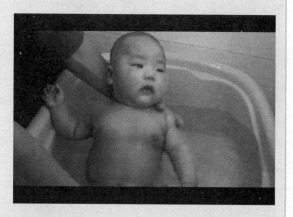

05 打开"回放速度"对话框。返回会声会影编辑器界面，单击"视频"面板中的"回放速度"按钮，如下图所示。

06 调整素材回放速度。在弹出的"回放速度"对话框中拖动"速度"滑块，将数值设置为154，然后单击"预览"按钮，如下图所示。

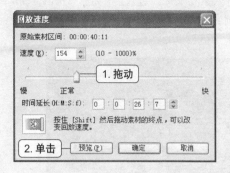

07 停止预览。预览回放速度设置后的效果，觉得合适单击"停止"按钮结束预览，如下图所示，最后单击"确定"按钮。

08 调整素材顺序。返回会声会影编辑器界面，单击选中时间轴中需要调整位置的第5个素材，然后向时间轴中的第2个素材位置拖动，改变其位置如下图所示。

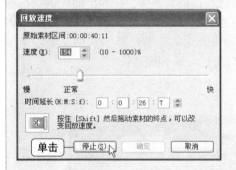

09 显示调整素材片段效果。将素材调整到目标位置后释放鼠标左键，即完成调整素材播放位置的操作，最终效果如右图所示。此时，已完成了"成长记录"视频的制作，将其保存到电脑中即可。

4.3 | 视频素材的分割与组合

　　在对视频进行分割时，可以通过软件的按场景分割功能对素材进行自动分割，在分割素材后，如果用户需要也可以对其进行组合。

4.3.1　按场景分割视频

　　在按场景分割视频时，需要通过不同的敏感度对素材进行扫描，敏感度越高，扫描的场景就会越多，下面介绍一下详细的操作步骤。

⊙ 原始文件 • 实例文件\第4章\原始文件\红轿子.mpg
⊙ 最终文件 • 实例文件\第4章\最终文件\红轿子2. VSP

步骤01 导入素材文件。进入会声会影编辑器界面，导入"实例文件\第4章\原始文件\红轿子.mpg"文件，如下图所示。

步骤02 打开"场景"对话框。导入素材文件后，单击"视频"面板中的"按场景分割"按钮，如下图所示。

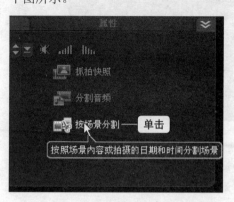

步骤03 打开"场景扫描敏感度"对话框。在弹出的"场景"对话框中勾选"将场景作为多个素材打开到时间轴"复选框，然后单击"选项"按钮，如下图所示。

步骤04 设置扫描敏感度。在弹出的"场景扫描敏感度"对话框中拖动"敏感度"滑块，将敏感度调整为合适的参数，释放鼠标左键，单击"确定"按钮，如下图所示。

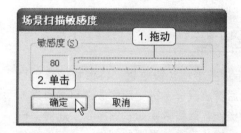

步骤05 开始扫描场景。设置场景扫描敏感度后返回"场景"对话框，单击"扫描"按钮，如下图所示。

步骤06 确认扫描的场景。软件开始执行扫描操作，扫描完成后单击"确定"按钮，如下图所示。

重置素材

分割视频后，如果用户对分割的效果不满意，可以单击对话框中的"重置"按钮重置素材，然后重新调整场景扫描敏感度，再次进行扫描。

步骤07 显示场景扫描效果。经过以上操作后返回会声会影编辑器界面，可以看到软件根据时间将素材分割为若干个片段，最终效果如右图所示。将素材分割后重新插入该视频，插入的效果仍然是分割后的效果。

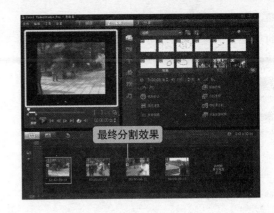

最终分割效果

4.3.2 组合视频

将素材分割后需要重新组合时，可以通过"场景"对话框完成，下面介绍一下这种组合视频的方法。

- 原始文件 • 实例文件\第4章\原始文件\红轿子.mpg
- 最终文件 • 实例文件\第4章\最终文件\红轿子3. VSP

步骤01 导入素材文件。进入会声会影编辑器界面，导入"实例文件\第4章\原始文件\红轿子.mpg"文件，素材自动进行场景分割，如下图所示。

步骤02 将素材恢复为默认长度。选中素材分割后的第一段视频，向右拖动导览面板中结尾处的擦洗器至素材的结尾处，如下图所示。

拖动

擦洗器

步骤03 打开"场景"对话框。调整第一段视频的长度后，单击"视频"面板中的"按场景分割"按钮，如下图所示。

按场景分割—— 单击

按照场景内容或拍摄的日期和时间分割场景

步骤04 连接场景。在弹出的"场景"对话框中选中"检测到的场景"列表框内的第二段视频片段，然后单击"连接"按钮，如下图所示。

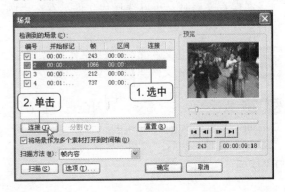

1. 选中

2. 单击

99

步骤05 显示连接片段效果。经过以上操作素材中的第二段视频已和第一段视频合并为一个片段，如下图所示。

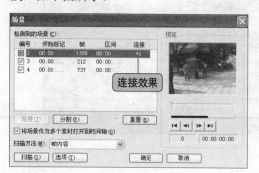

步骤06 确认视频连接。按照同样的方法，将分割后的视频片段全部合并为一个片段，然后单击"确定"按钮，如下图所示。

步骤07 删除其余片段。返回会声会影编辑器界面，选中分割后的片段按下Delete键，删除不需要的视频片段，如下图所示。

步骤08 显示合并素材效果。删除不需要的片段后，就完成了合并素材分割后片段的操作，最终效果如下图所示。

4.4 | 保存影片

在会声会影中对视频进行了编辑后，为了方便下次使用或继续编辑，可以将该视频保存到电脑中。保存影片的方法有很多种，下面来介绍几种常用的保存影片的操作步骤。

4.4.1 另存为项目文件

在保存文档时，可以选择将文件另存在电脑硬盘中的其他位置进行备份，下面来介绍一下另存项目文件的操作步骤。

- 🔘 原始文件 • 实例文件\第4章\原始文件\红轿子2. VSP
- 🔘 最终文件 • 实例文件\第4章\最终文件\保存文件. VSP

步骤01 执行"保存"命令。进入会声会影编辑器界面，打开"实例文件\第4章\ 原始文件\红轿子.VSP"文件，执行"文件>另存为"命令，如下图所示。

步骤02 选择保存位置。在弹出的"另存为"对话框中选择需要保存的位置，如下图所示。

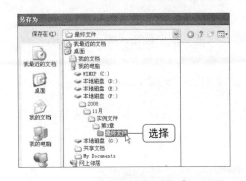

步骤03 保存文件。选择了保存位置后，在"文件名"文本框内输入文件名称，然后单击"保存"按钮，如下图所示。

步骤04 显示保存效果。完成文件保存操作后返回会声会影编辑器界面，窗口的标题栏处显示了文件的保存路径和名称，如下图所示。

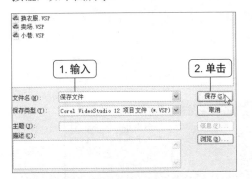

保存文件

在保存文件时，如果执行"文件>保存"命令，软件会自动将文件保存在原来的位置。如果该文件是第一次保存还没有确定存储位置时，将弹出"另存为"对话框，用户可以选择保存位置并设置保存文件名称。第二次执行"保存"命令时，将不再弹出该对话框。

4.4.2 将文件保存为智能包

在会声会影中插入素材文件并将其保存为项目文件后，如果素材文件更改存放位置，软件无法与素材取得链接。在这种情况下，用户可以将项目文件保存为"智能包"，从而避免这种情况发生，下面介绍一下详细的操作步骤。

原始文件 • 实例文件\第4章\原始文件\红轿子2.VSP
最终文件 • 实例文件\第4章\最终文件\红轿子\红轿子.VSP

步骤01 执行"保存"命令。进入会声会影编辑器界面，打开"实例文件\第4章\原始文件\红轿子.VSP"文件，执行"文件>智能包"命令，如右图所示。

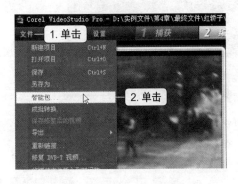

步骤02 确认保存项目。弹出Corel VideoStudio Pro提示框，单击"是"按钮，如下图所示。

步骤03 打开"浏览文件夹"对话框。在弹出的"智能包"对话框中单击对话框右侧的浏览文件夹按钮，如下图所示。

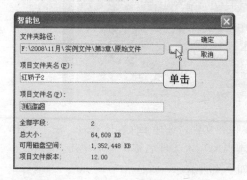

步骤04 选择文件保存位置。弹出"浏览文件夹"对话框，选择文件保存的最终位置，然后单击"确定"按钮，如下图所示。

步骤05 确认保存。返回"智能包"对话框，在"项目文件夹名"文本框和"项目文件名"文本框中分别输入名称，然后单击"确定"按钮，如下图所示。

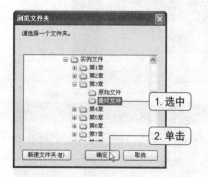

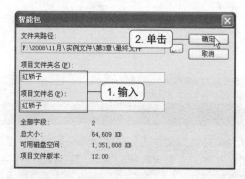

步骤06 显示保存进度。执行以上命令后，软件开始保存项目文件，并在界面中显示出保存的进度，如下图所示。

步骤07 显示视频保存效果。打开文件保存的文件夹，可以看到除了项目文件外还有相关的素材文件，最终效果如下图所示。

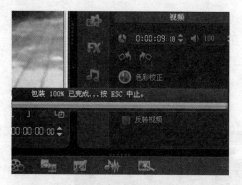

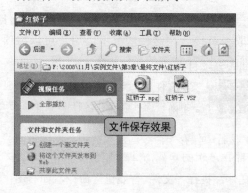

4.4.3 保存修整后的影片

对视频进行修整后，为了在以后的工作中能够方便地调用修整后的视频，可以将其保存到素材库，下面介绍一下详细的操作步骤。

原始文件 • 实例文件\第4章\原始文件\换衣服.VSP

步骤01 打开项目文件。进入会声会影编辑器界面，打开"实例文件\第4章\原始文件\换衣服.VSP"文件，选中时间轴内需要保存的素材片段，如下图所示。

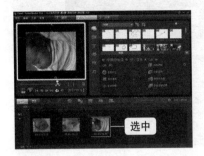

步骤02 执行保存视频命令。选择需要的视频素材后，执行"文件>保存修整后的视频"命令，如下图所示。

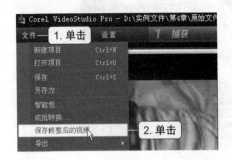

步骤03 显示视频保存进度。执行了以上命令后程序开始保存视频，在界面中显示出视频保存的进度，如下图所示。

步骤04 显示保存视频素材效果。视频保存完毕后，在界面右上角的"素材库"中就会显示该视频的图标，最终效果如下图所示。

范例10 调整视频片段中某一画面的色彩

在对视频文件进行色彩校正时，是对整个视频文件进行调整。如果用户需要对视频文件中的某一个画面进行色彩校正，可以先将该画面保存为图片，然后对图片进行色彩校正，最后再把该图片插入到项目文件中，下面介绍一下详细的操作步骤。

原始文件 • 实例文件\第4章\原始文件\雪人.avi
最终文件 • 实例文件\第4章\最终文件\雪人.VSP

01 导入素材文件。进入会声会影编辑器界面，导入"实例文件\第4章\原始文件\雪人.avi"文件，如右图所示。

02 选择需要调整色彩的画面。向右拖动飞梭轮，拖至目标画面后释放鼠标左键，如下图所示。

04 执行"色彩校正"命令。保存了静态图像后图像自动保存到"照片"素材库中，选中保存的图像，单击"照片"面板中的"色彩校正"按钮，如下图所示。

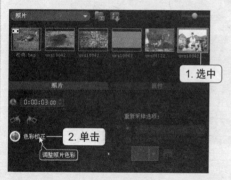

06 显示调整图像色彩效果。经过以上操作后，就完成了调整图片色彩的操作，在预览窗口中可以看到调整后的效果，如下图所示。

03 执行"保存为静态图像"命令。选择了目标画面后，单击"视频"面板中的"抓拍快照"按钮，如下图所示。

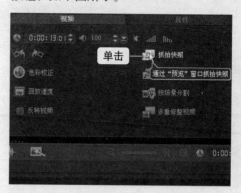

05 调整图像色彩。"图像"面板中显示出"色彩校正"相关选项，勾选"白平衡"复选框，然后单击"荧光"按钮，如下图所示。

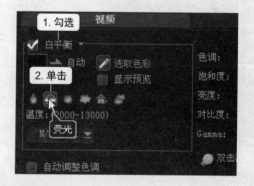

07 裁剪视频。选中时间轴中的视频文件，将飞梭轮拖动到保存图像文件的位置，然后单击导览面板右侧的剪辑按钮，如下图所示，将视频文件剪辑为两段。

08 选择调整色彩后的图片。选中"图像"素材库中调整了色彩后的图像文件，将其向时间轴方向拖动，如下图所示。

09 将调整色彩后的图片插入到视频文件中。将图像文件拖至时间轴中两个视频片段的中间后释放鼠标左键，如下图所示。这样就完成了调整视频中某一画面色彩的操作步骤。

🎬 **更进一步**

★ 为素材库收集素材

在保存修整后的影片以及保存视频画面为静态图像时，可以将素材直接保存到素材库中。除了以上方法，用户还可以将电脑中的素材直接保存到素材库中，下面介绍一下详细的操作步骤。

 **原始文件** • 实例文件\第4章\原始文件\好奇.jpg、高兴.mpg

01 切换到"视频"素材库。进入会声会影编辑器界面，单击"画廊"下拉列表右侧的下三角按钮，在下拉列表中选择"视频"选项，如下图所示。

02 打开"浏览视频"对话框。切换到视频素材库后，单击画廊右侧的"添加"按钮，如下图所示。

03 选择需要插入的视频。在弹出的"浏览视频"对话框中选中目标文件，然后单击"打开"按钮，如右图所示。

04 显示添加视频素材效果。经过以上操作后就完成了视频素材的添加操作，最终效果如下图所示。

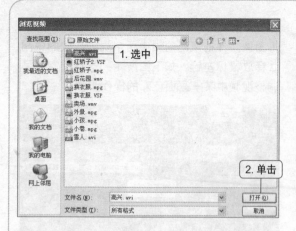

05 切换到"照片"素材库。单击"画廊"下拉列表右侧的下三角按钮,在弹出的下拉列表中选择"照片"选项,如下图所示。

06 打开"浏览照片"对话框。切换到图像素材库后,单击预览窗口右侧的添加按钮,如下图所示。

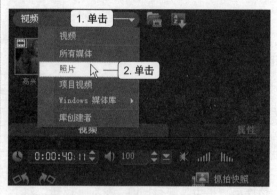

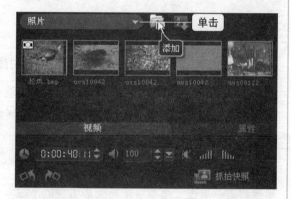

07 选择需要插入的图像。弹出"浏览照片"对话框,单击选中该图像,然后单击"打开"按钮,如下图所示。

08 显示添加图像素材效果。经过以上操作后,就完成了图像素材的添加操作,效果如下图所示。

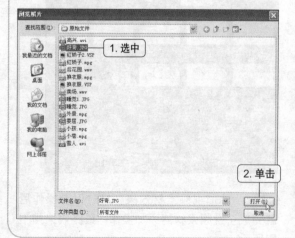

Chapter 05
影片特效制作

在观看影片时经常会看到一些梦幻和奇特的画面效果，这些效果都是通过后期处理完成的。会声会影X3可以帮助用户制作出拍摄过程中无法捕捉到的效果，本章中就对影片梦幻与奇特效果的制作进行介绍。

通过本章的学习，您可以：

▲ 视频滤镜的添加方法　　　　▲ 二维映射滤镜的使用方法
▲ 视频滤镜的设置方法　　　　▲ 调整滤镜的使用方法
▲ 三维纹理滤镜的使用方法　　▲ 暗房滤镜的使用方法
▲ 相机镜头滤镜的使用方法　　▲ 自然绘图滤镜的使用方法
▲ Corel FX滤镜的使用方法　　▲ 特殊滤镜的使用方法

 本章建议学习时间：90分钟

在影视剧中经常会有一些具有梦幻、变形、模糊等效果的画面，这些特殊效果并不是拍摄出来的，而是在拍摄后通过后期制作添加上去的，使用会声会影就可以为视频素材添加这些特殊的效果。

5.1 视频滤镜的添加和设置

在会声会影X3中包括9大类视频滤镜效果，为素材添加了滤镜效果后，可以通过"属性"选项卡对其进行一系列设置。下面首先来认识一下"属性"选项卡中关于滤镜效果设置的一些工具，如下图和表5-1所示。

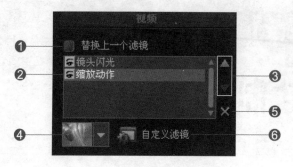

表5-1　滤镜编辑工具

编　号	名　称	作　用
❶	替换上一个滤镜	需要为素材添加多个滤镜时取消勾选该复选框，如果勾选该复选框则只能为素材添加一种滤镜
❷	所应用滤镜列表框	用于显示素材当前所应用的滤镜名称和数量
❸	上移滤镜/下移滤镜	用于移动滤镜的顺序，选中滤镜列表框内的滤镜后单击相应按钮即可调整滤镜的顺序
❹	滤镜效果	可打开预设的滤镜效果列表
❺	删除	用于删除素材所应用过的滤镜效果，选中滤镜列表框内的滤镜后单击该按钮即可
❻	自定义滤镜	单击该按钮可弹出自定义滤镜对话框，可对滤镜参数进行自定义设置，得到不同的滤镜效果

5.1.1　添加视频滤镜

在会声会影X3中包括12类视频滤镜效果，分别是二维映射、三维纹理映射、调整、相机镜头、Corel FX、暗房、焦距、自然绘图、NewBlue样品效果、NewBlue视频精选II、特殊和标题效果，用户可以根据素材的类型为其添加不同的滤镜效果。

📀 **原始文件** • 实例文件\第5章\原始文件\珠宝项链鲜花.bmp
📀 **最终文件** • 实例文件\第5章\最终文件\珠宝项链鲜花1.VSP

1. 为素材添加一种滤镜效果

如果用户只需要为素材添加一种滤镜效果，可以按以下步骤进行操作。

步骤01 导入素材文件。进入会声会影编辑器界面，导入"实例文件\第5章\原始文件\珠宝项链鲜花.bmp"文件，如下图所示。

步骤03 勾选"替换上一个滤镜"复选框。打开"滤镜"素材库后，编辑面板自动切换到"属性"面板，勾选"替换上一个滤镜"复选框，如下图所示。

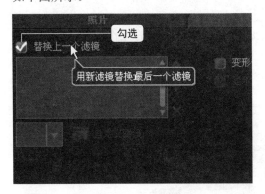

步骤05 应用滤镜效果。将滤镜效果拖到时间轴中的素材上，如下图所示，释放鼠标左键，即可完成应用滤镜效果的操作。

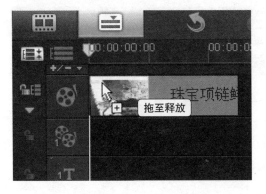

步骤02 打开"滤镜"素材库。单击预览窗口右侧的"滤镜"按钮，显示全部视频滤镜选项，如下图所示。

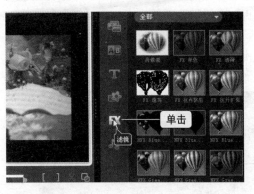

步骤04 选择需要使用的滤镜。在"全部"素材库中选中需要应用的滤镜效果，将其向时间轴上的素材上拖动，如下图所示。

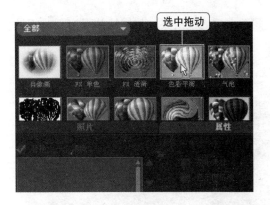

步骤06 显示应用滤镜效果。经过以上操作后，就完成了应用滤镜效果的操作，播放素材即可看到应用的滤镜效果，如下图所示。

2．为素材添加多个滤镜

如果用户要为素材添加两个或两个以上的滤镜效果，可按以下步骤进行操作。

步骤01 取消勾选"替换上一个滤镜"复选框。进入"滤镜"素材库，编辑面板自动切换到"属性"面板，取消勾选"替换上一个滤镜"复选框，如下图所示。

步骤02 选择需要使用的滤镜。在"滤镜"素材库中选中需要应用的滤镜效果，向时间轴的素材方向拖动鼠标，如下图所示。

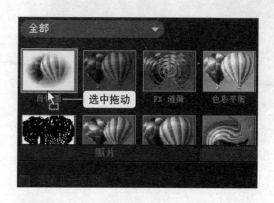

步骤03 应用滤镜效果。将滤镜效果拖到时间轴中的素材上，如下图所示，释放鼠标左键，即可完成应用滤镜效果的操作。

步骤04 显示应用滤镜效果。经过以上操作后，就完成了应用滤镜效果的操作，播放素材即可看到应用效果，如下图所示。

☢ 删除不需要的滤镜效果

在为素材添加滤镜效果后，如果发现该滤镜效果不能满足用户要求，可以在滤镜列表框内单击选中需要删除的滤镜，然后单击列表框右侧的"删除滤镜"按钮✖将该滤镜删除，然后再应用其他滤镜即可。

5.1.2 设置视频滤镜

应用了视频滤镜后，其效果为软件预设的效果。如果滤镜的预设效果不能满足用户的要求，可以再对滤镜参数进行调整。下面就来介绍应用软件预设效果和自定义滤镜参数的操作。

1．应用滤镜预设样式

每一种滤镜都有预设效果，下面以"肖像画"滤镜效果为例来介绍应用滤镜预设样式的操作。

步骤01 打开滤镜预设样式列表。应用了滤镜效果后，单击选中所应用滤镜效果列表框内需要设置的滤镜效果，单击预设样式右侧的下三角按钮，如下图所示。

步骤02 选择预设样式。弹出滤镜预设样式列表，选中需要应用的预设样式，如下图所示。

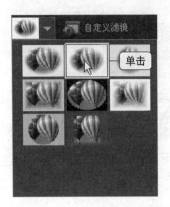

步骤03 显示应用样式效果。经过以上操作后，就完成了应用滤镜预设样式的操作，最终效果如右图所示。

2．自定义滤镜样式

除了应用预设的滤镜样式外，用户还可以根据影片的需要自定义设置滤镜效果样式，下面就以"色彩平衡"滤镜为例来介绍一下自定义滤镜样式的操作步骤。

步骤01 打开"缩放动作"对话框。应用了滤镜效果后，单击选中所应用滤镜效果列表框内需要设置的"色彩平衡"选项，单击列表框下方的"自定义滤镜"按钮，如下图所示。

步骤02 设置缩放速度。弹出"色彩平衡"对话框，将"红"设置为10，"绿"设置为12"蓝"设置为47。如下图所示。

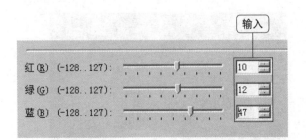

步骤03 确定设置。设置"红"、"绿"、"蓝"数值后，单击对话框右上角的"确定"按钮，如下图所示。

步骤04 显示滤镜样式更改效果。经过以上操作后返回会声会影编辑器界面，可以看到自定义后的滤镜效果，如下图所示。

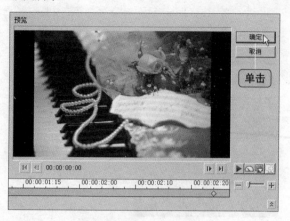

5.2 常用滤镜介绍

在会声会影X3的15类滤镜效果中，每类滤镜都有其各自的特点，下面来介绍几种常用滤镜效果的使用与设置操作。

5.2.1 二维映射滤镜

二维映射滤镜包括9种滤镜效果，使用二维映射滤镜可以对素材进行二维空间的变形处理，下面举例说明"修剪"、"涟漪"和"波纹"这3种滤镜的使用方法。

1．修剪

"修剪"滤镜是二维映射滤镜中的一种常用滤镜效果，该效果可以突出显示素材的中心点，下面来介绍一下该效果的使用方法。

🎞 **原始文件** • 实例文件\第5章\原始文件\外景.mpg
🎞 **最终文件** • 实例文件\第5章\最终文件\外景.VSP

步骤01 导入素材文件。打开会声会影X3启动程序，进入会声会影编辑器界面，导入"实例文件\第5章\原始文件\外景.mpg"文件，如下图所示。

步骤02 打开"滤镜"素材库。单击预览窗口右侧的"滤镜"按钮，单击"全部"下拉列表的下三角按钮，在下拉列表中选择"二维映射"选项，如下图所示。

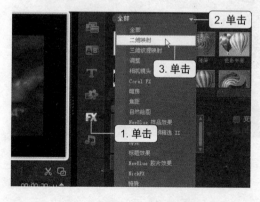

步骤03 选择需要使用的滤镜。在"滤镜"素材库中选中需要应用的"修剪"滤镜效果,将其向时间轴的素材方向拖动,如下图所示。

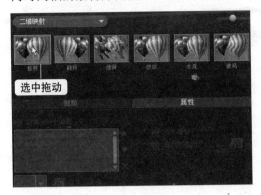

步骤04 应用滤镜效果。将滤镜效果拖到时间轴中的素材上,如下图所示,释放鼠标左键,即可完成应用滤镜效果的操作。

步骤05 打开"修剪"对话框。应用了滤镜效果后自动切换到"属性"面板,单击所应用滤镜列表框下方的"自定义滤镜"按钮,如下图所示。

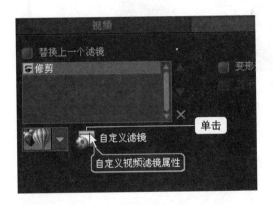

步骤06 设置修剪中心点位置。在"修剪"对话框的"原图"预览区域的十字形状为修剪效果的中心点。将光标指向该形状,光标变成小手形状后按住左键拖动鼠标,将中心点移动到目标位置,如下图所示。

步骤07 设置修剪区域宽高。在"修剪"对话框下方的"宽度"和"高度"数值框内分别输入修剪区域的宽度和高度数值,然后单击"填充色"右侧的颜色图标,如下图所示。

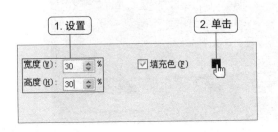

步骤08 设置填充色。弹出"Corel色彩选取器"对话框,在R、G、B数值框内依次输入数值60、255、255,然后单击"确定"按钮,如下图所示。

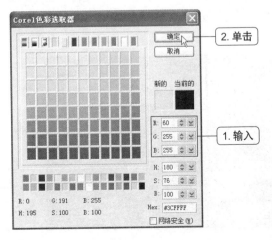

步骤09 确定色彩更改设置。设置了滤镜的颜色后，弹出Corel VideoStudio提示框，单击"确定"按钮，如下图所示。

步骤10 确定滤镜应用。选择滤镜背景填充色后返回"修剪"对话框，在"预览"窗口中可以看到设置后的效果，如果对设置后的效果满意即单击"确定"按钮，如下图所示。

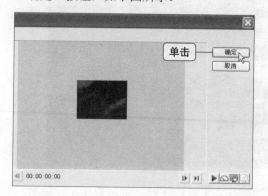

步骤11 显示"修剪"滤镜效果。经过以上操作即可完成"修剪"滤镜的设置操作。返回会声会影编辑器界面，单击预览窗口下方的"播放"按钮，即可预览到应用"修剪"滤镜后的效果，如下图所示。

 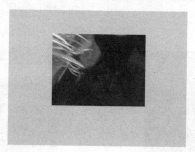 

2. 涟漪

涟漪是指水的波纹，应用了"涟漪"滤镜效果后，画面将会出现类似波纹的效果，下面来介绍一下应用该滤镜的操作。

- 🔵 **原始文件** • 实例文件\第5章\原始文件\水.bmp
- 🔵 **最终文件** • 实例文件\第5章\最终文件\水.VSP

步骤01 导入素材文件。进入会声会影编辑器界面，导入"实例文件\第5章\原始文件\水.bmp"文件，如下图所示，并为其应用"涟漪"滤镜效果。

步骤02 打开"涟漪"对话框。应用"涟漪"滤镜效果后切换到"属性"面板中，单击所应用滤镜列表框下方的"自定义滤镜"按钮，如下图所示。

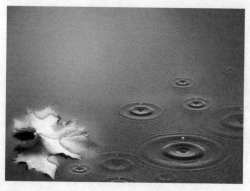 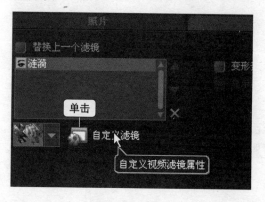

步骤03 设置滤镜方向。在弹出的"涟漪"对话框中单击"方向"选项组中的"从边缘"单选按钮，如下图所示。

步骤04 设置滤镜效果程序。拖动"程度"滑块，将数值设置为"110"，如下图所示，然后单击对话框中的"确定"按钮。

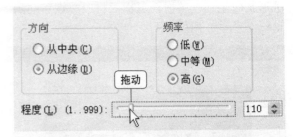

步骤05 显示"涟漪"滤镜效果。经过以上操作返回会声会影编辑器界面，单击预览窗口下方的"播放"按钮，即可预览到应用"涟漪"滤镜后的效果，如右图所示。

3. 波纹

"波纹"滤镜效果与"涟漪"滤镜类似，下面来介绍一下应用该滤镜的操作。

- 原始文件 • 实例文件\第5章\原始文件\漩涡.bmp
- 最终文件 • 实例文件\第5章\最终文件\漩涡.VSP

步骤01 导入素材文件。进入会声会影编辑器界面，导入"实例文件\第5章\原始文件\漩涡.bmp"文件，如下图所示，并为其应用"波纹"滤镜效果。

步骤02 打开"波纹"对话框。应用"波纹"滤镜效果后切换到"属性"面板下，单击"自定义滤镜"按钮，如下图所示。

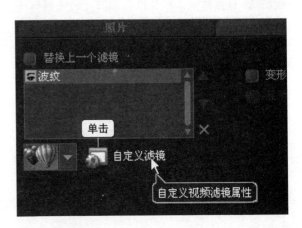

步骤03 设置波纹中心点位置。弹出"波纹"对话框,"原图"预览区域的十字形状为波纹效果的中心点。将光标指向该形状,光标变成小手形状时按住左键拖动鼠标,将中心点移动到目标位置,如下图所示。

步骤05 添加波纹。设置了上一个波纹的半径和强度后,单击对话框中的 按钮,如下图所示,为素材再添加一个波纹。

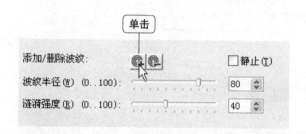

步骤07 设置波纹半径和涟漪强度。将"波纹半径"设置为8,将"涟漪强度"设置为8,如下图所示。

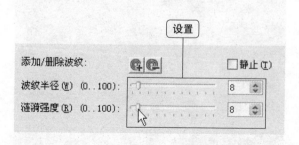

步骤04 设置波纹半径和涟漪强度。设置中心点后拖动"波纹半径"滑块,将设置为4,将"涟漪强度"设置为4,如下图所示。

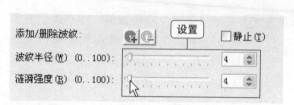

步骤06 设置波纹中心点位置。按照前面的操作方法,移动新添加的波纹中心点,将其与第一个波纹的中心点位置重合,如下图所示。

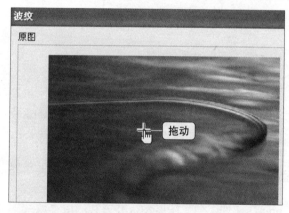

步骤08 确定波纹设置。添加了需要的波纹并对参数进行设置后单击"确定"按钮,如下图所示。

步骤09 显示"波纹"滤镜效果。经过以上操作后，返回会声会影编辑器界面，单击预览窗口下方的"播放"按钮，对素材进行播放即可预览到应用"波纹"滤镜后的效果，如下图所示。

 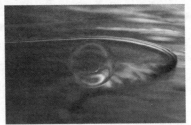 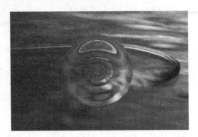

 范例操作

范例11 使平静的天空旋转

二维映射滤镜主要用于对素材的二维平面进行修剪或扭曲，下面就综合使用多种二维映射滤镜，制作出天空旋转效果。

原始文件 • 实例文件\第5章\原始文件\平静的天空.bmp
最终文件 • 实例文件\第5章\最终文件\旋转的天空.VSP

01 导入素材文件。打开会声会影X3启动程序，进入会声会影编辑器界面，导入"实例文件\第5章\原始文件\平静的天空.bmp"文件，如下图所示。

03 打开"涟漪"对话框。在"属性"面板中单击所应用滤镜效果列表框内的"涟漪"选项，单击列表框下方的"自定义滤镜"按钮，如右图所示。

02 为素材添加滤镜。打开素材文件后，在"二维映射"滤镜素材库中为素材添加"波纹"、"水流"和"漩涡"3种滤镜效果，如下图所示。

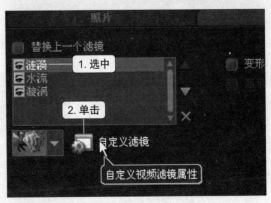

04 设置"涟漪"参数。在弹出的"涟漪"对话框中设置"方向"为"从边缘"、"频率"为"高"、"程度"为244，最后单击"确定"按钮，如下图所示。

05 打开"水流"对话框。返回会声会影编辑器界面，单击所应用滤镜效果列表框内的"水流"选项，单击列表框下方的"自定义滤镜"按钮，如下图所示。

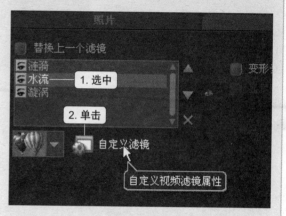

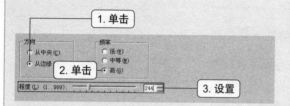

06 设置"水流"参数。在弹出的"水流"对话框中拖动"程度"滑块，将其设置为99，然后单击"确定"按钮，如下图所示。

07 打开"漩涡"对话框。返回会声会影编辑器界面，单击所应用滤镜效果列表框内的"漩涡"选项，单击列表框下方的"自定义滤镜"按钮，如下图所示。

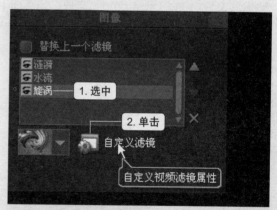

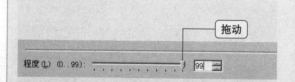

08 设置"漩涡"参数。在弹出的"漩涡"对话框中，单击"方向"选项组内的"顺时针"单选按钮，拖动"扭曲"滑块，将其设置为113，然后单击"确定"按钮，如右图所示。

09 显示滤镜效果。经过以上操作后返回会声会影编辑器界面，单击预览窗口下方的"播放"按钮对素材进行播放，即可预览到运用各种二维映射滤镜制作的天空旋转效果，如下图所示。

5.2.2　三维纹理映射滤镜

三维纹理映射滤镜包括3种滤镜效果，分别是"鱼眼"、"往内挤压"和"往外扩张"，下面以"鱼眼"和"往内挤压"滤镜的使用为例来介绍一下三维纹理映射滤镜的使用操作。

1. 鱼眼

应用"鱼眼"滤镜可以将素材中的图像设置为凸显的效果，类似于鱼眼睛的效果，下面来介绍一下"鱼眼"滤镜的操作方法。

- ⊙ 原始文件 • 实例文件\第5章\原始文件\蜜蜂.jpg
- ⊙ 最终文件 • 实例文件\第5章\最终文件\蜜蜂.VSP

步骤01 导入素材文件。打开会声会影X3启动程序，进入会声会影编辑器界面，导入"实例文件\第5章\原始文件\蜜蜂.jpg"，如下图所示。

步骤02 打开"滤镜"素材库。插入素材文件后，单击预览窗口右侧的"滤镜"按钮，单击"全部"下拉列表的下三角按钮，在下拉列表中选择"三维纹理映射"选项，如下图所示。

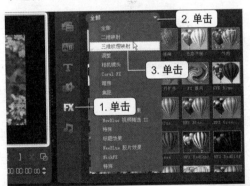

步骤03 选择需要使用的滤镜。在"滤镜"素材库中选中需要应用的"鱼眼"滤镜效果，将其向时间轴的素材上拖动，如右图所示。

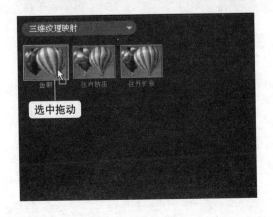

步骤04 应用滤镜效果。将滤镜效果拖到时间轴中的素材上，如下图所示，释放鼠标左键，即可完成应用"鱼眼"滤镜效果的操作。

步骤05 打开"鱼眼"对话框。应用滤镜效果后自动切换到"属性"面板，单击"自定义滤镜"按钮，如下图所示。

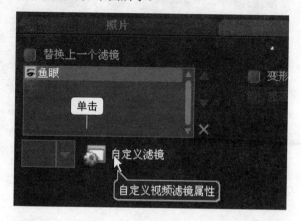

步骤06 设置滤镜光线方向。在弹出的"鱼眼"对话框中，单击"光线方向"列表框右侧的下三角按钮，在列表框中选择"从中央"选项，如下图所示，最后单击"确定"按钮。

步骤07 显示"鱼眼"滤镜效果。经过以上操作返回会声会影编辑器界面，单击预览窗口下方的"播放"按钮，即可预览到应用"鱼眼"滤镜后的效果，如下图所示。

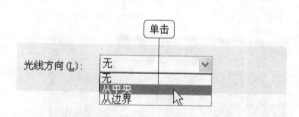

2. 往内挤压

"往内挤压"滤镜的效果与"鱼眼"滤镜刚好相反，它可以为视频制作出向内凹陷的效果，下面来介绍一下操作步骤。

原始文件 • 实例文件\第5章\原始文件\神奇水杯.jpg
最终文件 • 实例文件\第5章\最终文件\神奇水杯.VSP

步骤01 导入素材文件。进入会声会影编辑器界面，导入"实例文件\第5章\原始文件\神奇水杯.jpg"文件，如右图所示，并为其应用"往内挤压"滤镜效果。

步骤02 应用预设效果。应用"往内挤压"滤镜效果后，单击预设样式列表框右侧的下三角按钮，在弹出的下拉列表中单击第二排第三个样式，如下图所示。

步骤03 显示应用滤镜效果。经过以上操作后返回会声会影编辑器界面，单击预览窗口下方的"播放"按钮，即可预览到应用"往内挤压"滤镜后的效果，如下图所示。

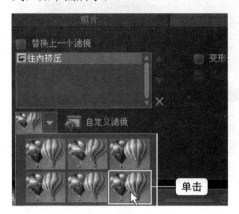

5.2.3 调整滤镜

利用调整滤镜可以对视频或图像中的光线、噪点或雪花等内容进行调整，下面就以"改善光线"、"视频摇动和缩放"两种滤镜效果为例来介绍调整滤镜的使用步骤。

1. 改善光线

利用"改善光线"滤镜可以对光线较暗的视频或图像进行调整，下面介绍一下操作步骤。

原始文件 • 实例文件\第5章\原始文件\自娱自乐.avi
最终文件 • 实例文件\第5章\最终文件\自娱自乐.VSP

步骤01 导入素材文件。打开会声会影X3启动程序，进入会声会影编辑器界面，导入"实例文件\第5章\原始文件\自娱自乐.avi"文件，如下图所示。

步骤02 打开"滤镜"素材库。单击预览窗口右侧的"滤镜"按钮，单击"全部"下拉列表的下三角按钮，在弹出的下拉列表中单击"调整"选项，如下图所示。

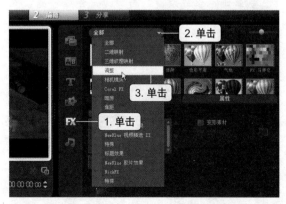

步骤03 选择需要使用的滤镜。在"滤镜"素材库中选中需要应用的"改善光线"滤镜效果，将其向时间轴的素材方向拖动，如下图所示。

步骤04 应用滤镜效果。将滤镜效果拖到时间轴中的素材上，如下图所示，释放鼠标左键，即可完成应用滤镜效果的操作。

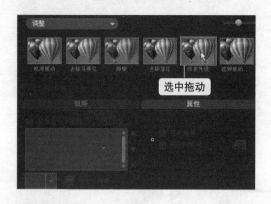

步骤05 打开"改善光线"对话框。应用了滤镜效果后自动切换到"属性"面板，单击所应用滤镜列表框下方的"自定义滤镜"按钮，如下图所示。

步骤06 设置光线改善参数。在弹出的"改善光线"对话框中拖动"填充闪光"滑块，将数值设置为87，将"改善阴影"设置为"-73"，如下图所示。

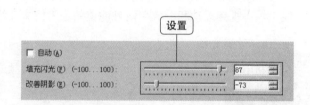

设置滤镜的自动调整效果

应用了"改善光线"滤镜后，如果用户需要设置滤镜的自动调整效果，只需在打开的"改善光线"对话框中勾选"自动"复选框，然后单击对话框中的"确定"按钮即可。

步骤07 确定参数设置。对"改善光线"滤镜的"填充闪光"以及"改善阴影"数值进行设置后单击"确定"按钮，如下图所示。

步骤08 显示应用滤镜效果。返回会声会影编辑器界面，单击"播放"按钮，即可预览到应用"改善光线"滤镜后的效果，如下图所示。

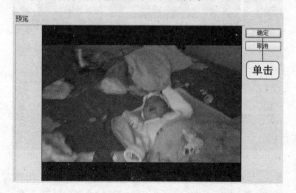

2．视频摇动和缩放

利用"视频摇动和缩放"滤镜可以对视频或图像进行缩放处理，下面来介绍一下该滤镜的具体操作方法。

🔘 **原始文件** · 实例文件\第5章\原始文件\蜜蜂.jpg
🔘 **最终文件** · 实例文件\第5章\最终文件\蜜蜂1.VSP

步骤01 导入素材文件。打开会声会影X3启动程序，进入会声会影编辑器界面，导入"实例文件\第5章\原始文件\蜜蜂.jpg"文件，如下图所示。

步骤02 打开"视频摇动和缩放"对话框。应用了滤镜效果后自动切换到"属性"面板，单击所应用滤镜列表框下方的"自定义滤镜"按钮，如下图所示。

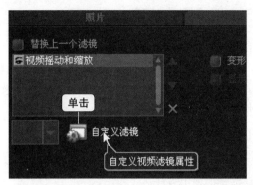

步骤03 设置摇动方向。弹出"视频摇动和缩放"对话框，在"原图"窗口中有两个十字形状连着一条线，将光标指向红色十字，拖动鼠标即可调整滤镜摇动及缩放的方向，如下图所示，拖动至目标位置后释放鼠标左键。

步骤04 调整缩放框大小。将光标指向"原图"区域内，按住左键单击虚线框右下角处，光标变成田形状时拖动鼠标调整虚线框大小，如下图所示。

步骤05 确定摇动和缩放设置。调整了视频效果的摇动方向以及缩放大小后，单击"确定"按钮，如右图所示。

步骤06 显示应用滤镜效果。返回会声会影编辑器界面，单击预览窗口下方的"播放"按钮，即可预览到应用"视频摇动和缩放"滤镜后的效果，如下图所示。

5.2.4 相机镜头滤镜

相机镜头滤镜包括"色彩偏移"、"光芒"、"发散光晕"、"双色调"、"万花筒"、"镜头闪光"、"镜像"、"单色"、"马赛克"、"老电影"、"旋转"、"星形"和"缩放动作"13种滤镜效果。下面以"光芒"、"双色调"、"镜头闪光"、"老电影"滤镜的使用为例来介绍相机镜头滤镜的使用。

1. 光芒

"光芒"滤镜可以在素材中增加一个亮点，起到突出画面重点，引人注目的作用，下面就来介绍一下该滤镜的使用方法。

原始文件	• 实例文件\第5章\原始文件\白色珍珠.bmp
最终文件	• 实例文件\第5章\最终文件\白色珍珠..VSP

步骤01 导入素材文件。打开会声会影X3启动程序，进入会声会影编辑器界面，导入"实例文件\第5章\原始文件\白色珍珠.bmp"文件，如下图所示。

步骤02 打开"光芒"对话框。切换到"相机镜头"滤镜素材库，为素材应用"光芒"滤镜，单击所应用滤镜列表框下方的"自定义滤镜"按钮，如下图所示。

 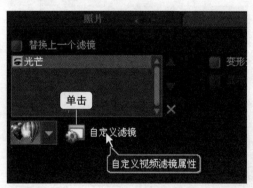

步骤03 设置光芒位置。弹出"光芒"对话框，在"原图"预览区域中将光标指向十字形状调整光芒的位置，如下图所示，拖动至目标位置后释放鼠标左键。

步骤04 使光芒静止。勾选"光芒"对话框下方的"静止"复选框，如下图所示，然后单击"确定"按钮。

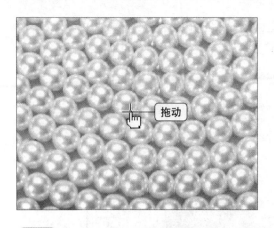

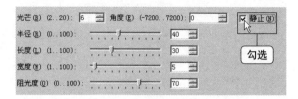

步骤05 显示应用滤镜效果。返回会声会影编辑器界面,单击预览窗口下方的"播放"按钮,即可预览到应用"光芒"滤镜后的效果,如右图所示。

2. 双色调

利用"双色调"滤镜可以将彩色的视频或图像只用两种色调显示,从而产生不同的色彩效果,下面来介绍一下该滤镜的使用操作。

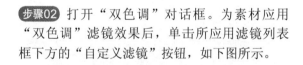

原始文件 • 实例文件\第5章\原始文件\珍珠、戒指和花.bmp
最终文件 • 实例文件\第5章\最终文件\珍珠、戒指和花.VSP

步骤01 导入素材文件。打开会声会影X3启动程序,进入会声会影编辑器界面,导入"实例文件\第5章\原始文件\珍珠、戒指和花.bmp"文件,如下图所示。

步骤02 打开"双色调"对话框。为素材应用"双色调"滤镜效果后,单击所应用滤镜列表框下方的"自定义滤镜"按钮,如下图所示。

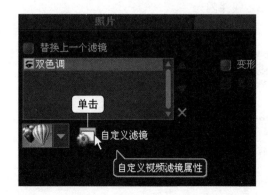

步骤03 打开"Corel色彩选取器"。在弹出的"双色调"对话框中勾选"启用双色调色彩范围"复选框，单击该选项组内的第一个色块，如下图所示。

步骤04 设置色调颜色。在弹出的"Corel色彩选取器"对话框中将色彩的RGB参数值依次设置为234、12、134，然后单击"确定"按钮，如下图所示。

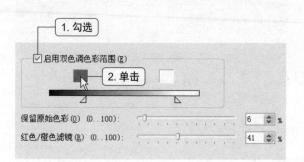

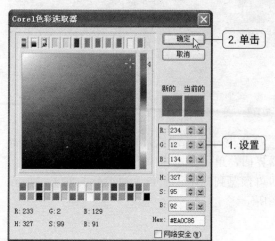

步骤05 设置滤镜保留色彩及滤镜百分比。返回"双色调"对话框，拖动"保留原始色彩"滑块，将其设置为36，将"红色/橙色滤镜"设置为13，如下图所示，最后单击"确定"按钮。

步骤06 显示应用滤镜效果。返回会声会影编辑器界面，单击预览窗口下方的"播放"按钮，即可预览到应用"双色调"滤镜后的效果，如下图所示。

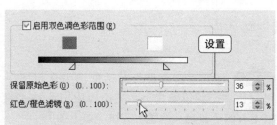

3. 镜头闪光

利用"镜头闪光"滤镜可以为素材添加光线照耀的感觉，下面来介绍一下该滤镜的应用操作。

| 原始文件 | • 实例文件\第5章\原始文件\珍珠.bmp |
| 最终文件 | • 实例文件\第5章\最终文件\珍珠.VSP |

步骤01 导入素材文件。启动会声会影X3软件，进入"会声会影编辑器"界面，导入"实例文件\第5章\原始文件\珍珠.bmp"文件，如下图所示。

步骤02 打开"镜头闪光"对话框。为素材添加"镜头闪光"滤镜后，编辑面板自动切换至"属性"面板，在所应用滤镜列表框下方单击"自定义滤镜"按钮，如下图所示。

步骤03 调整镜头闪光中心点。弹出"镜头闪光"对话框，拖动"原图"区域内的十字形状，如下图所示，拖动至目标位置后释放鼠标左键。

步骤04 设置镜头类型。单击"镜头类型"下拉列表的下三角按钮，在下拉列表中选择"50~300mm缩放"选项，如下图所示。

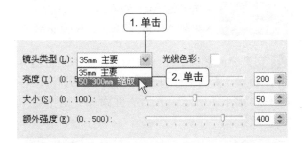

步骤05 打开"Corel色彩选取器"对话框。设置镜头类型后，单击"光线色彩"右侧的色块，如下图所示。

步骤06 设置光线颜色。在弹出的"Corel色彩选取器"对话框中将RGB依次设置为255、170、195，然后单击"确定"按钮，如下图所示。

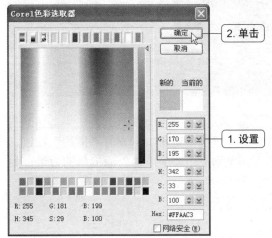

步骤07 设置闪光参数。返回"镜头闪光"对话框，拖动"亮度"滑块，将数值设置为194，将"大小"设置为29，如右图所示，最后单击"确定"按钮。

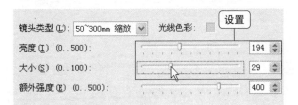

步骤08 显示应用滤镜效果。返回会声会影编辑器界面，单击预览窗口下方的"播放"按钮，即可预览到应用"镜头闪光"滤镜后的效果，如下图所示。

4. 老电影

使用"老电影"滤镜可以将新拍摄的普通素材制作出具有怀旧风格的老电影效果，下面来介绍一下该滤镜的操作方法。

原始文件 • 实例文件\第5章\原始文件\野花.avi
最终文件 • 实例文件\第5章\最终文件\野花.VSP

步骤01 导入素材文件。进入会声会影编辑器界面，导入"实例文件\第5章\原始文件\野花.avi"文件，如下图所示，并为文件添加"老电影"滤镜效果。

步骤02 应用预设效果。单击预设样式列表右侧的下三角按钮，在弹出的下拉列表中单击第一排的第二个样式，如下图所示。

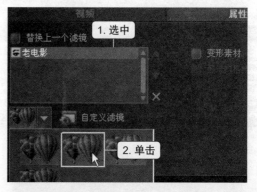

步骤03 显示应用滤镜效果。返回会声会影编辑器界面，单击预览窗口下方的"播放"按钮，即可预览到应用"老电影"滤镜后的效果，如右图所示。

 范例操作

范例12 制作蓬莱仙境的虚幻效果

　　学习了相机滤镜中的一些常用滤镜效果后，下面结合本节所讲知识点为视频制作蓬莱仙境的虚幻效果。

📀 原始文件 • 实例文件\第5章\原始文件\仙境.jpg
📀 最终文件 • 实例文件\第5章\最终文件\仙境.VSP

01 导入素材文件。进入会声会影编辑器界面，导入"实例文件\第5章\原始文件\仙境.jpg"文件，如下图所示，为素材添加"星形"滤镜及"缩放动作"滤镜。

02 打开"星形"对话框。单击选中所应用滤镜列表框内的"星形"滤镜选项，然后单击列表框下方的"自定义滤镜"按钮，如下图所示。

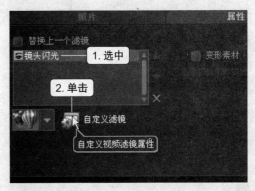

03 调整星形位置。在弹出的"星形"对话框中拖动"原图"区域内的十字形状，如下图所示，移动星形的位置，移动至目标位置后释放鼠标左键。

04 打开"Corel色彩选取器"对话框。单击"星形色彩"右侧的色块，如下图所示。

05 设置星形颜色。在弹出的"Corel色彩选取器"对话框中，将色彩的RGB依次设置为255、255、60，然后单击"确定"按钮，如下图所示。

06 确认色彩更改。弹出Corel VideoStudio 提示框，单击"确定"按钮，如下图所示。

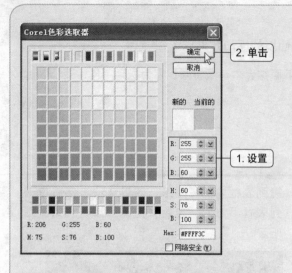

07 设置星形参数。返回"星形"对话框，设置"太阳大小"为12、"光晕大小"为8、"星形大小"为6，如下图所示。

08 添加星形。设置了星形参数后勾选"静止"复选框，然后单击"添加/删除星形"右侧的 ✦ 按钮，如下图所示。

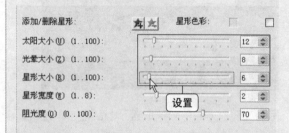

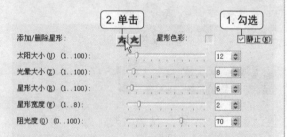

09 确定星形的添加。将新添加的星形移动到合适位置，星形参数与第一个星形相同，设置完毕后单击"确定"按钮。

10 显示应用滤镜效果。返回会声会影编辑器界面，单击预览窗口下方的"播放"按钮，即可预览到蓬莱仙境的虚幻效果，如下图所示。

5.2.5 暗房滤镜

暗房滤镜包括"自动曝光"、"自动调配"、"亮度和对比度"、"色彩平衡"、"浮雕"、"色调和饱和度"、"反转"、"光线"和"肖像画"9种效果，主要用于对素材的光线和颜色进行调整，下面来介绍几种比较常用的效果。

1. 自动曝光

应用了"自动曝光"滤镜效果后，程序将对素材中曝光不足的部分自动进行调整，下面来介绍一下应用步骤。

⊙ 原始文件 • 实例文件\第5章\原始文件\菊花.avi
⊙ 最终文件 • 实例文件\第5章\最终文件\菊花.VSP

步骤01 导入素材文件。打开会声会影X3启动程序，进入会声会影编辑器界面，导入"实例文件\第5章\原始文件\菊花.avi"文件，如下图所示。

步骤02 打开"滤镜"素材库。单击预览窗口右侧的"滤镜"按钮，在"全部"下拉列表中选择"暗房"选项，如下图所示。

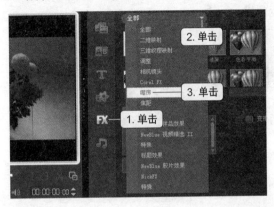

步骤03 选择需要使用的滤镜。在"滤镜"素材库中选中需要应用的"自动曝光"滤镜效果，将其向时间轴的素材方向拖动，如下图所示。

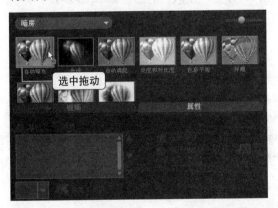

步骤04 应用滤镜效果。将滤镜效果拖到时间轴中的素材上，如下图所示，释放鼠标左键，即可完成应用滤镜效果的操作。

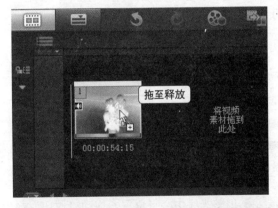

步骤05 显示应用滤镜效果。返回会声会影编辑器界面，单击预览窗口下方的"播放"按钮，即可预览到应用"自动曝光"滤镜后的效果，如右图所示。

2. 光线

利用"光线"滤镜可以将素材中的部分区域变暗，只保留部分区域的光线，常用于突出画面中的重点对象。下面来介绍一下该滤镜的操作方法。

⊙ **原始文件** • 实例文件\第5章\原始文件\菊花. VSP
⊙ **最终文件** • 实例文件\第5章\最终文件\菊花1.VSP

步骤01 打开项目文件。进入会声会影编辑器界面，打开"实例文件\第5章\原始文件\菊花. VSP"文件，如下图所示，为其添加"光线"滤镜效果。

步骤02 打开"光线"对话框。应用滤镜效果后，在所应用滤镜列表框内选中"光线"滤镜选项，然后单击"自定义滤镜"按钮，如下图所示。

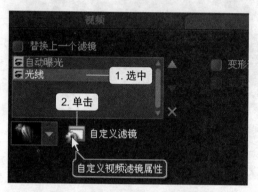

步骤03 设置光线距离和长度。在弹出的"光线"对话框中，单击"距离"的下三角按钮，在弹出的下拉列表中选择"一般"选项，设置"曝光"为"长"，如下图所示。

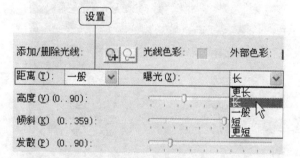

步骤04 设置光线参数。拖动"高度"滑块，将数值设置为25，按照同样的方法，设置"倾斜"为216，设置"发散"为25，如下图所示。

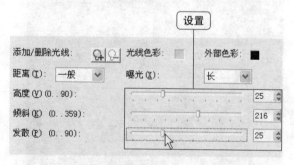

步骤05 调整光线中心点位置。拖动"原图"区域内的十字形状，如右图所示，将其拖动至目标位置后释放鼠标左键，即可调整光线的中心点位置。

步骤06 显示应用滤镜效果。返回会声会影编辑器界面，单击预览窗口下方的"播放"按钮，即可预览到应用"光线"滤镜后的效果，如右图所示。

应用滤镜效果

3. 肖像画

利用"肖像画"滤镜可以为视频的边缘处添加白色矩形的颜色区域，使画面看起来像肖像画一样，下面介绍一下该滤镜的操作方法。

⊙ **原始文件** • 实例文件\第5章\原始文件\蜜蜂.avi
⊙ **最终文件** • 实例文件\第5章\最终文件\蜜蜂2.VSP

步骤01 导入素材文件。进入会声会影编辑器界面，导入"实例文件\第5章\原始文件\蜜蜂.avi"文件，如下图所示。

步骤02 打开"肖像画"对话框。为素材添加"肖像画"滤镜效果后切换到"属性"面板，单击"自定义滤镜"按钮，如下图所示。

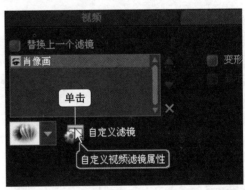

步骤03 打开"Corel色彩选取器"对话框。在弹出的"肖像画"对话框中单击"镂空罩色彩"右侧的色块，如下图所示。

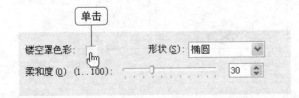

步骤04 设置颜色。在弹出的"Corel色彩选取器"对话框中设置RGB色彩值分别为255、159、253，然后单击"确定"按钮，如下图所示。

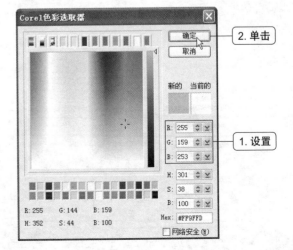

步骤05 设置肖像形状。返回"肖像画"对话框，单击"形状"下拉按钮，在弹出的下拉列表中选择"矩形"选项，如下图所示。

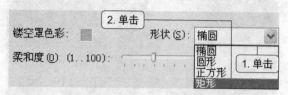

步骤06 设置肖像画柔和度。拖动"柔和度"滑块，将数值设置为55，如下图所示，最后单击"确定"按钮。

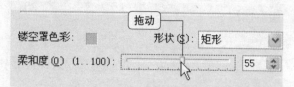

步骤07 显示应用滤镜效果。返回会声会影编辑器界面，单击预览窗口下方的"播放"按钮，即可预览到使用"肖像画"滤镜后的效果，如右图所示。

应用滤镜效果

5.2.6 自然绘图滤镜

自然绘图滤镜包括"自动草绘"、"炭笔"、"彩色笔"、"漫画"、"油画"、"旋转草绘"和"水彩"7种效果，下面以"炭笔"和"彩色笔"滤镜效果的应用为例来介绍一下具体操作。

1．炭笔

"炭笔"滤镜效果可以使普通的素材具有类似于蜡笔画的效果，下面介绍一下应用该滤镜的操作方法。

⊙ 原始文件 • 实例文件\第5章\原始文件\三毛.jpg
⊙ 最终文件 • 实例文件\第5章\最终文件\三毛.VSP

步骤01 导入素材文件。启动会声会影X3软件，进入会声会影编辑器界面，导入"实例文件\第5章\原始文件\三毛.jpg"文件，如右图所示。

步骤02 打开"炭笔"对话框。为素材添加"炭笔"滤镜效果，然后单击所应用滤镜效果列表框下方的"自定义滤镜"按钮，如下图所示。

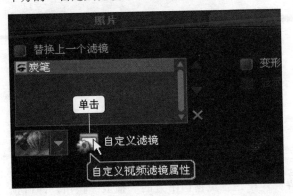

步骤04 显示应用滤镜效果。返回会声会影编辑器界面，单击预览窗口下方的"播放"按钮，即可预览到应用"炭笔"滤镜后的效果，如右图所示。

步骤03 调整炭笔参数。在弹出的"炭笔"对话框中设置"平衡"为7、"笔划长度"为8、"程度"为56，如下图所示，最后单击"确定"按钮。

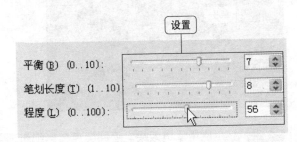

2. 彩色笔

应用了"彩色笔"滤镜后，播放素材时可以看到从原素材逐渐变为彩色笔效果的过程，下面来介绍一下设置步骤。

🔵 原始文件 • 实例文件\第5章\原始文件\仙境.jpg
🔵 最终文件 • 实例文件\第5章\最终文件\仙境1.VSP

步骤01 导入素材文件。进入会声会影编辑器界面，导入"实例文件\第5章\原始文件\仙境.jpg"文件，如下图所示，为素材添加"彩色笔"滤镜效果。

步骤02 选择预设样式。应用滤镜效果后单击预设样式列表右侧的下三角按钮，在弹出的下拉列表中单击第一个预设样式，如下图所示。

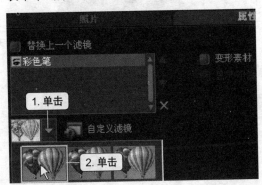

步骤03 打开"彩色笔"对话框。选择预设样式后单击"自定义滤镜"按钮，如下图所示。

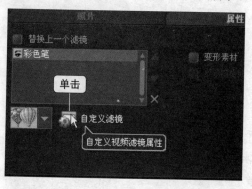

步骤04 设置滤镜参数。弹出"彩色笔"对话框，拖动"程度"滑块，将数值设置为20，如下图所示，最后单击"确定"按钮。

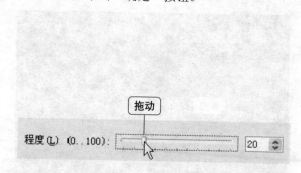

步骤05 显示应用滤镜效果。返回会声会影编辑器界面，单击预览窗口下方的"播放"按钮，即可预览到应用"彩色笔"滤镜后的效果，如下图所示。

5.2.7 Corel FX滤镜

　　Corel FX滤镜是会声会影X3中最简单易用的滤镜之一，包括"FX单色"、"FX马赛克"、"FX往内挤压"、"FX往外扩张"、"FX涟漪"、"FX速写"和"FX漩涡"这7种效果。本节就以"FX马赛克"的应用为例，简单介绍Corel FX滤镜的使用。

　　"FX马赛克"滤镜可以为普通的素材添加马赛克的效果，从而丰富素材的效果，下面介绍应用该滤镜的具体操作方法。

　　🔘 **原始文件** • 实例文件\第5章\原始文件\佳人.jpg
　　🔘 **最终文件** • 实例文件\第5章\最终文件\佳人.VSP

步骤01 导入素材文件。打开会声会影X3启动程序，进入会声会影编辑器界面，导入"实例文件\第5章\原始文件\佳人.jpg"文件，如下图所示。

步骤02 打开"滤镜"素材库。单击预览窗口右侧的"滤镜"按钮，在"全部"下拉列表中单击Corel FX选项，如下图所示。

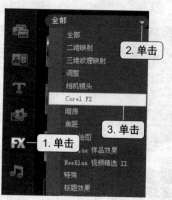

步骤03 选择需要使用的滤镜效果。在"滤镜"素材库中选中"马赛克"滤镜效果，将其向时间轴素材方向拖动，如下图所示。

步骤04 应用滤镜效果。将滤镜效果拖到时间轴中的素材上，如下图所示，释放鼠标左键，即可完成应用滤镜效果的操作。

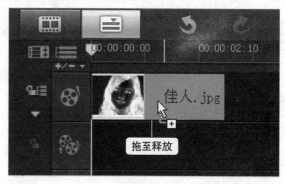

步骤05 打开"FX 马赛克"对话框。添加滤镜效果后自动切换到"属性"面板，单击"自定义滤镜"按钮，如下图所示。

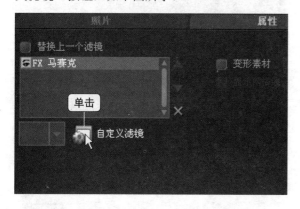

步骤06 弹出"FX 马赛克"对话框。此时，弹出"FX 马赛克"对话框，如下图所示。

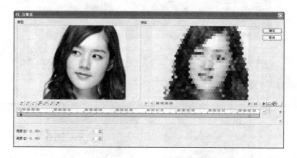

步骤07 设置马赛克参数。在"FX马赛克"对话框中设置"宽度"和"高度"均为20，然后单击"确定"按钮，如右图所示。

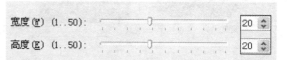

步骤08 显示应用滤镜效果。经过以上操作后返回会声会影编辑器界面，单击预览窗口下方的"播放"按钮，即可预览到应用"FX 马赛克"滤镜后的效果，如下图所示。

范例操作

范例13 制作旋转的水纹效果

　　使用Corel FX滤镜还可以模拟制作一些自然现象，本例就使用"FX涟漪"滤镜和"FX漩涡"滤镜制作旋转的水纹效果，下面介绍详细的操作步骤。

　原始文件 • 实例文件\第5章\原始文件\水.jpg
　最终文件 • 实例文件\第5章\最终文件\水.vsp

01 导入素材文件。进入会声会影编辑器界面，导入"附书光盘\实例文件\第5章\原始文件\水.jpg"文件，如下图所示，为其添加"FX涟漪"滤镜。

02 打开"FX涟漪"对话框。添加滤镜效果后自动切换到"属性"面板，单击"自定义滤镜"按钮，如下图所示。

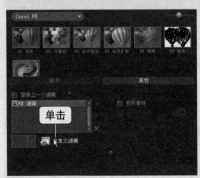

03 弹出"FX涟漪"对话框。此时，打开"FX涟漪"对话框，如下图所示。

04 设置滤镜参数。设置X为36、Y为65、"幅度"为33、"频率"为49、"阶段"为25，然后单击"确定"按钮，如下图所示。

X (0..100):		36
Y (0..100):		65
幅度(M) (0..100):		33
频率(F) (0..100):		49
阶段(P) (0..100):		25

05 应用滤镜效果。在"滤镜"素材库中选中"FX漩涡"滤镜效果，将其向时间轴素材方向拖动，如右图所示。

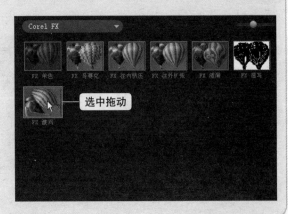

06 显示设置水纹效果。经过以上操作后返回会声会影编辑器界面，即可完成水纹效果的设置操作，单击预览窗口下方的"播放"按钮，即可预览使用滤镜的效果，如右图所示。

应用滤镜效果

5.2.8　特殊滤镜

在特殊滤镜中包括"气泡"、"云彩"、"幻影动作"、"闪电"、"雨点"、"频闪动作"和"微风"7种效果，通过使用特殊滤镜模拟一些自然现象的效果。下面以添加"气泡"、"云彩"、"幻影动作"、"闪电"和"雨点"滤镜为例来介绍特殊滤镜的使用方法。

1．气泡

"气泡"滤镜效果可以增加画面的活泼效果，气泡的产生效果包括发散和方向两种类型，用户可根据影片需要选择合适的效果，下面介绍一下详细的操作步骤。

⊙ 原始文件　• 实例文件\第5章\原始文件\好奇.jpg
⊙ 最终文件　• 实例文件\第5章\最终文件\好奇.VSP

步骤01 导入素材文件。打开会声会影X3启动程序，进入会声会影编辑器界面，导入"实例文件\第5章\原始文件\好奇.jpg"文件，如下图所示。

步骤03 选择需要使用的滤镜。选择滤镜类别后，在"滤镜"素材库中单击需要应用的"气泡"滤镜效果，将其向时间轴上的素材方向拖动，如右图所示。

步骤02 打开"特殊"滤镜素材库。单击预览窗口右侧的"滤镜"按钮，在"全部"下拉列表中单击"特殊"选项，如下图所示。

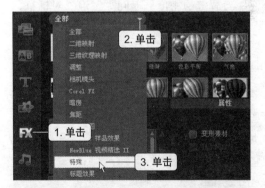

步骤04 应用滤镜效果。将滤镜效果拖到时间轴中的素材上,如下图所示,释放鼠标左键,即可完成添加滤镜效果的操作。

步骤05 打开"气泡"对话框。添加滤镜效果后自动切换到"属性"面板,单击"自定义滤镜"按钮,如下图所示。

步骤06 打开"Corel色彩选取器"对话框。在弹出的"气泡"对话框中切换到"基本"选项卡,单击"外界"左侧的色块,设置其为87、235、230,如下图所示。

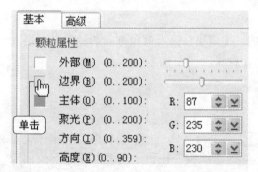

步骤07 打开"Corel色彩选取器"对话框。返回"气泡"对话框,单击"主体"左侧的色块,设置其为248、255、120,如下图所示。

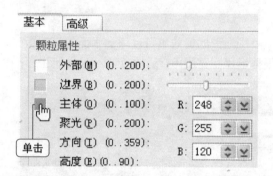

步骤08 设置气泡密度。返回"气泡"对话框,设置"效果控制"选项组中的"密度"为6"大小"为26、"变化"为49、"反射"为43,如下图所示。

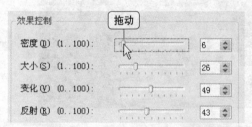

步骤09 设置气泡动作类型及调整大小类型。切换到"高级"选项卡,单击"动作类型"选项组中的"发散"单选按钮,然后再单击"调整大小的类型"选项组中的"增大"单选按钮,如下图所示。

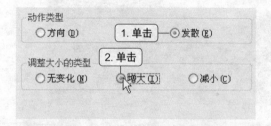

步骤10 调整气泡位置。将动作类型设置为发散后,"原图"区域出现一个表示气泡起始位置的人,将光标指向该形状,光标变成小手形状时将其拖动至合适位置,如右图所示。

气泡速度、移动方向、发散宽度及高度的设置

打开"气泡"对话框后切换到"高级"选项卡，可以看到"速度"、"移动方向"、"湍流"、"振动"、"区间"、"发散宽度"及"发散高度"参数，软件已进行了默认设置，拖动选项右侧的滑块即可进行设置。

步骤11 显示应用滤镜效果。单击"确定"按钮完成了气泡滤镜的设置操作，返回"会声会影编辑器"界面，单击预览窗口下方的"播放"按钮，即可预览到设置滤镜后的效果，如下图所示。

2．云彩

"云彩"滤镜可以为影片素材添加虚无缥缈的云彩效果，默认的云彩颜色为白色，用户可以根据需要更改云彩颜色等参数，下面介绍一下详细的操作步骤。

📀 **原始文件** • 实例文件\第5章\原始文件\仙雾.jpg
📀 **最终文件** • 实例文件\第5章\最终文件\仙雾2.VSP

步骤01 导入素材文件。进入会声会影编辑器界面，导入"实例文件\第5章\原始文件\仙雾.jpg"文件，如下图所示，为素材添加"云彩"滤镜效果。

步骤02 打开"云彩"对话框。添加滤镜效果后自动切换到"属性"面板，单击"自定义滤镜"按钮，如下图所示。

步骤03 调整"效果控制"参数。在弹出的"云彩"对话框中切换到"基本"选项卡，拖动"效果控制"选项组中的"密度"滑块，将数值设置为6，按照同样的方法，将"大小"设置为93，将"变化"设置为58，如右图所示。

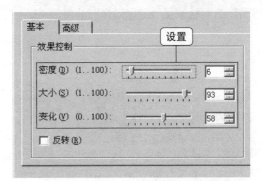

步骤04 打开"Corel色彩选取器"对话框。调整了效果控制参数后，单击"颗粒属性"选项组中"阻光度"左侧的色块，如下图所示。

步骤05 设置颜色。在弹出的"Corel色彩选取器"对话框中设置RGB色彩值分别为255、60、255，然后单击"确定"按钮，如下图所示。

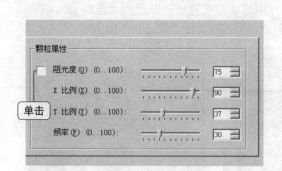

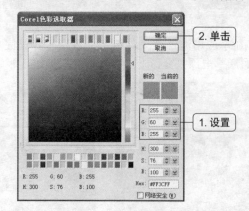

步骤06 显示应用滤镜效果。返回会声会影编辑器界面，单击预览窗口下方的"播放"按钮，即可预览到应用"云彩"滤镜后的效果，如下图所示。

3. 幻影动作

"幻影动作"滤镜多用于一些神话色彩较浓的影片中，该滤镜效果可为影片中的主体添加一些虚幻的动作，下面介绍一下详细的操作步骤。

⊙ 原始文件 • 实例文件\第5章\原始文件\美丽鲜花.bmp
⊙ 最终文件 • 实例文件\第5章\最终文件\美丽鲜花.VSP

步骤01 导入素材文件。进入会声会影编辑器界面，导入"实例文件\第5章\原始文件\.jpg"文件，如下图所示，为素材添加"幻影动作"滤镜效果。

步骤02 打开"幻影动作"对话框。添加滤镜效果后自动切换到"属性"面板，单击"自定义滤镜"按钮，如下图所示。

步骤03 调整滤镜效果的重复设置。在弹出的"幻影动作"对话框中拖动"重复设置"选项组中的"步骤边框"滑块，将其设置为25，如下图所示。

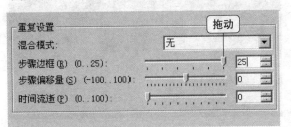

步骤04 设置效果控制参数。拖动"效果控制"选项组中的"缩放"滑块，将数值设置为381，将"透明度"设置为13，将"变化"设置为2，如下图所示。

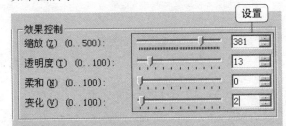

混合模式的使用

设置"幻影动作"滤镜时，通过"混合模式"选项可以加大滤镜的应用幅度。打开"幻影"对话框，单击"混合模式"列表框右侧的下三角按钮，在弹出的下拉列表中可以看到"添加"、"相乘"、"相乘取反"、"对较暗色"和"对较亮色"5个选项，选择相应选项即可完成应用。

步骤05 显示应用滤镜效果。返回会声会影编辑器界面，单击预览窗口下方的"播放"按钮，即可预览到应用"幻影动作"滤镜后的效果，如下图所示。

4．闪电

"闪光"滤镜可以为影片添加真实的闪电效果，分为随机闪电与不随机闪电两种类型，下面就来介绍一下随机闪电类型的设置，下面介绍一下详细的操作步骤。

原始文件　•实例文件\第5章\原始文件\阴天.jpg
最终文件　•实例文件\第5章\最终文件\阴天.VSP

步骤01 导入素材文件。进入会声会影编辑器界面，导入"实例文件\第5章\原始文件\阴天.jpg"文件，如右图所示。

步骤02 打开"闪电"对话框。为素材添加"闪电"滤镜效果后单击"自定义滤镜"按钮，如右图所示。

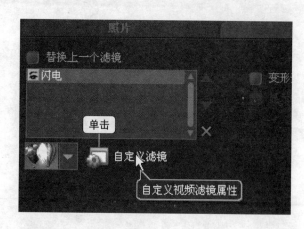

步骤03 调整闪电中心位置。弹出"闪电"对话框，"原图"区域中的十字形状表示闪电中心点，将其拖动到合适位置定位闪电中心一点，如下图所示。

步骤04 设置闪电参数。在"高级"选项下设置"因子"为69、"幅度"为19、"亮度"为32、"长度"为49，如下图所示。

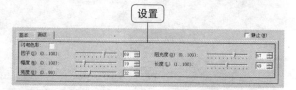

步骤05 设置随机闪电。切换到"基本"选项卡，勾选"随机闪电"复选框，拖动"间隔"滑块将其设置为32，如下图所示，最后单击"确定"按钮。

步骤06 显示应用滤镜效果。返回会声会影编辑器界面，单击预览窗口下方的"播放"按钮，即可预览到应用"闪电"滤镜后的效果，如下图所示。

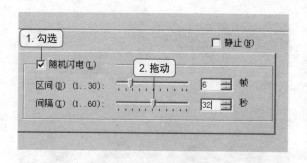

5. 微风

在制作一些需要有微风场景的影片时，如果原视频素材中没有微风的场景，可以为其添加"微风"滤镜制作出需要的效果，下面介绍一下详细的操作步骤。

⊙ 原始文件 • 实例文件\第5章\原始文件\微风.jpg
⊙ 最终文件 • 实例文件\第5章\最终文件\微风.VSP

步骤01 导入素材文件。进入会声会影编辑器界面，导入"实例文件\第5章\原始文件\微风.jpg"文件，如下图所示，为其添加"微风"滤镜效果。

步骤02 选择滤镜样式。为素材添加滤镜效果后，单击预设样式列表框右侧的下三角按钮，在弹出的下拉列表框中单击第三排第二个样式，如下图所示。

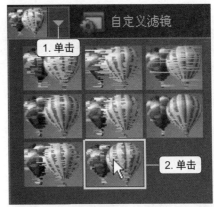

步骤03 显示应用滤镜效果。经过以上操作后，单击预览窗口下方的"播放"按钮，即可预览到应用"微风"滤镜后的效果，如右图所示。

应用滤镜效果

更进一步

★ 调整素材显示画面的大小

在会声会影中插入素材后，软件会根据原始素材的大小在"预览"窗口中显示相应的画面大小，用户也可以自己调整素材在预览窗口中显示画面的大小，下面介绍一下详细的操作步骤。

原始文件 • 实例文件\第5章\原始文件\仙境2.VSP
最终文件 • 实例文件\第5章\最终文件\仙境2.VSP

01 打开项目文件。进入会声会影编辑器界面，打开"实例文件\第5章\原始文件\仙境2.VSP"文件，如下图所示。

02 勾选"变形素材"复选框。打开素材文件后切换到"属性"面板，勾选"变形素材"复选框，如下图所示。

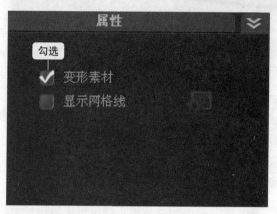

03 调整并移动素材。素材周围出现8个黄色控点，将光标指向下方控点，当光标变成双向黑色箭头形状时按住鼠标左键进行拖动，调整窗口大小。将光标指向素材中间位置，光标变成十字双箭头形状时拖动鼠标，移动素材，如下图所示，拖动至合适位置后释放鼠标左键即可。

04 显示调整画面大小效果。经过以上操作完成调整素材显示画面大小及位置的操作，单击预览窗口下方的"播放"按钮即可预览其效果，如下图所示。

Chapter 06
设置影片场景转换效果

在连接一些静态的图片或者两段不相干的视频时，连接后的效果是否生动与过渡效果的运用密切相关。在会声会影X3中提供了17类转场共100种转场效果，本章将对会声会影X3转场效果的应用进行介绍。

通过本章的学习，您可以：

▲ 掌握手动和自动添加转场效果方法

▲ 学习转场效果格式的设置操作方法

▲ 了解将转场效果添加到收藏夹的操作方法

▲ 熟悉转场效果与滤镜效果的配合使用

⏰ 本章建议学习时间：105分钟

转场效果用于衔接两个不相干的素材，使它们之间能够更紧密地衔接。在会声会影中添加转场效果时可以选择手动添加，也可以设置软件自动添加；可以为不同素材间添加多种转场，也可以让所有素材使用同一种转场。

6.1 | 转场效果的添加

为素材添加转场效果时，可以手动为每两个素材间添加合适的转场效果，也可以设置为软件自动添加转场效果。下面逐一介绍详细的操作步骤。

6.1.1 手动添加转场效果

在进行手动添加转场效果时，用户可以根据素材的内容选择一种合适的转场效果，使影片更加生动、自然，下面介绍一下详细的操作步骤。

1. 应用不同转场效果

🔘 原始文件 • 实例文件\第6章\原始文件\创意石.avi、石龟.avi、菩提树下.avi、狮子.avi
🔘 最终文件 • 实例文件\第6章\最终文件\石头.VSP、石头1.VSP

步骤01 导入素材文件。进入会声会影编辑器界面，导入"实例文件\第6章\原始文件"文件夹中的创意石.avi、石龟.avi、菩提树下.avi、狮子.avi文件，单击"转场"按钮，如下图所示。

步骤02 打开"胶片"素材库。切换到"效果"界面后，单击"画廊"右侧的下三角按钮，在弹出的下拉列表中单击"胶片"选项，如下图所示。

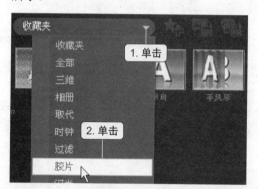

步骤03 选择需要使用的转场效果。在"胶片"素材库中选中需要应用的"飞去A"转场效果，将其向时间轴的素材方向拖动，如下图所示。

步骤04 应用转场效果。将转场效果拖到时间轴中两素材之间的灰色方块上，如下图所示，释放鼠标左键，即可完成应用转场效果的操作。

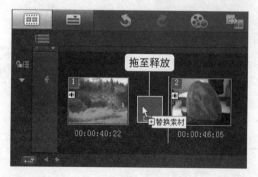

步骤05 显示应用转场效果。经过以上操作后就完成了应用转场效果的操作，单击"预览"窗口下方的"播放"按钮播放素材，即可看到应用的转场效果，如下图所示。按照同样的操作为素材应用其他转场效果即可。

2. 应用同一种转场效果

步骤01 打开素材文件。打开会声会影X3启动程序，进入会声会影编辑器界面，打开素材文件，单击预览窗口右侧的"转场"按钮，如下图所示。

步骤03 选择需要使用的转场效果。在"过滤"素材库中选中需要应用的"漏斗"转场效果，单击素材库上方的"对视频应用当前效果"按钮，如下图所示。

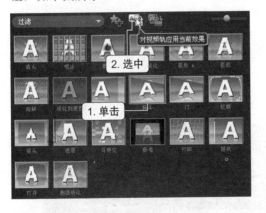

步骤02 打开"胶片"素材库。单击"画廊"下拉列表右侧的下三角按钮，在弹出的下拉列表中单击"过滤"选项，如下图所示。

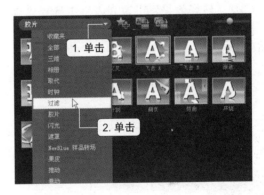

步骤04 显示多个素材同时应用一种转场效果。经过以上操作，即可为多个素材应用同一种转场效果，如下图所示。

6.1.2 自动添加转场效果

为素材添加转场效果时，如果用户需要快速地制作影片，可以将软件的转场效果设置为自动添加，下面介绍一下详细的操作步骤。

步骤01 打开"参数选择"对话框。进入会声会影编辑器界面，打开目标素材，执行"设置>参数选择"命令，如下图所示。

步骤02 切换到"编辑"选项卡。在弹出的"参数选择"对话框中，切换到"编辑"选项卡，如下图所示。

步骤03 选择默认转场效果。在"转场效果"选项组中勾选"自动添加转场效果"复选框，然后在"默认转场效果"下拉列表框中选择"旋转－铰链"选项，最后单击"确定"按钮，如右图所示，即可完成设置默认转场效果的操作。

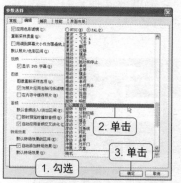

6.2 | 转场效果的设置

应用了转场效果后，还可以对其进行一定的设置操作。对于使用次数比较多的转场效果，为了方便下次使用，用户可以将其添加到收藏夹中。本节就对转场效果的设置和收藏操作进行介绍。

6.2.1 设置转场效果格式

为影片应用了转场效果后还可以对转场效果的格式进行设置，每种转场效果的格式设置都不尽相同，下面以"三维"转场中的"对开门"效果为例来介绍一下转场效果的设置。

📀 **原始文件** · 实例文件\第6章\原始文件\石头2.VSP
📁 **最终文件** · 实例文件\第6章\最终文件\石头2.VSP

步骤01 打开"参数选择"对话框。进入会声会影编辑器界面，打开"实例文件\第6章\原始文件\石头2.VSP"文件，单击预览窗口右侧的"转场"按钮，切换到"转场"界面。如右图所示。

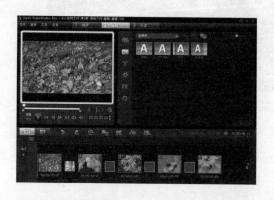

步骤02 设置转场效果边框。单击编辑面板中单击"边框"数值框右侧的微调按钮，将数值设置为3，如下图所示。

步骤03 设置边框色彩。单击"色彩"右侧的色块，在弹出的颜色列表中单击"蓝色"色彩图标，如下图所示。

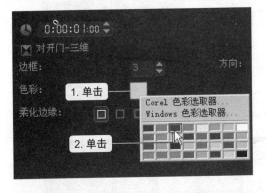

步骤04 设置边框柔化边缘。单击"柔化边缘"右侧的"弱柔化边缘"按钮，如下图所示。

步骤05 设置转场方向。单击选择"方向"选项中的"打开－水平分割"按钮，如右图所示。

步骤06 显示设置转场效果。经过以上操作就完成了设置转场效果的操作，单击"预览"窗口下方的"播放"按钮，即可看到设置后的转场效果，如下图所示。

6.2.2 将转场效果添加到收藏夹

用户可以将常用的转场效果添加到收藏夹中，下次使用该转场效果时直接从收藏夹中应用即可，下面介绍一下详细的操作步骤。

步骤01 进入转场效果素材库。进入会声会影编辑器界面，单击"画廊"右侧的下三角按钮，在弹出的下拉列表中单击"闪光"选项，如下图所示。

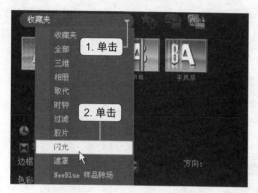

步骤02 将转场效果添加到收藏夹。打开需要收藏的转场效果素材库后，右击需要收藏的效果"手风琴"，在弹出的快捷菜单中单击"添加到收藏夹"命令，如下图所示。

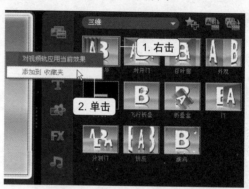

步骤03 显示添加到收藏夹效果。经过以上操作后，打开"收藏夹"素材库就可以看到"手风琴"转场效果已添加到该处，如右图所示。

删除收藏夹中的转场效果

将转场效果添加到收藏夹中后，如果用户不再经常用到该转场效果，可以切换到"收藏夹"素材库，右击需要删除的效果，在弹出的快捷菜单中单击"删除"命令即可。

6.3 常用转场效果的应用

在会声会影X3中，包括三维、相册、取代、时钟、过滤、胶片、闪光、遮罩、NewBlue样品转场、果皮、堆动、卷动、旋转、滑动、伸展、擦试和Burger17类转场效果，用户可根据需要选择合适的转场效果。

6.3.1 三维转场

三维转场中包括"手风琴"、"对开门"、"百叶窗"、"外双"、"飞行木板"、"飞行方块"、"飞行翻转"、"飞行折叠"、"折叠盒"、"门"、"滑动"、"旋转门"、"分割门"、"挤压"和"漩涡"15种转场效果，下面对一些比较常用的转场效果进行介绍。

❂ 原始文件 · 实例文件\第6章\原始文件\蜜蜂\蜜蜂.VSP
❂ 最终文件 · 实例文件\第6章\最终文件\蜜蜂.VSP

1．手风琴

"手风琴"转场效果是将前一个画面做成手风琴样式，然后退出。设置"手风琴"效果时，可以对其边框、颜色、柔化以及方向参数进行设置，下面介绍一下设置该转场效果的步骤。

步骤01 打开项目件。打开"实例文件\第6章\原始文件\蜜蜂\蜜蜂.VSP"文件，单击"转场"按钮，如下图所示。

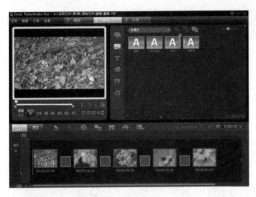

步骤02 打开"三维"素材库。单击"画廊"右侧的下三角按钮，在弹出的下拉列表中单击"三维"选项，如下图所示。

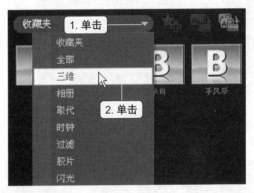

步骤03 选择需要使用的转场效果。打开"三维"转场素材库，选中需要应用的"手风琴"转场效果，将其向时间轴的素材方向拖动，如下图所示。

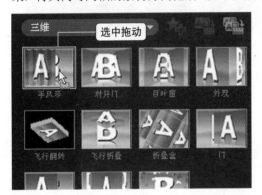

步骤04 应用转场效果。将转场效果拖到时间轴中两个素材之间的灰色方块上，如下图所示，然后释放鼠标左键，即可完成应用转场效果的操作。

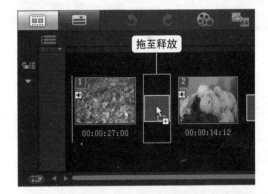

步骤05 设置转场效果边框。单击编辑面板中"边框"数值框右侧的微调按钮，将数值设置为1，如右图所示。

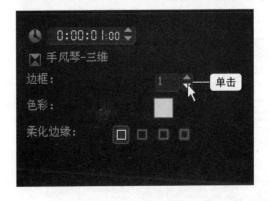

步骤06 打开"Corel色彩选取器"对话框。单击"色彩"右侧的色块，在弹出的颜色列表中，单击"Corel色彩选取器"选项，如下图所示。

步骤07 设置边框颜色。在弹出的"Corel色彩选取器"对话框中将颜色的RGB值分别设置为180、0、54，然后单击"确定"按钮，如下图所示。

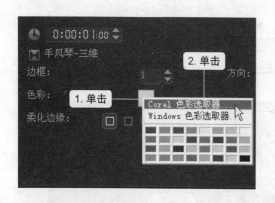

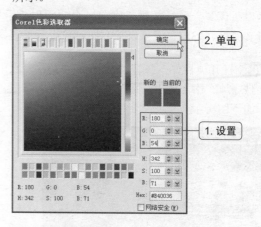

步骤08 显示设置转场效果。经过以上操作后，就完成了设置"手风琴"转场效果的操作，单击预览窗口下方的"播放"按钮，即可看到设置后的效果，最终效果如下图所示。

2. 外观

"外观"转场的效果类似于"推动"转场的效果，下面来介绍一下设置该转场效果的步骤。

⊙ **原始文件** • 实例文件\第6章\原始文件\蜜蜂\蜜蜂.VSP
⊙ **最终文件** • 实例文件\第6章\最终文件\蜜蜂1.VSP

步骤01 打开项目文件。打开"实例文件\第6章\原始文件\蜜蜂\蜜蜂.VSP"文件，单击"转场"按钮，如下图所示。

步骤02 选择需要使用的转场效果。打开"三维"转场素材库，选中需要应用的"外观"转场效果，将其向时间轴的素材方向拖动，如下图所示。

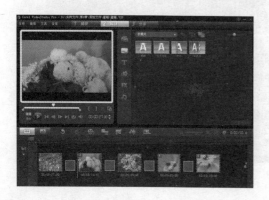

步骤03 应用转场效果。将转场效果拖到时间轴中两个素材之间的灰色方块上，如下图所示，然后释放鼠标左键。

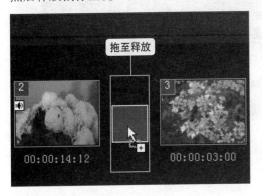

步骤05 设置转场时间。直接输入需要设置的时间，如右图所示，完成后单击程序窗口任意位置，即可完成转场效果时间的设置。

步骤04 选中转场时间。添加了转场效果后，单击编辑面板中的时间码区间，如下图所示，使其处于编辑状态。

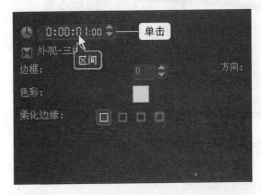

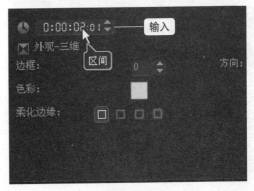

步骤06 显示设置转场效果。经过以上操作后，就完成了"外观"转场效果的设置操作，返回会声会影编辑器界面，单击预览窗口下方的"播放"按钮，即可看到设置后的效果，最终效果如下图所示。

3. 飞行方块

应用了"飞行方块"转场效果后，可以将前一素材画面显示为一个立体方块旋转退出，然后转换到下一画面中，下面介绍一下设置该转场效果的步骤。

原始文件　• 实例文件\第6章\原始文件\蜜蜂\蜜蜂.VSP
最终文件　• 实例文件\第6章\最终文件\蜜蜂2.VSP

步骤01 打开项目文件。打开"实例文件\第6章\原始文件\蜜蜂\蜜蜂.VSP"文件，单击"转场"按钮，如下图所示。

步骤02 选择需要使用的转场效果。打开"三维"转场素材库，选中需要应用的"飞行方块"转场效果，将其向时间轴的素材方向拖动，如下图所示。

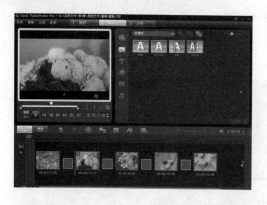

步骤03 应用转场效果。将转场效果拖到时间轴中两个素材之间的灰色方块上，如下图所示，然后释放鼠标左键。

步骤04 设置转场效果方向。为影片添加转场效果后，单击"方向"选项组中的"右上到左下"按钮，如下图所示。

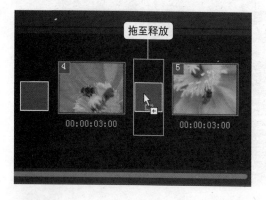
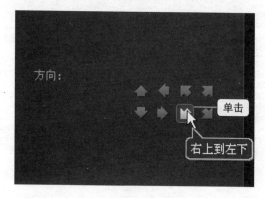

步骤05 显示设置转场后效果。经过以上操作后，就完成了对"飞行方块"转场效果的设置操作，单击"预览"窗口下方的"播放"按钮，即可看到设置后的效果，最终效果如下图所示。

4．飞行折叠

"飞行折叠"转场与"飞行方块"转场的原理相似，不同之处在于"飞行折叠"转场效果将前一画面显示为飞机形状退出，下面介绍一下设置该转场效果的步骤。

⊙ 原始文件 • 实例文件\第6章\原始文件\梦想\梦想.VSP
⊙ 最终文件 • 实例文件\第6章\最终文件\梦想.VSP

步骤01 打开项目文件。打开"实例文件\第6章\原始文件\梦想\梦想.VSP"文件，单击"转场"按钮，如下图所示。

步骤02 选择需要使用的转场效果。打开"三维"转场素材库，选中需要应用的"飞行折叠"转场效果，将其向时间轴的素材方向拖动，如下图所示。

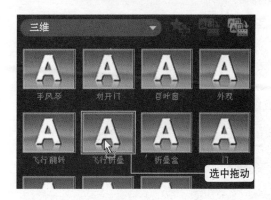

步骤03 应用转场效果。将转场效果拖到时间轴中两个素材之间的灰色方块上，如下图所示，然后释放鼠标左键。

步骤04 设置转场效果方向。为影片添加转场效果后，单击"方向"选项组中的"由右到左"按钮，如下图所示。

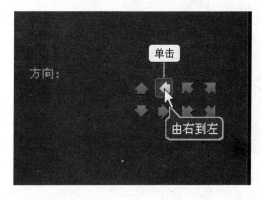

步骤05 显示设置转场效果。经过以上操作就完成了对"飞行折叠"转场效果的设置操作，单击"预览"窗口下方的"播放"按钮，即可看到设置后的效果，最终效果如下图所示。

5．漩涡

"漩涡"转场效果可以将原画面以设置的形式退出，碎片的形状可以自行选择合适的样式，下面介绍一下设置该转场效果的步骤。

⊙ **原始文件** • 实例文件\第6章\原始文件\礼物\礼物.VSP
⊙ **最终文件** • 实例文件\第6章\最终文件\礼物.VSP

步骤01 打开项目文件。打开"实例文件\第6章\原始文件\礼物\礼物.VSP"文件，切换到"效果"界面，如下图所示。

步骤02 选择需要使用的转场效果。打开"三维"转场素材库，选中需要应用的"漩涡"转场效果，将其向时间轴的素材方向拖动，如下图所示。

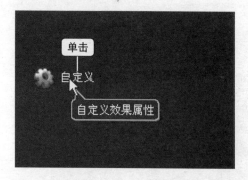

选中拖动

步骤03 应用转场效果。将转场效果拖到时间轴中两个素材之间的灰色方块上，如下图所示，然后释放鼠标左键。

步骤04 打开"漩涡—三维"对话框。为影片添加转场效果后，单击编辑面板中的"自定义"按钮，如下图所示。

拖至释放

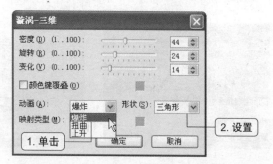

单击

自定义

自定义效果属性

步骤05 设置漩涡密度、旋转以及变化。在弹出的"漩涡—三维"对话框中设置"密度"为44、"旋转"为24、"变化"为14，如下图所示。

步骤06 设置动画类型。在"动画"下拉列表中单击"爆炸"选项，然后设置"形状"为"三角形"，如下图所示，最后单击"确定"按钮。

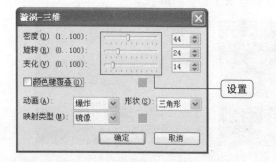

设置

2. 设置

1. 单击

步骤07 显示设置转场效果。经过以上操作后就完成了对"漩涡"转场效果的设置，单击"预览"窗口下方的"播放"按钮，即可看到设置后的效果，最终效果如下图所示。

范例14 制作圆形碎片盘旋飞出转场效果

本节中对三维转场效果的设置步骤进行了介绍，下面根据本节知识点制作圆形碎片盘旋飞出的转场效果。

原始文件 • 实例文件\第6章\原始文件\蝶恋花\蝶恋花.VSP

最终文件 • 实例文件\第6章\最终文件\蝶恋花.VSP

01 打开项目文件。打开"实例文件\第6章\原始文件\蝶恋花\蝶恋花.VSP"文件，为其应用"三维－漩涡"转场效果，如下图所示。

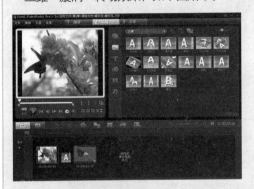

02 打开"漩涡－三维"对话框。为影片添加转场效果后，单击编辑面板中的"自定义"按钮，如下图所示。

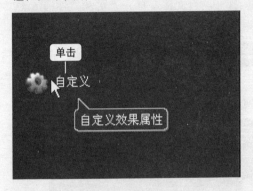

03 设置动画类型。在弹出的"漩涡－三维"对话框中单击"动画"下拉列表右侧的下三角按钮，在弹出的下拉列表中单击"扭曲"选项，如下图所示。

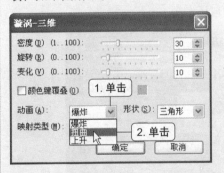

04 设置漩涡形状。在"形状"下拉列表中单击"球形"选项，最后单击"确定"按钮，如下图所示，完成转场效果设置。

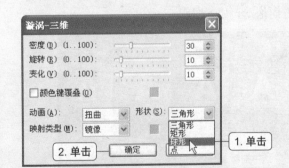

05 显示设置转场效果。经过以上操作后返回会声会影编辑器界面，单击"预览"窗口下方的"播放"按钮，即可看到设置后的效果，最终效果如下图所示。

6.3.2 取代转场

取代转场包括"棋盘"、"对角线"、"盘旋"、"交错"和"墙壁"5种效果,该类转场效果以逐级替代的方式对素材进行转换,下面来介绍两种常用取代转场效果的设置操作。

- **原始文件** • 实例文件\第6章\原始文件\美丽的花.VSP
- **最终文件** • 实例文件\第6章\最终文件\美丽的花1.VSP

1. 棋盘

"棋盘"转场可将前一素材的画面显示为棋盘样式并盘旋退出,下面介绍一下设置该转场效果的步骤。

步骤01 打开项目文件。打开"实例文件\第6章\原始文件\美丽的花.VSP"文件,如下图所示。

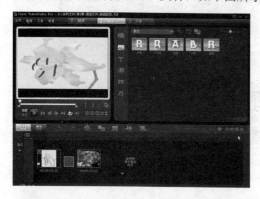

步骤02 打开"取代"素材库。单击"画廊"右侧的下三角按钮,在弹出的下拉列表中单击"取代"选项,如下图所示。

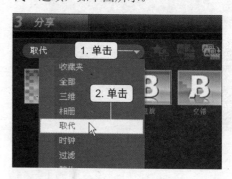

步骤03 选择需要使用的转场效果。选中需要应用的"棋盘"转场效果,将其向时间轴的素材方向拖动,如下图所示。

步骤04 应用转场效果。将转场效果拖到时间轴中两个素材之间的灰色方块上,如下图所示,然后释放鼠标左键。

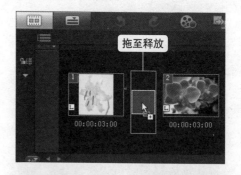

步骤05 设置转场效果边框。单击"边框"数值框右侧的微调按钮,将数值设置为1,然后单击"色彩"右侧的色块,在弹出的颜色列表中选择需要设置的颜色,如右图所示。

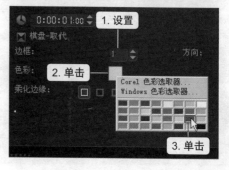

步骤06 设置转场效果运动方向。单击"方向"选项组中的"从右上角开始的顺时针"按钮，如右图所示。

步骤07 显示应用转场效果。经过以上操作后就完成了对"棋盘"转场效果的设置，单击"预览"窗口下方的"播放"按钮，即可看到设置后的效果，最终效果如下图所示。

2. 交错

"交错"转场效果可以使前一素材的画面以阶梯的形式逐级退出，下面来介绍一下设置交错转场效果的步骤。

- **原始文件** • 实例文件\第6章\原始文件\月季\月季.VSP
- **最终文件** • 实例文件\第6章\最终文件\月季1.VSP

步骤01 打开项目文件。打开"实例文件\第6章\原始文件\月季\月季.VSP"文件，单击"转场"按钮，如下图所示。

步骤02 选择需要使用的转场效果。打开"取代"转场素材库，选中需要应用的"交错"转场效果，将其向时间轴的素材方向拖动，如下图所示。

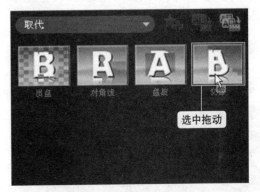

步骤03 应用转场效果。将转场效果拖到时间轴中两个素材之间的灰色方块上，如下图所示，然后释放鼠标左键。

步骤04 设置柔化边缘。应用转场效果后单击"柔化边缘"右侧的"中等柔化边缘"按钮，如下图所示。

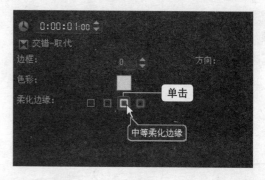

步骤05 显示设置转场后效果。经过以上操作后就完成了"交错"转场效果的设置操作，单击"预览"窗口下方的"播放"按钮，即可看到设置后的效果，最终效果如下图所示。

6.3.3 时钟转场

时钟转场中包括"居中"、"四分之一"、"单向"、"分割"、"清除"、"转动"和"扭曲"7种转场效果，该类型的转场效果使画面以圆形转动的方式退出，本节中将介绍两种常用的时钟转场效果。

> **原始文件** · 实例文件\第6章\原始文件\花的生长\花的生长.VSP
> **最终文件** · 实例文件\第6章\最终文件\花的生长.VSP

1. 四分之一

"四分之一"转场效果可以将前一画面徐徐掀开，制作出的翻页效果，下面介绍一下设置该转场效果的步骤。

步骤01 打开项目文件。打开"实例文件\第6章\原始文件\花的生长\花的生长.VSP"文件，如下图所示。

步骤02 打开"时钟"素材库。单击"转场"按钮，单击"画廊"下拉列表右侧的下三角按钮，在弹出的下拉列表中单击"时钟"选项，如下图所示。

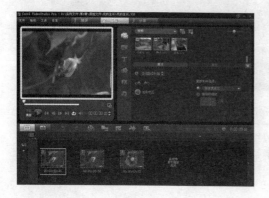

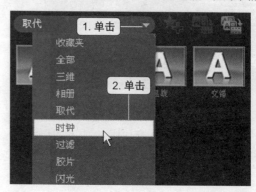

步骤03 选择需要使用的转场效果。打开"取代"转场素材库，选中需要应用的"四分之一"转场效果，将其向时间轴的素材方向拖动，如下图所示。

步骤04 应用转场效果。将转场效果拖到时间轴中两个素材之间的灰色方块上，如下图所示，然后释放鼠标左键。

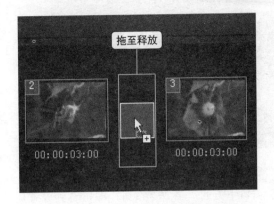

步骤05 显示设置转场最终效果。经过以上操作后就完成了"四分之一"转场效果的应用操作，单击"预览"窗口下方的"播放"按钮，即可看到"四分之一"时钟转场应用效果，最终效果如下图所示。

2. 扭曲

"扭曲"转场可以将原画面以十字形状切开然后旋转，转换到下一个画面中，下面来介绍一下设置该效果的操作步骤。

- 🔘 **原始文件** • 实例文件\第6章\原始文件\绿叶和水.VSP
- 🔘 **最终文件** • 实例文件\第6章\最终文件\绿叶和水1.VSP

步骤01 打开项目文件。打开"实例文件\第6章\原始文件\绿叶和水.VSP"文件，单击"转场"按钮，打开"时钟"素材库，如下图所示。

步骤02 选择需要使用的转场效果。选中需要应用的"扭曲"转场效果，将其向时间轴的素材方向拖动，如下图所示。

 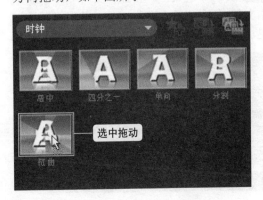

步骤03 应用转场效果。将转场效果拖到时间轴中两个素材之间的灰色方块上，如下图所示，然后释放鼠标左键。

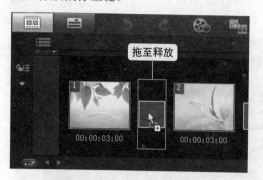

步骤04 设置转场效果的柔化边缘。应用了转场效果后，单击编辑面板中"柔化边缘"右侧的"强柔化边缘"按钮，如下图所示。

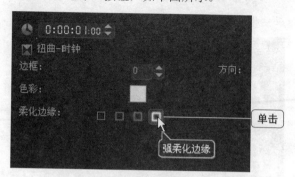

步骤05 显示设置转场后效果。经过以上操作后就完成了"扭曲"转场效果的设置操作，单击"预览"窗口下方的"播放"按钮，即可看到设置后的效果，最终效果如下图所示。

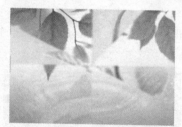

6.3.4 过滤转场

过滤转场包括"箭头"、"喷出"、"燃烧"、"交叉淡化"、"菱形A"、"菱形"、"溶解"、"淡化到黑色"、"飞行"、"漏斗"、"门"、"虹膜"、"镜头"、"遮罩"、"马赛克"、"断电"、"打碎"、"随机"、"打开"和"曲线淡化"20种转场效果，下面来介绍几种常用的转场效果。

原始文件 • 实例文件\第6章\原始文件\成长\成长.VSP
最终文件 • 实例文件\第6章\最终文件\成长1.VSP

1. 交叉淡化

"交叉淡化"转场可以将两个素材进行自然过渡，下面介绍一下设置该转场效果的步骤。

步骤01 打开项目文件。打开"实例文件\第6章\原始文件\成长\成长.VSP"文件，单击"转场"按钮，如下图所示。

步骤02 打开"过滤"素材库。单击"画廊口"下拉列表右侧的下三角按钮，在弹出的下拉列表中单击"过滤"选项，如下图所示。

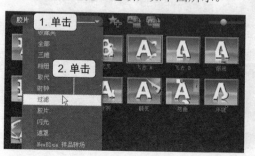

步骤03 选择需要使用的转场效果。打开"过滤"转场素材库，选中需要应用的"交叉淡化"转场效果，将其向时间轴的素材方向拖动，如下图所示。

步骤04 应用转场效果。将转场效果拖到时间轴中两个素材之间的灰色方块上，如下图所示，然后释放鼠标左键。

步骤05 显示设置转场最终效果。经过以上操作后就完成了"交叉淡化"转场效果的应用操作，单击"预览"窗口下方的"播放"按钮，即可看到应用后的效果，最终效果如下图所示。

2. 镜头

"镜头"转场效果可以将前一素材的画面显示为镜头拍摄时的效果，下面来介绍一下设置该效果的操作步骤。

- 原始文件 • 实例文件\第6章\原始文件\功夫\功夫.VSP
- 最终文件 • 实例文件\第6章\最终文件\功夫.VSP

步骤01 应用转场效果。打开"实例文件\第6章\原始文件\功夫\功夫.VSP"文件，切换到"效果"界面，为素材添加"镜头"转场效果，如下图所示。

步骤02 设置转场效果方向。应用了转场效果后，单击"方向"选项组中的"从中央开始"按钮，如下图所示。

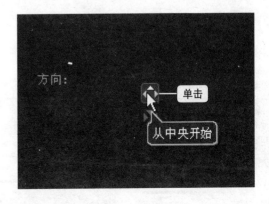

步骤03 显示设置转场最终效果。经过以上操作后就完成了"镜头"转场效果的应用操作，单击"预览"窗口下方的"播放"按钮，即可看到设置后的效果，最终效果如下图所示。

3．遮罩

应用"遮罩"转场效果后，用户可以自行选择遮罩的样式，下面介绍一下设置该转场效果的步骤。

📀 原始文件 • 实例文件\第6章\原始文件\大自然\大自然.VSP、遮罩效果.jpg

📀 最终文件 • 实例文件\第6章\最终文件\大自然.VSP

步骤01 应用转场效果。打开"实例文件\第6章\原始文件\大自然\大自然.VSP"文件，为素材添加"遮罩"转场效果，如下图所示。

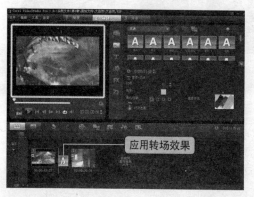

步骤02 打开"打开"对话框。应用了"遮罩"转场效果后，单击编辑面板中的"打开遮罩"按钮，如下图所示。

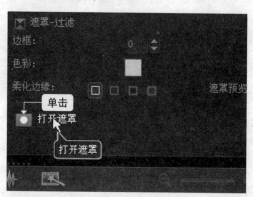

步骤03 选择需要使用的遮罩效果。在弹出的"打开"对话框中选中需要使用的遮罩效果，然后单击"打开"按钮，如右图所示。

步骤04 设置转场效果边框。设置"边框"为1，然后单击"色彩"选项旁的色块，在弹出的颜色列表中选择需要设置的颜色，如下图所示。

步骤05 设置转场效果柔化边缘。设置了效果的边框样式后，单击"柔化边缘"右侧的"中等柔化边缘"按钮，如下图所示。

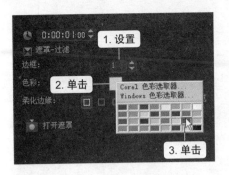

（**步骤06**）显示设置转场最终效果。经过以上操作后，就完成了"遮罩"转场效果的应用操作，单击"预览"窗口下方的"播放"按钮，即可看到设置后的效果，最终效果如下图所示。

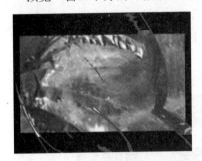

4．断电

在应用"断电"转场效果时无需进行任何设置，只要将其添加到相应位置即可，下面介绍一下详细的操作步骤。

原始文件 • 实例文件\第6章\原始文件\节目切换\节目切换.VSP
最终文件 • 实例文件\第6章\最终文件\节目切换.VSP

（**步骤01**）应用转场效果。打开"实例文件\第6章\原始文件\节目切换\节目切换.VSP"文件，单击"转场"按钮，为素材添加"断电"转场效果，如右图所示。

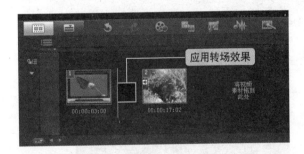

（**步骤02**）显示应用转场最终效果。经过以上操作就完成了"断电"转场效果的应用操作，单击"预览"窗口下方的"播放"按钮，即可看到设置后的效果，最终效果如下图所示。

6.3.5 胶片转场

胶片转场包括"横条"、"对开门"、"交叉"、"飞去A"、"飞去B"、"渐进"、"单向"、"分成两半"、"分割"、"翻页"、"扭曲"、"环绕"和"拉链"13种效果，下面来介绍几种常用的转场效果。

⊗ 原始文件　• 实例文件\第6章\原始文件\别有洞天\别有洞天.VSP
⊗ 最终文件　• 实例文件\第6章\最终文件\别有洞天.VSP

1. 对开门

"对开门"转场效果是模拟开门的动作对素材进行切换，切换的类型包括垂直对开门和水平对开门两种，下面介绍一下设置该转场效果的步骤。

步骤01 打开项目文件。打开"实例文件\第6章\原始文件\别有洞天\别有洞天.VSP"文件，单击"转场"按钮，如下图所示。

步骤02 打开"过滤"素材库。单击"画廊"右侧的下三角按钮，在弹出的下拉列表中单击"胶片"选项，如下图所示。

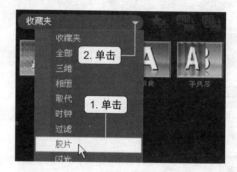

步骤03 选择需要使用的转场效果。打开"胶片"转场素材库，选中需要应用的"对开门"转场效果，将其向时间轴的素材方向拖动，如下图所示。

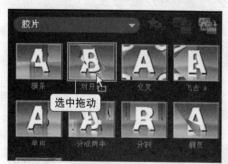

步骤04 应用转场效果。将转场效果拖到时间轴中两个素材之间的灰色方块上，如下图所示，然后释放鼠标左键。

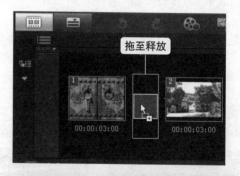

步骤05 设置开门方向。应用了"对开门"转场效果后，单击"方向"选项组中的"垂直对开门"按钮，如右图所示。

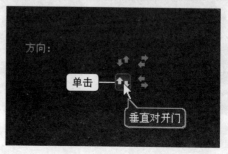

步骤06 显示应用转场效果。经过以上操作后就完成了"对开门"转场效果的设置，单击"预览"窗口下方的"播放"按钮，即可看到设置后的效果，最终效果如下图所示。

2. 单向

"单向"转场效果是从前一素材画面的边缘处开始卷动退出，类似于打开画轴的效果，下面介绍一下设置该转场效果的步骤。

🔘 **原始文件** • 实例文件\第6章\原始文件\古人\古人.VSP
🔘 **最终文件** • 实例文件\第6章\最终文件\古人1.VSP

步骤01 应用转场效果。打开"实例文件\第6章\原始文件\古人\古人.VSP"文件，单击"转场"效果，为其添加"单向"转场效果，如下图所示。

步骤02 设置单向方向。应用了转场效果后，单击"方向"选项组中的"由上到下"按钮，如下图所示。

步骤03 显示应用转场最终效果。经过以上操作后就完成了"单向"转场效果的应用操作，单击"预览"窗口下方的"播放"按钮，即可看到设置后的效果，最终效果如下图所示。

6.3.6 闪光转场

"闪光"转场效果运用物体的光线变化对素材进行切换，用户可根据需要设置素材闪光转场的淡化程度、光环亮度、光环大小以及对比度参数，下面介绍一下详细的操作步骤。

原始文件 • 实例文件\第6章\原始文件\狮子与小狗\狮子与小狗.VSP
最终文件 • 实例文件\第6章\最终文件\狮子与小狗.VSP

步骤01 打开转场素材库。打开"实例文件\第6章\原始文件\狮子与小狗\狮子与小狗.VSP"文件，单击"转场"效果，单击"画廊"右侧的下三角按钮，在弹出的下拉列表中单击"闪光"选项，如下图所示。

步骤02 应用"闪光"转场效果。打开"闪光"转场素材库，选中"闪光"转场效果，将其向时间轴的素材方向拖动，将转场效果拖到时间轴中两个素材之间的灰色方块上，然后释放鼠标左键，如下图所示。

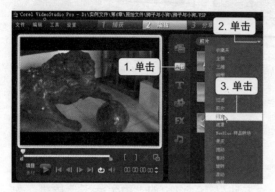

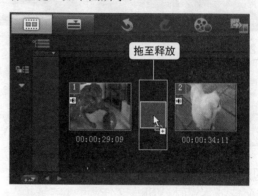

步骤03 打开"闪光-闪光"对话框。应用了转场效果后，单击面板中的"自定义"按钮，如下图所示。

步骤04 勾选"当中闪光"复选框。在弹出的"闪光-闪光"对话框中勾选"当中闪光"复选框，然后单击"确定"按钮，如下图所示。

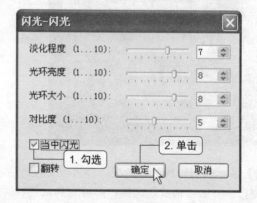

步骤05 显示应用转场最终效果。经过以上操作后就完成了"闪光"转场效果的应用操作，单击"预览"窗口下方的"播放"按钮，即可看到设置后的效果，最终效果如下图所示。

范例操作

范例15 制作转场效果

　　本节对"闪光"转场效果的应用进行了介绍，在应用该转场效果时，通过对效果参数的调整可以制作出不同效果的转场，具体操作步骤如下。

⊗ 原始文件　• 实例文件\第6章\原始文件\竹菊\竹菊.VSP
⊗ 最终文件　• 实例文件\第6章\最终文件\竹菊.VSP

01 应用转场效果。打开"实例文件\第6章\原始文件\竹菊\竹菊.VSP"文件，切换到"转场"界面，打开"闪光"素材库，为素材添加"闪光"转场效果，如下图所示。

02 打开"闪光-闪光"对话框。应用"闪光"转场效果后单击面板中的"自定义"按钮，如下图所示。

03 设置闪光效果参数。在弹出的"闪光-闪光"对话框中将"淡化程序"、"光环亮度"、"光环大小"和"对比度"均设置为1，然后勾选"翻转"复选框，最后单击"确定"按钮，如右图所示。

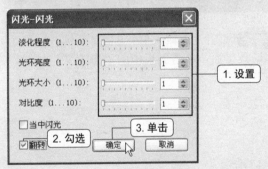

04 显示应用转场最终效果。经过以上操作后就完成了"闪光"转场效果的应用操作，单击"预览"窗口下方的"播放"按钮，即可看到设置后的效果，最终效果如下图所示。

6.3.7 遮罩转场

遮罩转场中包括"遮罩A"、"遮罩B"、"遮罩C"、"遮罩D"、"遮罩E"和"遮罩F"6种转场效果,应用遮罩转场后可以对转场效果的淡化程序、转场效果等参数进行设置,下面介绍一下详细的操作步骤。

⊙ 原始文件 • 实例文件\第6章\原始文件\小狗\小狗.VSP
⊙ 最终文件 • 实例文件\第6章\最终文件\小狗.VSP

步骤01 打开转场素材库。打开"实例文件\第6章\原始文件\小狗\小狗.VSP"文件,单击"转场"B按钮,单击"画廊"右侧的下三角按钮,在弹出的下拉列表中单击"遮罩"选项,如下图所示。

步骤02 应用"遮罩E"转场效果。在"遮罩"转场素材库中选中"遮罩E"转场效果,将其向时间轴的素材方向拖动,将转场效果拖到时间轴中两个素材之间的灰色方块上,然后释放鼠标左键,如下图所示。

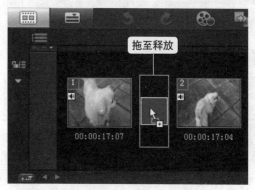

步骤03 打开"遮罩－遮罩E"对话框。应用了转场效果后,单击面板中的"自定义"按钮,如下图所示。

步骤04 设置遮罩效果参数。在弹出的"遮罩－遮罩E"对话框中设置"旋转"为-220,勾选"同步素材"复选框,单击"路径"右侧的下三角按钮,在弹出的下拉列表中单击"对角"选项,最后单击"确定"按钮,如下图所示。

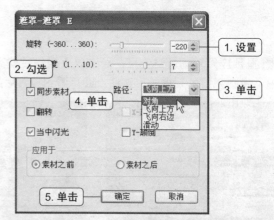

⊙ **"遮罩-遮罩E"对话框中"应用于"的作用**

打开"遮罩-遮罩E"对话框后,可以看到在"应用于"选项组中有两个选项用于设置转场效果的方向,"素材之前"选项使转场效果从左向右翻转,"素材之后"选项使转场效果从右向左翻转。

步骤05 显示应用转场最终效果。经过以上操作后就完成了"遮罩E"转场效果的应用操作，单击"预览"窗口下方的"播放"按钮，即可看到设置后的效果，最终效果如下图所示。

6.3.8　果皮转场

　　果皮转场中的一些效果在胶片转场中已经存在，但是果皮转场中的转场效果可以对背景色进行设置，弥补了胶片转场效果背景色无法设置的缺憾，下面介绍常用的转场效果设置步骤。

🔘 **原始文件**　• 实例文件\第6章\原始文件\梦幻仙境\梦幻仙境.VSP
🔘 **最终文件**　• 实例文件\第6章\最终文件\梦幻仙境1.VSP

步骤01 打开转场素材库。打开"实例文件\第6章\原始文件\梦幻仙境\梦幻仙境.VSP"文件，进入"转场"界面，单击"画廊"右侧的下三角按钮，在弹出的下拉列表中单击"果皮"选项，如下图所示。

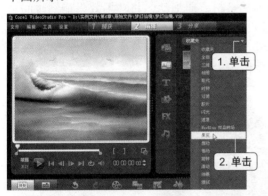

步骤02 应用"飞去B"转场效果。在"果皮"转场素材库中选中"飞去B"转场效果，将其向时间轴的素材方向拖动，将转场效果拖到时间轴中两个素材之间的灰色方块上，然后释放鼠标左键，如下图所示。

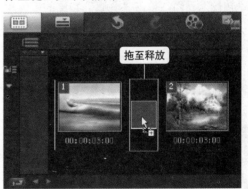

步骤03 打开"Corel 色彩选取器"对话框。应用了"飞去B"转场效果后，单击"色彩"旁的色块，在弹出的颜色列表中选择"Corel 色彩选取器"选项，如下图所示。

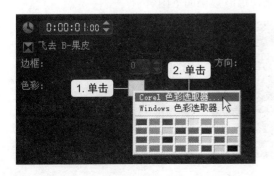

步骤04 选择色彩。在弹出的"Corel 色彩选取器"对话框中将效果背景色彩的RGB值分别设置为255、40、83，设置完成后单击"确定"按钮，如下图所示。

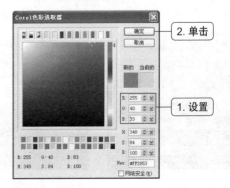

步骤05 显示应用转场最终效果。经过以上操作后就完成了"飞去B"转场效果的应用操作，单击"预览"窗口下方的"播放"按钮，即可看到设置后的效果，最终如下图所示。

6.3.9 推动转场

推动转场包括"横条"、"网孔"、"跑动和停止"、"单向"和"条带"5种效果，应用了推动转场效果后用户可以根据影片的需要对效果的边框、柔化边缘等参数进行设置，下面介绍一下详细的操作步骤。

⊙ **原始文件** • 实例文件\第6章\原始文件\人物切换\人物切换.VSP
⊙ **最终文件** • 实例文件\第6章\最终文件\人物切换.VSP

步骤01 打开转场素材库。打开"实例文件\第6章\原始文件\人物切换\人物切换.VSP"文件，切换到"转场"界面，单击"画廊"右侧的下三角按钮，在弹出的下拉列表中单击"推动"选项，如下图所示。

步骤02 应用"网孔"转场效果。在"推动"转场素材库中选中"网孔"转场效果，将其向时间轴的素材方向拖动，将转场效果拖到时间轴中两个素材之间的灰色方块上，然后释放鼠标左键，如下图所示，即可完成应用该转场效果的操作。

步骤03 显示应用转场最终效果。经过以上操作后就完成了"网孔"转场效果的应用操作，单击"预览"窗口下方的"播放"按钮，即可看到应用转场的效果，最终效果如下图所示。

6.3.10 卷动转场

卷动转场中的一些效果在胶片转场中同样也存在，但是卷动转场中的转场效果可以对效果的背景色以及运动方向进行设置，下面介绍常用的卷动转场效果设置步骤。

🔘 **原始文件** • 实例文件\第6章\原始文件\嫦娥\嫦娥.VSP

🔘 **最终文件** • 实例文件\第6章\最终文件\嫦娥.VSP

步骤01 打开转场素材库。打开"实例文件\第6章\原始文件\嫦娥\嫦娥.VSP"文件，切换到"转场"界面，单击"画廊"右侧的下三角按钮，在弹出的下拉列表中单击"卷动"选项，如下图所示。

步骤02 应用"单向"转场效果。在"卷动"转场素材库中选中"单向"转场效果，将其向时间轴的素材方向拖动，将转场效果拖到时间轴中两个素材之间的灰色方块上后，释放鼠标左键，如下图所示。

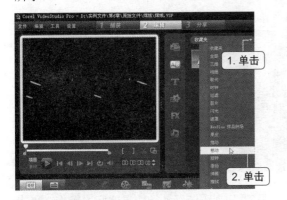

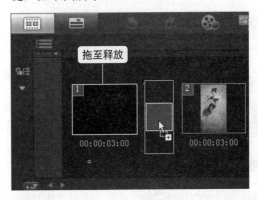

步骤03 设置转场效果方向。应用了转场效果后，单击面板中"方向"区域内的"由上到下"按钮，如下图所示。

步骤04 设置转场效果背景色。单击面板中"色彩"图标，在弹出的颜色列表中单击白色图标，如下图所示。

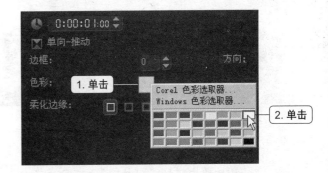

步骤05 显示应用转场最终效果。经过以上操作后就完成了"单向"转场效果的应用操作，单击"预览"窗口下方的"播放"按钮，即可看到设置后的效果，最终效果如下图所示。

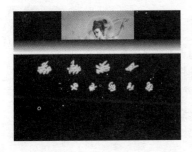

6.3.11 旋转转场

旋转转场效果包括"响板"、"铰链"、"旋转"和"分割铰链"4种转场效果，用户可根据影片需要选择合适的转场效果，下面介绍一下详细的操作步骤。

⊙ 原始文件 • 实例文件\第6章\原始文件\变化\变化.VSP
⊙ 最终文件 • 实例文件\第6章\最终文件\变化.VSP

步骤01 打开转场素材库。打开"实例文件\第6章\原始文件\变化\变化.VSP"文件，切换到"转场"界面，单击"画廊"右侧的下三角按钮，在弹出的下拉列表中单击"旋转"选项，如下图所示。

步骤02 应用"分割铰链"转场效果。在"旋转"转场素材库中选中"分割铰链"转场效果，将其向时间轴的素材方向拖动，将转场效果拖到时间轴中两个素材之间的灰色方块上后，释放鼠标左键，如下图所示。

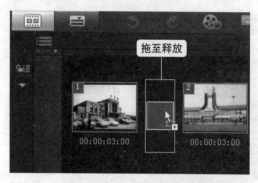

步骤03 显示应用转场最终效果。经过以上操作后就完成了"分割铰链"转场效果的应用操作，单击"预览"窗口下方的"播放"按钮，即可看到设置后的效果，最终效果如下图所示。

6.3.12 滑动转场

滑动转场效果包括"对开门"、"横条"、"交叉"、"对角线"、"网孔"、"单向"和"条带"7种转场效果，下面以"对开门"转场为例介绍一下滑动转场的应用。

⊙ 原始文件 • 实例文件\第6章\原始文件\精美花卉\精美花卉.VSP
⊙ 最终文件 • 实例文件\第6章\最终文件\精美花卉1.VSP

步骤01 打开转场素材库。打开"实例文件\第6章\原始文件\精美花卉\精美花卉.VSP"文件，切换到"转场"界面，单击"画廊"右侧的下三角按钮，在弹出的下拉列表中单击"滑动"选项，如下图所示。

步骤02 应用"对开门"转场效果。在"滑动"转场素材库中选中"对开门"转场效果，将其向时间轴的素材方向拖动，将转场效果拖到时间轴中两个素材之间的灰色方块上后，释放鼠标左键，如下图所示。

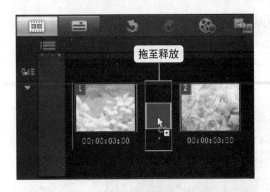

步骤03 设置转场效果的柔化边缘。应用"对开门"转场后，单击"柔化边缘"右侧的"强柔化边缘"按钮，如右图所示。

步骤04 显示应用转场最终效果。经过以上操作后，就完成了"对开门"转场效果的应用与设置操作，单击"预览"窗口下方的"播放"按钮，即可看到设置转场后的效果，最终效果如下图所示。

6.3.13 伸展转场

伸展转场效果中包括"对开门"、"方盒"、"交叉缩放"、"对角线"和"单向"5种转场效果，这几种转场效果在前面的转场效果素材库已经出现过，所不同的是在伸展转场素材库中，转场效果都以伸展的动作展开，下面以"对角线"效果为例来介绍一下详细的操作步骤。

- **原始文件** · 实例文件\第6章\原始文件\芭比的皇宫\芭比的皇宫.VSP
- **最终文件** · 实例文件\第6章\最终文件\芭比的皇宫1.VSP

步骤01 打开转场素材库。打开"实例文件\第6章\原始文件\芭比的皇宫\芭比的皇宫.VSP"文件，进入"转场"界面，单击"画廊"右侧的下三角按钮，在弹出的下拉列表中单击"伸展"选项，如下图所示。

步骤02 应用"对角线"转场效果。在"伸展"转场素材库中选中"对角线"转场效果，将其向时间轴的素材方向拖动，将转场效果拖到时间轴中两个素材之间的灰色方块上，然后释放鼠标左键，如下图所示。

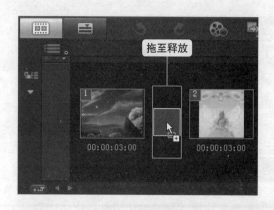

步骤03 设置转场效果方向。应用了"对角线"转场效果后，单击"方向"选项组中的"左上到右下"按钮，如下图所示。

步骤04 设置效果时间与柔化边缘。在"时间码"数值框中输入02，再单击"柔化边缘"右侧的"强柔化边缘"按钮，如下图所示。

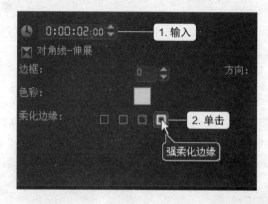

步骤05 显示应用转场最终效果。经过以上操作就完成了"对角线"转场效果的应用操作，单击"预览"窗口下方的"播放"按钮，即可看到设置后的效果，最终效果如下图所示。

6.3.14 擦拭转场

擦拭转场效果包括"箭头"、"对开门"、"横条"、"百叶窗"、"方盒"、"棋盘"、"圆形"、"交叉"、"对角线"、"菱形A"、"菱形B"、"菱形"、"流动"、"网孔"、"泥泞"、"单向"、"星形"、"条带"和"之字形"19种转场效果，用户可根据影片需要选择合适的转场效果，下面以"流动"转场效果为例，来介绍一下擦拭转场效果的应用。

🔴 **原始文件** ·实例文件\第6章\原始文件\墨迹\墨迹.VSP
🔴 **最终文件** ·实例文件\第6章\最终文件\墨迹.VSP

步骤01 打开转场素材库。打开"实例文件\第6章\原始文件\墨迹\墨迹.VSP"文件，进入"转场"界面，单击"画廊"右侧的下三角按钮，在弹出的下拉列表中单击"擦拭"选项，如下图所示。

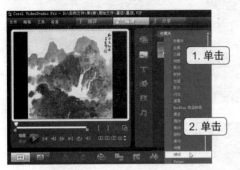

步骤02 应用"流动"转场效果。在"擦拭"转场素材库中选中"流动"转场效果，将其向时间轴的素材方向拖动，将转场效果拖到时间轴中两个素材之间的灰色方块上，然后释放鼠标左键，如下图所示。

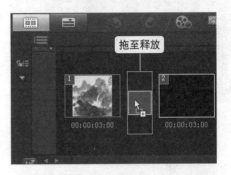

步骤03 设置转场效果的柔化边缘。应用"流动"转场后，单击"柔化边缘"右侧的"强柔化边缘"按钮，如右图所示。

步骤04 显示应用转场最终效果。经过以上操作就完成了"流动"转场效果的应用操作，单击"预览"窗口下方的"播放"按钮，即可看到设置后的转场效果，最终效果如下图所示。

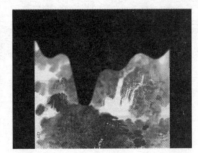
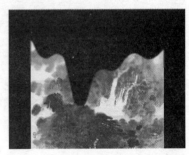

 范例操作

范例16 制作水面浮出白鹅动画

本节中对擦拭转场效果的设置步骤进行了介绍，下面来使用"擦拭"转场素材库中的"泥泞"转场效果制作水面浮现出白鹅的动画。

原始文件 • 实例文件\第6章\原始文件\白鹅浮绿水\白鹅浮绿水.VSP
最终文件 • 实例文件\第6章\最终文件\白鹅浮绿水1.VSP

01 打开转场素材库。打开"实例文件\第6章\原始文件\白鹅浮绿水\白鹅浮绿水.VSP"文件，在"擦拭"转场素材库中选中"泥泞"效果，将其向时间轴上的素材方向拖动，如下图所示。

02 应用转场效果。将转场效果拖到时间轴中两个素材之间的灰色方块上，如下图所示，然后释放鼠标左键，即可完成应用"泥泞"转场效果的操作。

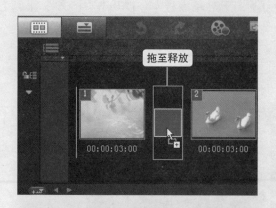

03 设置转场效果的柔化边缘。应用"泥泞"转场后，单击"柔化边缘"右侧的"强柔化边缘"按钮，如右图所示。

04 显示应用转场最终效果。经过以上操作就完成了"泥泞"转场效果的应用与设置操作，单击"预览"窗口下方的"播放"按钮，即可看到设置转场后的效果，最终效果如下图所示。

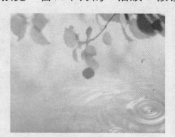

更进一步

★ 制作墨迹泼染山水画效果

　　本章中对转场效果的使用进行了介绍，为巩固所学知识点，下面通过实例将滤镜效果与转场效果的应用相结合，制作墨迹泼染山水画的效果。

原始文件 • 实例文件\第6章\原始文件\墨迹1\墨迹1.VSP
最终文件 • 实例文件\第6章\最终文件\墨迹1.VSP

01 打开滤镜素材库。打开"实例文件\第6章\原始文件\墨迹1\墨迹1.VSP"文件，单击预览窗口右侧的"滤镜"按钮，显示"全部"选项，如下图所示。

02 选择需要应用的滤镜效果。打开"自然绘图"素材库后，选中需要使用的"漫画"滤镜，将其向时间轴上的素材方向拖动，如下图所示。

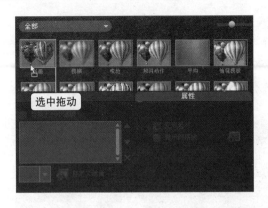

03 应用"漫画"滤镜。将滤镜拖动到时间轴中第三个素材上，如下图所示，然后释放鼠标左键，即可完成添加滤镜的操作。

04 打开"擦拭"素材库。切换至"转场"界面，单击"画廊"右侧的下三角按钮，在弹出的下拉列表中单击"擦拭"选项，如下图所示。

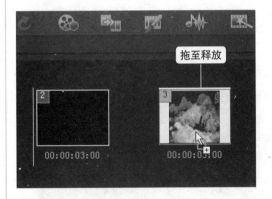

05 选择需要应用的转场效果。在"擦拭"素材库中选中需要使用的"流动"转场效果，将其向时间轴上的素材方向拖动，如下图所示。

06 应用转场效果。将转场效果拖动到第一个和第二个素材之间的方块上，如下图所示，然后释放鼠标左键，即可完成应用转场效果的操作。对第二个和第三个素材之间也应用同样的转场效果。

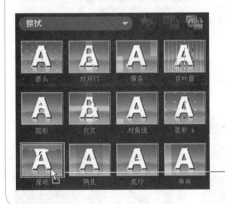

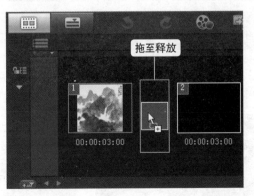

07 选择需要设置的转场效果。为素材应用转场效果后，将光标指向时间轴中需要设置的转场效果，光标变成小手形状时单击鼠标左键，选中该转场效果，如下图所示。

08 设置转场效果的柔化边缘。选中转场效果后单击"柔化边缘"右侧的"强柔化边缘"按钮，如下图所示。

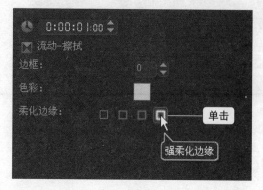

09 对其他转场效果进行设置。将光标指向时间轴中另一个需要设置的转场效果，光标变成小手形状时单击鼠标左键，选中该转场效果，如下图所示。

10 设置转场时间。选中转场效果后单击"时间码"数值框中的数字"01"，然后输入"02"，如下图所示，单击窗口任意位置。

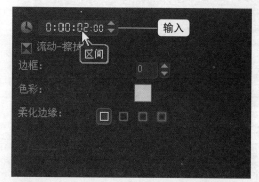

遮罩转场的时间限制

在设置遮罩转场时间时，如果影片中的素材为图片文件，则转场的时间最多设置为3秒。如果影片中的素材为视频文件，则转场的时间可自由设置。

11 显示应用转场最终效果。经过以上操作就完成了本例的操作，单击"预览"窗口下方的"播放"按钮即可看到设置后的效果，最终效果如下图所示。

Chapter 07
影片的覆叠设置

在制作影片时，仅单纯地依靠摄像机来拍摄是不够的，为影片添加特效可以依靠滤镜和转场效果，还可以通过为素材添加覆叠文件方法来完成，如影片中的画中画效果。本章就来介绍关于影片的覆叠设置知识。

通过本章的学习，您可以：

▲ 掌握覆叠素材的添加方法
▲ 学习设置覆叠素材的画面大小和位置
▲ 掌握设置覆叠素材的遮罩帧和色度键
▲ 熟悉为覆叠素材添加滤镜

 本章建议学习时间：70分钟

一部影片经常需要有几个画面同时出现的镜头，并将这几个画面融合到一个场景中，如果要在会声会影X3中制作这种效果时，可以使用覆叠功能。

7.1 | 为素材添加覆叠效果

需要为素材添加覆叠效果时，可以在一条覆叠轨中添加素材，也可以在多条覆叠轨中添加素材，用户可根据需要进行适当的操作。

7.1.1 在一条覆叠轨中添加素材

在默认的情况下，会声会影X3的时间轴中有一条覆叠轨，用户可以直接添加需要的素材，下面来介绍一下具体的操作步骤。

📀 **原始文件** • 实例文件\第7章\原始文件\黄菊.avi、展示.jpg
📀 **最终文件** • 实例文件\第7章\最终文件\展示.VSP

步骤01 导入素材文件。进入会声会影X3界面，导入"实例文件\第7章\原始文件\展示.jpg"文件，如下图所示。

步骤02 打开"浏览视频"对话框。插入素材文件后，单击"画廊"右侧的"添加"按钮，如下图所示。

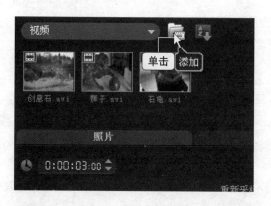

步骤03 选择使用的素材。在弹出的"浏览视频"对话框中选中需要使用的素材，然后单击"打开"按钮，如下图所示。

步骤04 插入覆叠素材。将素材插入到"视频"素材库后，右键单击需要插入到覆叠轨中的视频图标，在弹出的快捷菜单中执行"插入到>覆叠轨"命令，如下图所示。

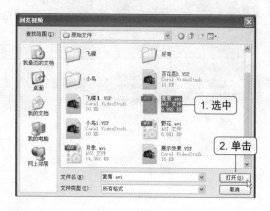

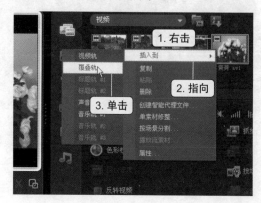

步骤05 显示插入覆叠素材效果。经过以上操作后，就可以将素材文件插入到覆叠轨中，在预览窗口中可以看到插入后的效果，如右图所示。

覆叠轨 #1

插入覆叠素材效果

在覆叠轨中插入多个素材

需要添加多个素材时，可以按照以上步骤再次进行操作，即可在第一个覆叠素材后面插入第二个素材。在进行覆叠轨素材的播放时，第一个素材播放完毕后将自动播放第二个覆叠素材。

7.1.2 在多条覆叠轨中添加素材

在一条覆叠轨中插入多个素材片段时，只能在第一个素材播放完后才能播放第二段素材。如果用户需要将几个覆叠素材同时播放，可以添加多条覆叠轨，然后在覆叠轨中插入素材，下面来介绍一下具体的操作步骤。

原始文件 • 实例文件\第8章\原始文件\黄菊.avi、月季.avi、野花.avi、展示.jpg
最终文件 • 实例文件\第8章\最终文件\展示1.VSP

步骤01 导入素材文件。打开会声会影X3启动程序，进入会声会影编辑器界面，导入"实例文件\第7章\原始文件\展示.jpg"文件，如下图所示。

步骤02 打开"轨道管理器"对话框。插入素材文件后切换到"时间轴视图"下，单击时间轴上方的"轨道管理器"按钮，如下图所示。

轨道管理器

单击

00:00:03:00

将视频素材拖到此处

步骤03 添加覆叠轨。在弹出的"轨道管理器"对话框中勾选"覆叠轨#2"和"覆叠轨#3"复选框，然后单击"确定"按钮，如下图所示。

步骤04 打开"浏览视频"对话框。添加覆叠轨后单击"画廊"下拉列表右侧的"添加"按钮，如下图所示。

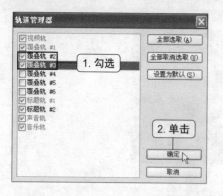

步骤05 选择使用的素材。在弹出的"浏览视频"对话框中选中需要使用的素材，然后单击"打开"按钮，如下图所示。

步骤06 确定素材插入序列。弹出"改变素材序列"对话框，单击"确定"按钮，如下图所示。

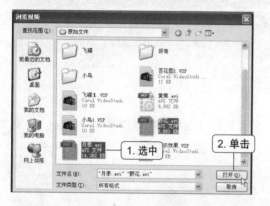

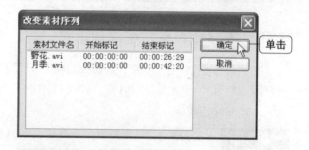

步骤07 选择需要插入覆叠的素材。将素材插入到"视频"素材库后，选中需要添加到覆叠轨中的素材，将其向时间轴方向拖动，如下图所示。

步骤08 插入文件至覆叠轨。将视频文件拖动到时间轴中需要插入的覆叠轨中的目标位置处，如下图所示，然后释放鼠标左键即可。

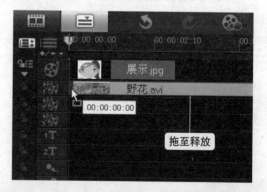

在覆叠轨中插入图像素材

需要在覆叠轨中插入图像素材时，打开会声会影软件后，单击"画廊"下拉列表右侧的下三角按钮，在弹出的下拉列表中选择"图像"选项，打开"图像"素材库。将电脑中的图片添加到会声会影"图像"素材库后，按照插入视频文件的方法将其插入覆叠轨即可。

步骤09 显示插入覆叠轨文件效果。经过以上操作后，就可以将视频文件插入到覆叠轨中，最终效果如下图所示。如果用户需要移动该文件在覆叠轨中的位置，拖动鼠标即可。

步骤10 插入其他文件至覆叠轨。按照同样的操作，为覆叠轨#2及覆叠轨#3插入需要的文件，最终效果如下图所示。

7.2 | 编辑覆叠文件格式

在影片中插入覆叠文件后，为使效果更加逼真，还需要对文件参数进行一系列的设置，例如设置覆叠素材的显示画面大小、位置、动画效果、边框、滤镜、播放时间等。下面先来认识一下覆叠轨属性面板中各部分的作用，如下图和表7-1所示。

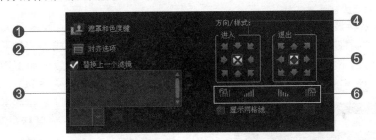

表7-1　覆叠素材"属性"面板作用表

编　号	名　　称	作　　用
❶	遮罩和色度键	单击该按钮可以打开"遮罩和色度键"编辑面板，可以对素材的遮罩帧、色度、边框等参数进行设置
❷	对齐选项	单击该按钮可以打开"对齐选项"下拉列表，可以对覆叠素材的对齐方式和位置进行设置
❸	滤镜	用于显示添加到覆叠轨素材中的滤镜效果
❹	进入	用于设置覆叠素材进入时的动画效果
❺	退出	用于设置覆叠素材退出时的动画效果
❻	淡入、淡出、暂停	包括淡入、淡出动画效果、暂停区间前旋转及暂停区间后旋转4个按钮，单击相应按钮即可完成设置

7.2.1 调整覆叠素材显示画面大小

在调整覆叠素材的显示画面大小时，可以通过"对齐选项"按钮进行设置，也可以使用鼠标自定义设置画面大小。

原始文件 • 实例文件\第7章\原始文件\展示效果.VSP
最终文件 • 实例文件\第7章\最终文件\展示效果.VSP

1. 通过"对齐选项"按钮调整显示画面大小

在"对齐选项"下拉列表中，包括保持宽高比、默认大小、原始大小和调整到屏幕大小4个选项，用户可根据需要选择合适的选项，下面来介绍一下具体的操作步骤。

步骤01 打开项目文件。进入"会声会影编辑器"界面，打开"实例文件\第7章\原始文件\展示效果.VSP"文件，如下图所示。

步骤02 选中需要编辑的素材。单击时间轴中需要编辑的覆叠轨上的素材，如下图所示。

步骤03 调整覆叠素材显示画面大小。"编辑"面板自动切换到"属性"面板，单击"对齐选项"按钮，在弹出的下拉列表中选择"调整到屏幕大小"选项，如下图所示。

步骤04 显示调整显示画面大小效果。经过以上操作后，即可完成调整覆叠轨素材显示画面大小的操作，最终效果如下图所示。

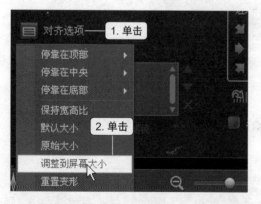

重置变形素材

对覆叠轨中的素材文件进行变形处理后，如果想将其恢复到默认大小，可以选中需要设置的素材，单击编辑"属性"面板中的"对齐选项"按钮，在弹出的下拉列表中单击"重置变形"选项即可。

2. 自定义调整显示画面大小

自定义调整显示画面大小时，用户可根据影片需要对覆叠素材显示画面的长宽比进行调整，下面来介绍一下具体的操作步骤。

步骤01 选中需要编辑的素材。单击时间轴中需要编辑的覆叠轨上的素材，如下图所示。

步骤02 调整素材形状。素材的四周出现8个控点，将光标指向素材右下角控点的绿色部分，当光标变成 形状时按住左键拖动鼠标，如下图所示，可对素材画面进行变形处理。

步骤03 调整覆叠素材显示画面大小。调整素材显示画面的形状后，将光标指向画面右下角的控点，按住左键向内拖动鼠标，如下图所示，即可调整画面大小。

步骤04 显示调整显示画面大小效果。经过以上操作后，即可完成调整覆叠轨素材显示画面大小的操作，最终效果如下图所示。

调整素材画面的长度与宽度

本例讲解的是对素材进行等比调整，如果用户只需要调整素材的长度或宽度，选中素材后，将光标指向素材右侧的控点，按住左键向上下或左右拖动鼠标即可。

7.2.2 调整覆叠素材对齐方式及位置

在覆叠轨中插入了素材文件后，软件会自动将其插入到窗口中央位置，用户可以根据需要调整覆叠素材的对齐方式和位置。

原始文件 • 实例文件\第7章\原始文件\小鸟\小鸟.VSP
最终文件 • 实例文件\第7章\最终文件\小鸟.VSP

1. 调整覆叠素材对齐方式

在调整素材的对齐方式时，可以通过"对齐方式"下拉列表进行设置，"对齐方式"下拉列表中有顶部、中央和底部3个选项，下面介绍一下具体的操作步骤。

步骤01 打开项目文件。进入"会声会影编辑器"界面，打开"实例文件\第7章\ 原始文件\小鸟\小鸟.VSP"文件，如下图所示。

步骤02 选中需要编辑的素材。单击时间轴上方的"时间轴视图"按钮，切换到"时间轴"视图后，单击需要编辑的覆叠轨素材，如下图所示。

步骤03 设置覆叠素材对齐方式。单击"属性"面板中的"对齐选项"按钮，在弹出的下拉列表中指向"停靠在顶部"选项，在级联列表中单击"居左"选项，如下图所示。

步骤04 显示设置对齐方式效果。经过以上操作后，即可完成设置覆叠素材对齐方式的操作，最终效果如下图所示。

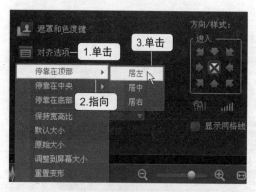

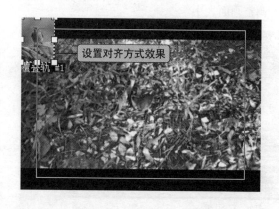

2．自定义调整覆叠素材画面位置

除了调整素材对齐方式的方法外，用户还可以通过使用鼠标自定义调整覆叠素材的位置，下面介绍一下具体的操作步骤。

步骤01 选中需要编辑的素材。单击时间轴中需要编辑的覆叠轨上的素材，如下图所示。

步骤02 调整素材画面位置。在预览窗口中选中需要调整位置的素材，按住左键拖动鼠标，如下图所示，即可移动素材位置。

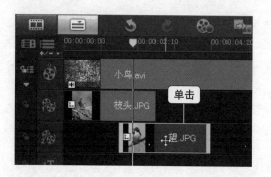

步骤03 显示调整显示画面位置效果。经过以上操作后，即可完成调整覆叠轨上的素材画面显示位置的操作，最终效果如右图所示。

移动位置效果

7.2.3 设置覆叠素材的遮罩帧和色度键

插入了覆叠素材后，还可以对素材的外形、色彩相似度等参数进行设置，可以通过"遮罩帧和色度键"功能完成设置。下面来认识一下"遮罩和色度键"面板内各部分的作用，如下图和表7-2所示。

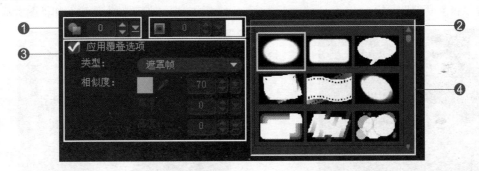

表7-2 "遮罩和色度键"面板作用表

编 号	名 称	作 用
①	透明度	用于设置素材的透明度
②	边框	用于设置素材边框，包括边框宽度设置和颜色设置两个部分
③	覆叠选项	包括"应用覆叠选项"复选框、"类型"下拉列表和相似度设置区域3个部分，勾选"应用覆叠选项"复选框可以激活该区域的启用，通过"类型"下拉列表可以设置素材的遮罩帧或是色度键，通过"相似度"区域可以对"色度键"的颜色、透明度、宽度、高度等参数进行设置
④	预览	当覆叠选项的类型为"色度键"时，该区域显示素材的预览图像；覆叠选项的类型为"遮罩帧"时，该区域显示为"遮罩帧"样式列表，单击相应样式即可应用该遮罩样式

原始文件 • 实例文件\第7章\原始文件\小鸟1.VSP
最终文件 • 实例文件\第7章\最终文件\小鸟1.VSP

1. 应用遮罩帧效果

通过遮罩帧可以设置覆叠素材的外形，在会声会影X3的"遮罩帧"素材库中包含22种遮罩帧类型，用户可根据需要应用合适的遮罩效果，下面介绍一下详细的操作步骤。

步骤01 打开项目文件。进入"会声会影编辑器"界面，打开"实例文件\第7章\原始文件\小鸟1.VSP"文件，如下图所示。

步骤02 选中需要编辑的素材。切换到"时间轴"视图，单击时间轴中需要编辑的覆叠轨上的素材，如下图所示。

步骤03 打开"遮罩和色度键"面板。选中要编辑的覆叠轨上的素材后，单击"属性"面板中的"遮罩和色度键"按钮，如下图所示，即可打开"遮罩和色度键"面板。

步骤04 选择覆叠选项类型。在"遮罩和色度键"面板中勾选"应用覆叠选项"复选框，单击"类型"下拉列表右侧的下三角按钮，在下拉列表中选择"遮罩帧"选项，如下图所示。

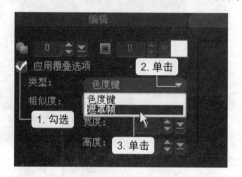

步骤05 选择遮罩样式。选择了"遮罩帧"类型后，在面板右侧会显示出遮罩帧列表框，单击需要应用的遮罩类型，如下图所示。

步骤06 显示应用遮罩帧效果。经过以上操作后，即可完成为覆叠素材应用遮罩帧的操作，最终效果如下图所示。

取消遮罩帧的设置

对覆叠素材应用了遮罩帧后，如果需要取消可以切换到"遮罩和色度键"面板下，取消勾选"应用覆叠选项"复选框即可，该方法可以同样应用于取消色度键设置。

2. 为遮罩帧素材库添加遮罩效果

设置覆叠素材的遮罩帧效果时，除了应用程序中预设的样式外，用户也可以选择自己电脑中的遮罩样式进行设置。下面就来介绍一下为遮罩帧素材库添加遮罩效果的操作步骤。

步骤01 选中要编辑的素材。打开目标文件，切换到"时间轴"视图，单击时间轴中需要编辑的覆叠轨上的素材，如下图所示。

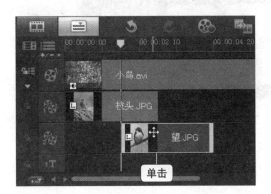

步骤02 打开"遮罩和色度键"面板。选中要编辑的覆叠轨素材后，单击"属性"面板中的"遮罩和色度键"按钮，如下图所示，即可打开"遮罩和色度键"面板。

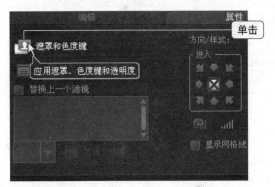

步骤03 选择覆叠选项类型。打开"遮罩和色度键"面板后勾选"应用覆叠选项"复选框，然后单击"类型"下拉列表右侧的下三角按钮，在弹出的下拉列表中选择"遮罩帧"选项，如下图所示。

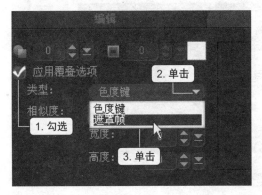

步骤04 打开"浏览照片"对话框。打开"遮罩帧"列表框后，单击列表框右侧的"添加遮罩项"按钮，如下图所示。

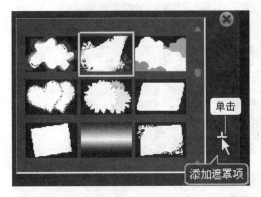

步骤05 选择要添加的遮罩项。在弹出的"浏览照片"对话框中，选中需要添加的文件，然后单击"打开"按钮，如右图所示。

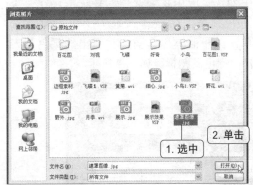

步骤06 转换图像。弹出"Corel VideoStudio Pro"提示框,单击"确定"按钮,如下图所示。

步骤07 显示添加遮罩项最终效果。经过以上操作后,返回会声会影编辑器界面,在"遮罩帧"列表框中可以看到新添加的遮罩项,如下图所示。

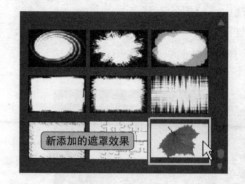

3. 设置色度键效果

色度键的功能是调整素材的显示颜色,它的工作原理是通过设置与画面相似的颜色来调整素材色调。设置相似度颜色的方法有两种,下面依次来进行介绍。

方法一:通过"Corel色彩选取器"调整

步骤01 选中要编辑的素材。打开目标文件,切换到"时间轴"视图,单击时间轴中要编辑的覆叠轨上的素材,如下图所示。

步骤02 打开"遮罩和色度键"面板。选中要编辑的覆叠轨素材后,单击编辑"属性"面板中的"遮罩和色度键"按钮,如下图所示,即可打开"遮罩和色度键"面板。

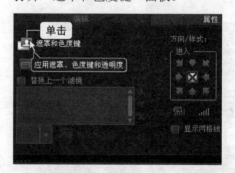

步骤03 设置相似度颜色。在"遮罩和色度键"面板中勾选"应用覆叠选项"复选框,在"类型"下拉列表框中默认选择为"色度键"选项,单击"相似度"色块,在弹出的颜色列表中选择"绿色"图标,如下图所示。

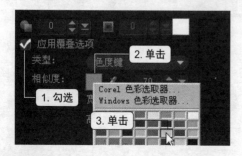

步骤04 显示应用色度键效果。经过以上操作后,即可完成为覆叠素材应用色度键的设置操作,最终效果如下图所示。

方法二：通过吸管吸取相似度颜色

步骤01 选择吸管。打开素材，在"遮罩和色度键"面板中勾选"应用覆叠选项"复选框，然后单击"相似度"色块右侧的吸管图标，如下图所示。

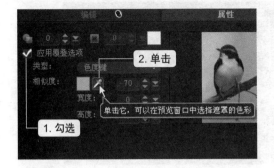

步骤02 吸取颜色。单击吸管后，光标变成 ✐ 形状，将光标指向"遮罩和色度键"面板右侧的素材图标，在适当位置单击鼠标左键吸取颜色，如下图所示。

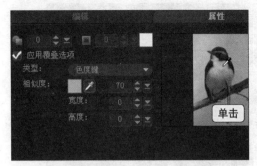

步骤03 显示设置色度键效果。单击鼠标后即可完成为覆叠素材应用色度键的设置操作，在"预览"窗口中可以预览到设置后的效果，如右图所示。

范例操作

范例17 在视频中设置图片形状

在前面的章节中学习了在覆叠轨上添加文件并进行简单的设置，下面结合前面所学知识设置文件的画面形状，具体操作步骤如下。

⊙ 原始文件 • 实例文件\第7章\原始文件\百花图\百花图.VSP

⊙ 最终文件 • 实例文件\第7章\最终文件\百花图.VSP

01 打开项目文件。打开"实例文件\ 第7章\原始文件\百花图\百花图.VSP"文件，如下图所示。

02 选中要编辑的素材。切换到时间轴视图，单击时间轴中需要编辑的覆叠轨上的素材，如下图所示。

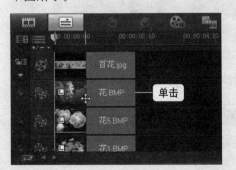

03 调整素材大小。选中素材后，素材的四周出现8个控点，将光标指向素材右下角黄色控点，按住左键向内拖动鼠标，如下图所示，即可调整素材的画面大小。

04 显示调整画面大小效果。按照同样的操作步骤，对其余素材也进行调整大小的操作，调整后的效果如下图所示。

05 选中要编辑的素材。单击时间轴中需要编辑的覆叠轨上的素材，如下图所示。

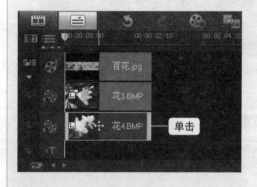

06 调整素材画面位置。选中素材后将光标指向需要调整位置的素材，光标变成十字双箭头形状时按住左键拖动鼠标，即可移动画面位置，如下图所示，按照同样的操作方法将其余素材画面移动到目标位置。

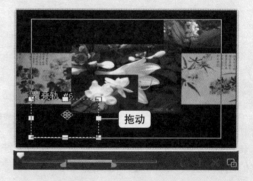

07 显示调整画面位置效果。经过以上操作后，就完成了移动覆叠素材在画面中的位置操作，调整后的最终效果如下图所示。

08 选中要编辑的素材。在"时间轴视图"模式下单击时间轴中需要编辑的覆叠轨上的素材，如下图所示。

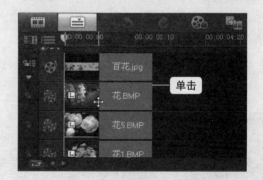

09 打开"遮罩和色度键"面板。选中要编辑的覆叠轨上的素材后单击"属性"面板中的"遮罩和色度键"按钮，如下图所示，即可打开"遮罩和色度键"面板。

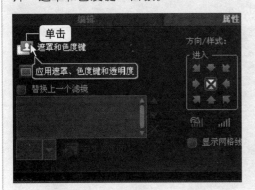

10 选择覆叠选项类型。打开"遮罩和色度键"面板后勾选"应用覆叠选项"复选框，然后在"类型"下拉列表中单击"遮罩帧"选项，如下图所示。

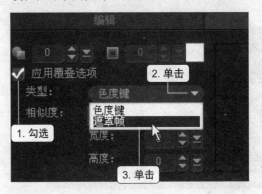

11 选择遮罩样式。选择了"遮罩帧"类型后，在面板右侧会显示出遮罩帧列表框，单击需要应用的遮罩类型，如下图所示。

12 显示应用遮罩帧效果。经过以上操作后，即可完成为覆叠素材应用遮罩帧设置的操作，效果如下图所示。

13 为所有覆叠素材应用遮罩帧效果。按照同样的方法，为视频中的所有覆叠素材都应用遮罩帧效果，即可完成为覆叠素材应用遮罩帧设置的操作，最终效果如右图所示。

7.2.4 设置覆叠素材的动画效果

添加到影片中覆叠轨上的素材，还可以为其添加动画效果，动画效果包括"进入"、"退出"、"淡入"、"淡出"以及"旋转"，下面介绍一下具体的操作步骤。

⊙ 原始文件 • 实例文件\第7章\原始文件\百花图1.VSP
⊙ 最终文件 • 实例文件\第7章\最终文件\百花图1.VSP

步骤01 打开项目文件。打开"实例文件\第7章\原始文件\百花图1.VSP"文件，如下图所示。

步骤02 选中要编辑的素材。切换到时间轴视图，单击时间轴中要编辑的覆叠轨上的素材，如下图所示。

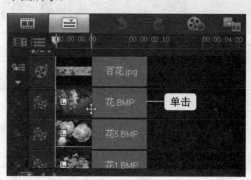

步骤03 设置进入动画效果。单击"属性"面板中"进入"选项组中的"从右上方进入"按钮，如下图所示，即可完成进入动画效果的设置。

步骤04 设置退出动画效果。单击"属性"面板中的"退出"选项组中的"从左下方退出"按钮，如下图所示，即可完成退出动画效果的设置。

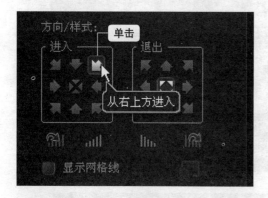

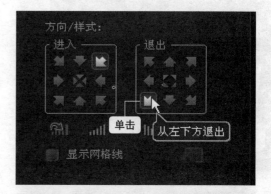

步骤05 设置旋转动画效果。设置了进入和退出动画效果后，单击"属性"面板中的"方向/样式"选项组下方的"暂停区间前旋转"及"暂停区间后旋转"按钮，如右图所示，即可完成旋转动画效果的设置。

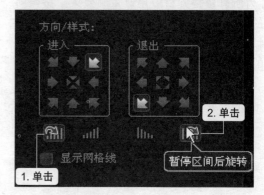

步骤06 显示设置后动画效果。经过以上操作后，即可完成覆叠素材动画效果的设置操作，单击预览窗口下方的"播放"按钮，即可预览到设置动画后的效果，最终效果如下图所示。

7.2.5　为覆叠素材添加滤镜

　　在设置覆叠素材时还可以为其添加滤镜效果。为覆叠轨素材添加滤镜的方法与为普通素材添加滤镜效果的方法类似，下面就以"彩色笔"滤镜效果为例，介绍一下覆叠素材滤镜的应用操作步骤。

⊗ 原始文件　• 实例文件\第7章\原始文件\对视\对视.VSP
⊗ 最终文件　• 实例文件\第7章\最终文件\对视1.VSP

步骤01 打开项目文件。打开"实例文件\第7章\原始文件\对视\对视.VSP"文件，如下图所示。

步骤02 选中要编辑的素材。切换到时间轴视图，单击时间轴中要编辑的覆叠轨上的素材，如下图所示。

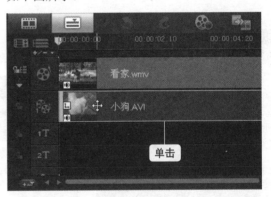

步骤03 打开"滤镜"素材库。选中覆叠轨上的素材文件后，单击预览窗口右侧的"滤镜"按钮，在"全部"下拉列表中单击"自然绘图"选项，如下图所示。

步骤04 选择要使用的滤镜。在"自然绘图"滤镜素材库中选中要应用的"彩色笔"滤镜效果，将其向时间轴上的素材方向拖动，如下图所示。

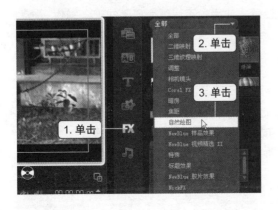

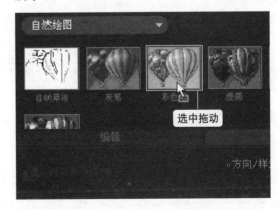

步骤05 应用滤镜效果。将滤镜效果拖到时间轴中的素材上，如下图所示，释放鼠标左键，即可完成应用滤镜效果的操作。

步骤06 打开"彩色笔"对话框。应用了滤镜效果后，"编辑"面板自动切换到"属性"面板，单击"自定义滤镜"按钮，如下图所示。

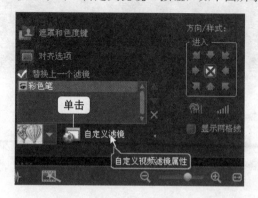

步骤07 设置"彩色笔"滤镜参数。在弹出的"彩色笔"对话框中拖动"程度"滑块，将数值设置为38，然后单击"确定"按钮，如右图所示。

步骤08 显示设置后动画效果。经过以上操作后，即可完成为覆叠素材添加滤镜效果的操作，单击预览窗口下方的"播放"按钮，即可预览到设置后的效果，最终效果如下图所示。

范例18 制作飞碟从天而降的效果

　　学习了覆叠轨素材动画效果与滤镜效果的添加与设置方法后，下面结合所学知识，制作一个飞碟从天而降的效果。

🔘 **原始文件** • 实例文件\第7章\原始文件\飞碟\飞碟.VSP
🔘 **最终文件** • 实例文件\第7章\最终文件\飞碟.VSP

01 打开项目文件。打开"实例文件\第7章\原始文件\飞碟\飞碟.VSP"文件，如下图所示。

02 选中要编辑的素材。切换到时间轴视图，单击时间轴中要编辑的覆叠轨上的素材，如下图所示。

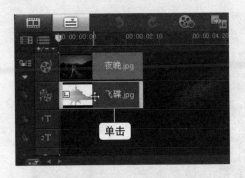

03 设置覆叠素材动画效果。单击"属性"面板中的"进入"选项组中的"从上方进入"按钮，以及"方向/样式"选项组中的"淡入动画效果"按钮，如下图所示。

04 打开"滤镜"素材库。单击"预览窗口"右侧的"滤镜"按钮，单击"全部"下拉表列的下三角按钮，在弹出下拉列表中单击"标题效果"选项，如下图所示。

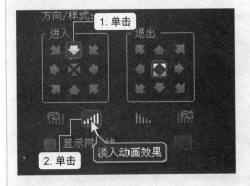

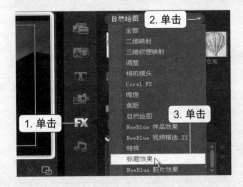

05 选择要使用的滤镜。在"全部"滤镜素材库中选中需要应用的"肖像画"滤镜效果，将其向时间轴的素材方向拖动，如下图所示。

06 应用滤镜效果。将滤镜效果拖到时间轴中的素材上，如下图所示，释放鼠标左键，即可完成应用滤镜效果的操作。

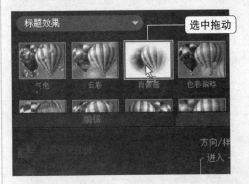

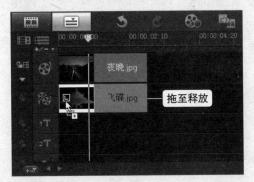

07 为素材添加多个滤镜效果。取消勾选"属性"面板中的"替换上一个滤镜"复选框，如下图所示，然后为覆叠素材再应用"肖像画"滤镜效果。

08 打开"肖像画"对话框。应用了滤镜效果后单击滤镜列表框中的"肖像画"选项，然后单击"自定义滤镜"按钮，如下图所示。

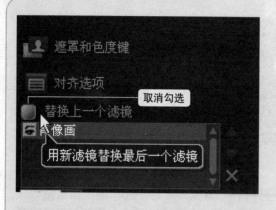

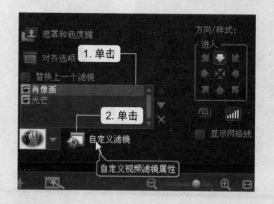

09 设置"肖像画"滤镜参数。弹出"肖像画"对话框，设置"柔和度"为"54"，然后单击"确定"按钮，如下图所示。

10 打开"光芒"对话框。单击滤镜列表框中的"光芒"选项，然后单击"自定义滤镜"按钮，如下图所示。

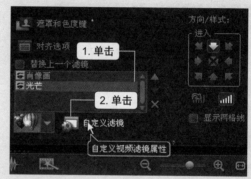

11 设置光芒位置。弹出"光芒"对话框中，在"原图"选项组中将光标指向十字形状，按住左键拖动鼠标调整光芒的位置，如下图所示，至目标位置后释放鼠标左键。

12 调整"光芒"滤镜参数。拖动滑块设置"半径"为28、"长度"为42，勾选"静止"复选框，如下图所示，最后单击"确定"按钮。

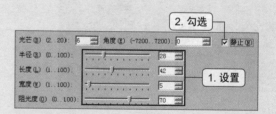

13 打开"遮罩和色度键"面板。选中要编辑的覆叠轨上的素材后，单击"属性"面板中的"遮罩和色度键"按钮，如下图所示。

14 为素材设置遮罩效果。切换到"遮罩和色度键"面板，勾选"应用覆叠选项"复选框，在"类型"下拉列表中选择"遮罩帧"选项，在遮罩样式列表中单击椭圆遮罩样式，如下图所示。

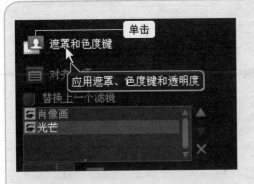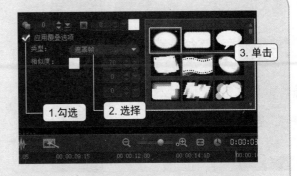

15 显示动画与滤镜设置最终效果。经过以上操作后，再适当调整覆叠素材显示画面的大小即可完成操作，单击"播放"按钮即可预览到最终效果，如下图所示。

7.2.6 复制覆叠素材属性

在会声会影中，可以通过属性查看到覆叠素材文件的大小、宽高以及分辩率等参数。当用户需要为多个覆叠素材设置同样的参数时，可以通过复制属性来快速完成操作，下面介绍一下详细的操作步骤。

⊗ 原始文件 • 实例文件\第7章\原始文件\展示效果.VSP
⊗ 最终文件 • 实例文件\第7章\最终文件\展示效果1.VSP

步骤01 打开项目文件。打开"实例文件\第7章\原始文件\展示效果.VSP"文件，如下图所示。

步骤02 选中要编辑的素材。切换到时间轴视图，单击时间轴中要编辑的覆叠轨上的素材，如下图所示。

步骤03 设置覆叠素材大小、位置及边框。为素材进行大小、位置以及边框的设置，如下图所示。

步骤04 复制素材属性。选中覆叠轨#1上的素材，右键单击鼠标，在弹出的快捷菜单中单击"复制属性"命令，如下图所示。

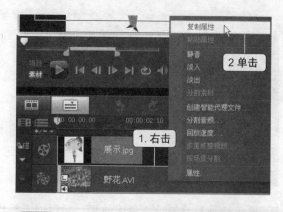

步骤05 粘贴属性。选中需要应用属性的覆叠轨 #2上的素材，右键单击鼠标，在弹出的快捷菜单中单击"粘贴属性"命令，如下图所示。

步骤06 显示复制属性最终效果。经过以上操作后，就可以将覆叠轨#2上的素材应用覆叠轨#1素材的属性，两个素材文件的大小、位置以及边框等参数都是相同的，最终效果如下图所示。

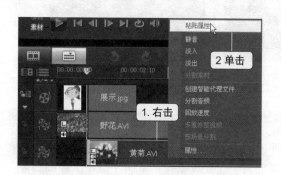

7.2.7 调整覆叠素材播放时间

在覆叠轨中插入素材后，素材文件的播放长度都是默认设置的，用户可以根据需要对素材的播放时间进行设置。当素材轨中的素材为视频时可以进行缩短播放时间长度的操作。当素材为图像时则可以缩短或延长其播放时间，下面介绍一下详细的操作步骤。

原始文件 • 实例文件\第7章\原始文件\飞碟1.VSP
最终文件 • 实例文件\第7章\最终文件\飞碟1.VSP

步骤01 打开项目文件。打开"实例文件\第7章\原始文件\飞碟1.VSP"文件，如下图所示。

步骤02 选中要编辑的素材。切换到时间轴视图，单击时间轴中要编辑的覆叠轨素材，如下图所示。

步骤03 调整素材播放长度。选中素材后，将光标指向素材图标末尾处，光标变成黑色箭头形状时按住左键拖动鼠标，如下图所示。

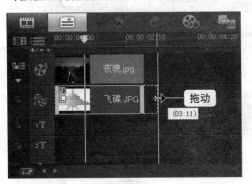

步骤04 显示调整素材播放长度效果。经过以上操作后，既可完成调整素材长度的操作，在时间轴中可看到设置后效果，如下图所示。

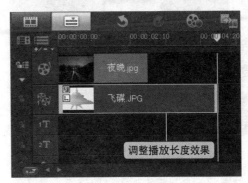

 范例操作

范例19 为图片添加边框

在制作相册时可以为图片添加一些特别的边框来增加相册的美感。可以通过会声会影的覆叠轨来完成添加边框的操作，下面介绍一下详细的操作步骤。

⊙ **原始文件** • 实例文件\第7章\原始文件\细心.jpg
⊙ **最终文件** • 实例文件\第7章\最终文件\细心.VSP

01 打开"浏览照片"对话框。进入会声会影X3编辑器界面，在"照片"下拉列表右侧单击"添加"按钮，如下图所示。

02 选中要编辑的素材。弹出"浏览照片"对话框，选中需要编辑的图像，然后单击"打开"按钮，如下图所示。

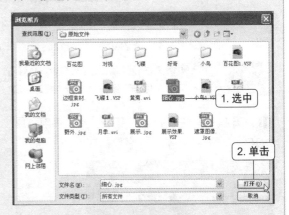

03 打开"边框"素材库。插入要编辑的图像后单击"图形"按钮，在"色彩"下拉列表中单击"边框"选项，如下图所示。

04 将边框插入到覆叠轨。右键单击需要插入的边框，在弹出的快捷菜单中单击"插入到>覆叠轨"选项，如下图所示。

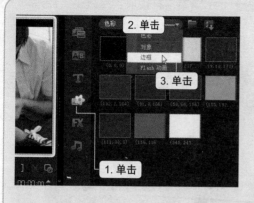 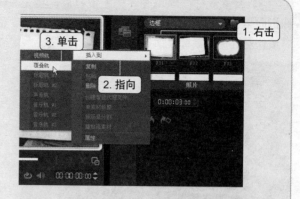

05 显示为图片添加边框效果。经过以上操作后，就完成了为图片添加边框的操作，最终效果如右图所示。

范例操作

范例20 为影片主人公制作思绪效果

在为影片添加覆叠文件时，除了使用已有的素材，也可以通过"绘图创建器"制作一些覆叠文件，下面就来介绍一下为影片主人公制作产生思绪效果的操作步骤。

- **原始文件** • 实例文件\第7章\原始文件\好奇\好奇.VSP
- **最终文件** • 实例文件\第7章\最终文件\好奇.VSP、PaintingCreator˜2.uvp

01 打开项目文件。打开"实例文件\第7章\原始文件\好奇\好奇.VSP"文件，如下图所示。

02 打开"绘图创建器"窗口。单击时间轴上方的"绘图创建器"按钮，如下图所示。

 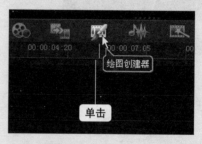

03 选择笔刷形状。在弹出的"绘图创建器"窗口中单击笔刷形状区域内的"画笔"图标，选择该形状的笔刷，如下图所示。

04 设置笔刷宽高相等。单击笔刷大小区域右下角的"宽高相等"按钮，锁定笔刷的宽高相等状态，如下图所示。

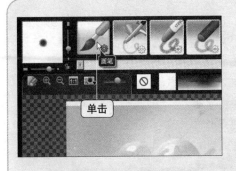

05 设置笔刷大小。向下拖动笔刷右侧高度标尺上的滑块，将笔刷的宽高度设置为7，如下图所示。

07 选择录制模式。单击窗口右下角的"更改为'动画'或'静态'模式"按钮，在弹出的下拉列表中单击"动画模式"选项，如下图所示。

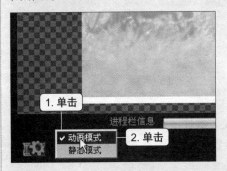

09 录制动画。单击"开始录制"按钮后，拖动笔刷在预览窗口中绘制图形，如下图所示。

06 设置笔刷颜色。单击"色彩选取器"色块，在弹出的颜色列表中单击桃红色图标，如下图所示。

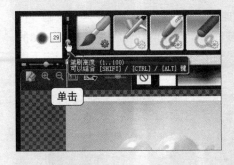

08 开始录制。对以上选项进行设置后，单击"开始录制"按钮，如下图所示。

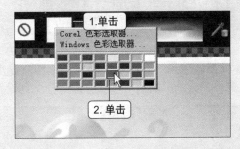

10 停止录制。绘制完成后单击"停止录制"按钮，如下图所示。

11 确定此次动画的创建。单击"停止录制"按钮后，程序将所创建的动画保存在窗口右侧的画廊条目列表区，单击"确定"按钮，如下图所示。

12 将动画插入到覆叠轨。返回会声会影编辑器界面，所创建的动画将保存在"视频"素材库中。右击该视频图标，在弹出的快捷菜单中单击"插入到>覆叠轨"选项，如下图所示。

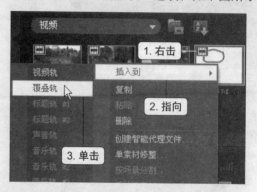

13 显示设置后效果。经过以上操作后，即可完成使用"绘图创建器"制作覆叠文件的操作，单击预览窗口下方的"播放"按钮，即可预览到设置后的效果，最终效果如下图所示。

更进一步

★ 对覆叠轨素材进行抠像处理

通过本章的学习，用户可以掌握覆叠轨素材的添加与设置操作，下面结合边框的添加与使用等相关知识点来介绍一下对覆叠素材进行抠像处理的操作步骤。

● 原始文件 • 实例文件\第7章\原始文件\野外.jpg、边框素材.jpg
● 最终文件 • 实例文件\第7章\最终文件\野外.VSP

01 打开"浏览照片"对话框。进入会声会影编辑器界面，单击"照片"下拉列表右侧的"添加"按钮，如右图所示。

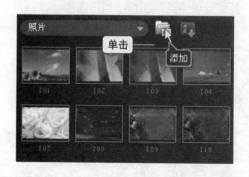

02 选中要编辑的素材。在弹出的"浏览照片"对话框中，选择要编辑的图像文件，然后单击"打开"按钮，如下图所示。

03 将边框插入到覆叠轨。打开"图形"按钮，右击需要插入的边框，在弹出的快捷菜单中单击"插入到>覆叠轨"选项，如下图所示。

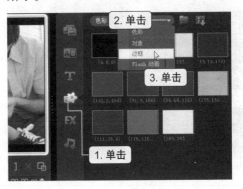

04 打开"浏览图形"对话框。打开"边框"素材库，单击"边框下拉列表"右侧的"添加"按钮，如下图所示。

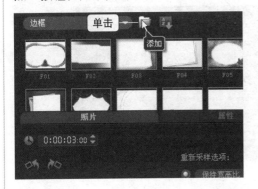

05 选中装饰素材。在弹出的"浏览图形"对话框中选中目标文件，然后单击"打开"按钮，如下图所示。

06 将边框插入到覆叠轨。打开装饰边框后，右击要插入的边框，在弹出的快捷菜单中单击"插入到>覆叠轨"选项，如下图所示。

07 切换到"遮罩和色度键"面板。单击"属性"面板中的"遮罩和色度键"按钮，如下图所示。

08 单击吸取相似度颜色吸管。在"遮罩和色度键"面板中勾选"应用覆叠选项"复选框，然后单击"相似度"色块右侧的吸管按钮，如下图所示。

09 吸取相似度颜色。将光标指向"遮罩和色度键"面板右侧的预览图区域，在需要设置为透明的白色区域中单击鼠标左键，如下图所示。

10 选中覆叠轨文件。设置了覆叠素材的抠像效果后，单击时间轴中覆叠轨上的文件，如下图所示。

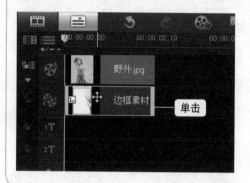

11 显示覆叠轨文件设置的最终效果。将覆叠轨文件调整到合适的大小和位置后，就完成了本例操作，最终如下图所示。

Chapter 08
标题、字幕特效设置

影片制作完成后，还可以为影片添加一个画龙点睛的标题点明影片主题。在影片播放完毕后，需要告知观众影片的导演、制片人等信息。本章将讲解在影片中添加标题或其他文字信息。在会声会影X3中插入了标题、字幕内容后，还可以为其设置不同类型的动画效果。

通过本章的学习，您可以：

▲ 掌握为影片添加标题的方法

▲ 学习设置标题的字体、大小、方向等参数

▲ 掌握应用预设的标题样式

▲ 学习制作与应用字幕

 本章建议学习时间：75分钟

影片制作完成后，如果需要显示影片的标题或者影片制作人等信息时，就要应用到标题和字幕。在会声会影X3中编辑标题、字幕等内容时，可以为标题添加动画效果、背景、边框、底纹等元素。

8.1 | 添加影片标题

影片的视频内容制作完成后，就可以为其添加标题或者字幕了。在添加标题时，用户可以根据影片需要选择添加一个标题、多个标题或者使用预设的标题样式为影片添加标题，添加字幕的方法与标题相同。

8.1.1 添加单个标题

在为素材添加标题时，切换到"标题"编辑界面，软件会将用户上次编辑标题内容时设置的文字颜色、字体、字号，应用到此次标题的格式中，下面介绍一下具体的操作步骤。

⊙ 原始文件 • 实例文件\第8章\原始文件\墨迹\墨迹.VSP

步骤01 打开项目文件。打开"实例文件\第8章\原始文件\墨迹\墨迹.VSP"文件，如下图所示。

步骤02 切换到"标题"编辑界面。打开素材文件后，单击预览窗口右侧的"标题"按钮，切换到"标题"界面，如下图所示。

步骤03 定位标题位置。切换到"标题"编辑界面后，预览窗口中就会出现"双击这里可以添加标题"字样，双击左键确定标题的写入位置，如下图所示。

步骤04 输入标题内容。定位好光标位置后直接输入标题内容，即可完成一个标题的添加操作，如下图所示。

8.1.2 添加多个标题

如果要为影片添加多个标题，只有在添加了一个标题后，才可以选择是否添加多个标题。下面就来介绍一下添加多个标题的操作步骤。

⊙ 原始文件 • 实例文件\第8章\原始文件\墨迹.VSP
⊙ 最终文件 • 实例文件\第8章\最终文件\墨迹.VSP

步骤01 选中标题文件。在墨迹.VSP文件中添加了一个标题后，单击选中"时间轴"中的标题轨2，如下图所示。

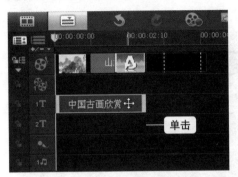

步骤02 进入标题编辑状态。选择了标题轨2后，双击预览窗口中的标题区域，进入标题编辑状态，如下图所示。

步骤03 选择"多个标题"选项。进入标题编辑界面，"编辑"面板中的选项都处于可编辑状态下，单击"多个标题"单选按钮，如下图所示。

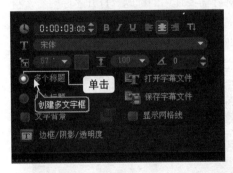

步骤04 确认操作。单击"多个标题"单选按钮后，弹出Corel VideoStudio提示框，单击"是"按钮，如下图所示。

步骤05 定位标题位置。设置多个标题后，预览窗口中同样会出现"双击这里可以添加标题"字样，双击左键确定第二个标题的写入位置，如下图所示。

步骤06 输入标题内容。定位好光标位置后直接输入标题内容，即可完成第二个标题的添加操作，如下图所示。

8.1.3 使用预设标题

在会声会影X3中预设了33种标题与字幕的样式。预设的标题样式中包括文字的字体、颜色、效果、动画等参数，直接应用预设的标题样式可以快速地完成标题的制作，下面介绍一下具体的操作步骤。

原始文件 • 实例文件\第8章\原始文件\蝶恋花\蝶恋花.VSP
最终文件 • 实例文件\第8章\最终文件\蝶恋花.VSP

步骤01 打开项目文件。打开"实例文件\第8章\原始文件\蝶恋花\蝶恋花.VSP"文件，如下图所示。

步骤02 切换到"标题"界面。打开素材文件后，单击"标题"按钮，切换到"标题"界面，如下图所示。

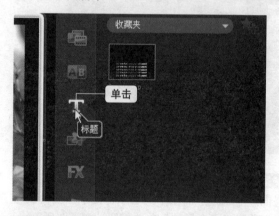

步骤03 最大化标题素材库。切换到"标题"素材库后，单击素材库下方的" "按钮，如下图所示，最大化"标题"素材库。

步骤04 选择需要使用的标题。打开"标题"素材库后选中需要应用的标题样式"Lorem ipsum"，将其向时间轴方向拖动，如下图所示。

步骤05 应用标题样式。将预设的标题拖到时间轴中的标题轨上，如右图所示，释放鼠标左键，即可完成应用预设标题的操作。

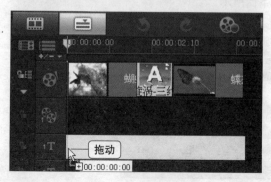

步骤06 输入标题内容。应用了预设的标题样式后选中标题框，输入本例中标题的文字内容，如右图所示。

步骤07 显示应用标题效果。经过以上操作后就完成了应用预设标题的操作，单击预览窗口下方的"播放"按钮即可看到应用后的效果，如下图所示。

8.2 | 标题样式的设置

为影片添加了标题内容后，还需要对标题的样式进行设置，主要通过"编辑"面板进行设置，下面先来认识一下"编辑"面板中各部分的作用，如下图和表8-1所示。

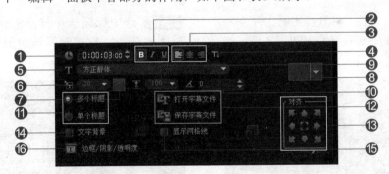

表8-1　标题"编辑"面板功能表

编　号	名　　称	作　　用
❶	时间码	用于显示以及设置标题播放的时间
❷	格式	用户设置标题文字格式，包括加粗、斜体和添加下划线3个按钮
❸	段落对齐	用于设置字幕中段落的对齐方式，包括左对齐、居中对齐和右对齐3种效果
❹	文字垂直对齐	用于将标题文字设置为垂直对齐效果
❺	字体	用于设置标题字体，单击该下拉列表右侧的下三角按钮，即可打开字体下拉列表，单击相应字体即可完成设置
❻	字号	用户设置标题文字大小，单击该下拉列表右侧的下三角按钮，即可打开字号下拉列表，单击相应字号即可完成设置

(续表)

编号	名　称	作　用
❼	字体颜色	用于设置标题文字颜色，单击颜色图标弹出颜色列表，单击相应颜色即可完成设置
❽	标题样式预设值	用于选择预设样式来设置标题样式，单击该下拉列表框右侧下三角按钮，弹出样式列表框，单击相应样式即可完成设置
❾	行间距	用于调整字幕中行与行之间的距离
❿	文字角度	用于设置标题的旋转角度
⓫	标题数量	用于选择添加标题的数量，包括单个标题和多个标题两个选项
⓬	打开\保存字幕文件	用于打开或保存字幕文件，包括打开和保存两个按钮
⓭	标题对齐方式	用于设置标题的对齐方式，包括对齐到左上方、对齐到上方中央、对齐到右上方、对齐到左边中央、居中、对齐到右边中央、对齐到左下方、对齐到下方中央和对齐到右下方9种样式，选中标题框后单击相应的对齐方式即可设置
⓮	文字背景	用于设置标题的背景，勾选该复选框后右侧的色块处于可编辑状态，即可设置背景颜色
⓯	显示网络线	用于打开预览窗口中的网络线，可作为坐标使用
⓰	边框/阴影/透明度	用于设置标题的边框、阴影、透明度，单击该按钮即可打开"边框/阴影/透明度"对话框进行设置

8.2.1 设置标题格式

输入标题内容后，程序会将用户上一次设置标题时的格式应用到新添加的标题上，用户可根据影片的内容进行设置，下面介绍一下详细的操作步骤。

🔘 原始文件 • 实例文件\第8章\原始文件\别有洞天\别有洞天.VSP
🔘 最终文件 • 实例文件\第8章\最终文件\别有洞天.VSP

步骤01 打开项目文件。打开"实例文件\第8章\原始文件\别有洞天\别有洞天.VSP"文件，如下图所示。

步骤02 选中标题轨。打开素材文件后切换到时间轴视图，单击时间轴中的标题轨1，如下图所示。

步骤03 选中标题。选择了标题轨后，再将光标指向预览窗口中的标题，单击选中标题框，如下图所示。

步骤04 取消标题的倾斜格式。选中标题框后"编辑"面板即可处于可编辑状态，单击"斜体"按钮，取消标题格式的斜体设置，如下图所示。

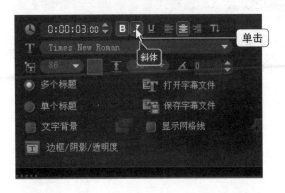

步骤05 设置标题字体。单击"字体"下拉列表右侧的下三角按钮，在弹出的下拉列表中单击需要的字体，如下图所示，即可设置标题的字体。

步骤06 设置标题字号。单击"字号"列表框右侧的下三角按钮，在弹出的下拉列表中单击70，如下图所示，即可设置标题的字号。

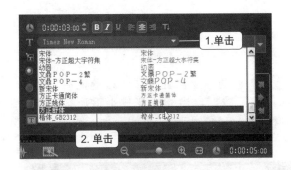

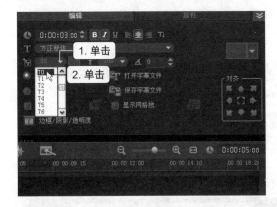

手动调整标题字号

选中标题框后标题框周围出现8个控点，将光标指向标题框右下角的控点，当光标变成斜向双箭头形状时向内或向外拖动鼠标，即可调整标题字号。

步骤07 打开"Corel 色彩选取器"对话框。单击"字号"列表框右侧的色标，在弹出的颜色列表中，单击"Corel 色彩选取器"选项，如下图所示。

步骤08 设置标题颜色。在弹出的"Corel 色彩选取器"对话框中，将标题颜色的RGB值分别设置为174、0、17，然后单击"确定"按钮，如下图所示。

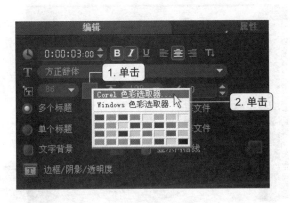

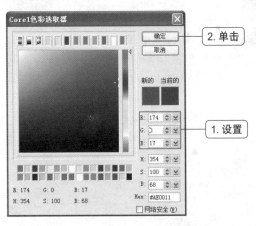

步骤09 显示标题格式设置效果。经过以上操作，就完成了设置标题格式的操作，返回会声会影编辑器界面，在预览窗口中即可看到设置后的效果，如右图所示。

标题格式设置效果

8.2.2 调整标题位置

在调整标题的位置时可以通过鼠标自由调整，也可以通过在"编辑"面板中选择对齐方式进行设置，下面就来介绍一下详细的操作步骤。

方法一：用鼠标移动调整

⊙ 原始文件 • 实例文件\第8章\原始文件\嫦娥\嫦娥.VSP
⊙ 最终文件 • 实例文件\第8章\最终文件\嫦娥1.VSP

步骤01 选中标题框。设置了标题的格式后，双击预览窗口中的标题，使标题处于编辑状态，然后单击标题外围的虚线框，如下图所示，选中标题框。

步骤02 移动标题位置。选中标题框后，将光标指向标题框，当光标变成小手形状时拖动鼠标，即可移动标题的位置，如下图所示。

单击

拖动

步骤03 显示移动标题位置效果。将标题移动到目标位置后释放鼠标左键，即可完成移动标题位置的操作，最终效果如右图所示。

移动标题位置效果

方法二：通过"编辑"面板调整

步骤01 选中标题框。在设置了标题的格式后双击预览窗口中的标题，使标题处于编辑状态，如下图所示。

双击

步骤02 选择标题对齐方式。选中标题框后，单击"编辑"面板中"对齐"选项组中的"对齐到下方中央"按钮，如下图所示。

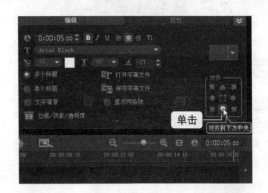

单击

对齐到下方中央

步骤03 显示设置标题位置效果。经过以上操作后即可完成调整标题位置的操作，最终效果如右图所示。

设置标题位置效果

旋转标题角度

选中标题框后，单击"编辑"面板中"按角度旋转"数值框右侧的调整按钮，即可调整表格角度。

8.2.3 设置标题的边框/阴影

在设置标题的样式时，还可以为标题添加边框以及阴影等效果，添加了以上效果后标题的样式将更加完美，下面介绍一下详细的操作步骤。

1. 制作标题边框

为标题添加边框时，可以通过调整标题的外部边界、边框宽度、文字透明度、柔化边缘以及边框颜色几个参数来进行设置。

原始文件 • 实例文件\第8章\原始文件\菊花\菊花.VSP

步骤01 打开项目文件。打开"实例文件\第8章\原始文件\菊花\菊花.VSP"文件，选中标题框，如下图所示。

步骤02 打开"边框/阴影/透明度"对话框。选择标题框后，切换到"编辑"面板中，单击"边框/阴影/透明度"按钮，如下图所示。

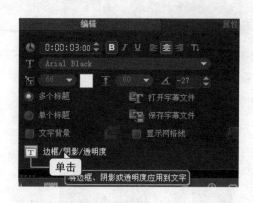

步骤03 设置边框宽度。在弹出的"边框/阴影/透明度"对话框中切换到"边框"选项卡，勾选"外部边界"复选框，然后单击"边框宽度"数值框右侧的上调按钮，将数值设置为5.0，如下图所示。

步骤04 设置边框颜色。单击"线条色彩"色块，在弹出的颜色列表中单击淡粉色颜色图标，如下图所示。

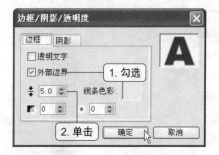

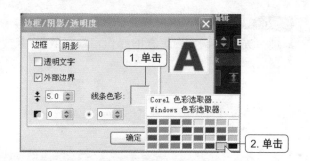

步骤05 设置边框柔化边缘。在"柔化边缘"数值框内输入50，然后单击"确定"按钮，如下图所示。

步骤06 显示设置标题边框效果。经过以上操作后就完成了设置标题边框的操作，返回会声会影编辑器界面，在预览窗口中即可看到设置后的效果，如下图所示。

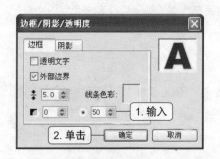

2．设置标题阴影

标题阴影的样式包括下垂阴影、光晕阴影和突起阴影3种，用户可根据影片内容为标题设置合适的阴影效果，下面介绍一下详细的操作步骤。

步骤01 选中标题框。在"菊花.VSP"文件中设置了标题的边框后，单击标题文本，选中标题框，如下图所示。

步骤02 打开"边框/阴影/透明度"对话框。选择标题框后，切换到"编辑"面板中，单击"边框/阴影/透明度"按钮，如下图所示。

步骤03 选择阴影类型。在弹出的"边框/阴影/透明度"对话框中切换到"阴影"选项卡,单击"下垂阴影"按钮,如下图所示。

步骤04 设置阴影的XY轴方向。单击X数值框右侧的下调按钮,将数值设置为12.0,将Y数值设置为8.0,如下图所示。

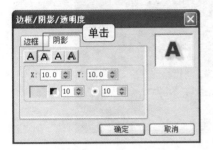

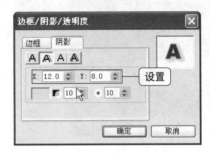

步骤05 设置下垂阴影色彩。单击"下垂阴影色彩"色块,在弹出的颜色列表中单击褐色图标,如下图所示。

步骤06 显示阴影透明度及柔化边缘。设置"下垂阴影透明度"为50、"柔化边缘"为0,最后单击"确定"按钮,如下图所示。

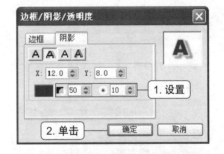

步骤07 显示标题阴影设置效果。经过以上操作后,就完成了设置标题边框的操作,返回会声会影编辑器界面,在预览窗口中即可看到设置后的效果,如右图所示。

 范例操作

范例21 将标题制作为空心字

通过为标题文字添加边框,可以将文本制作成空心字的效果,下面就通过实例来介绍一下将标题文本制作为空心字效果的操作步骤。

🔘 原始文件 · 实例文件\第8章\原始文件\躲雨\躲雨.VSP
🔘 最终文件 · 实例文件\第8章\最终文件\躲雨.VSP

01 打开项目文件。打开"实例文件\ 第8章\原始文件\躲雨\躲雨.VSP"文件，选中标题框，如下图所示。

02 打开"边框/阴影/透明度"对话框。选择标题框后切换到"编辑"面板，单击"边框/阴影/透明度"按钮，如下图所示，打开"边框/阴影/透明度"对话框。

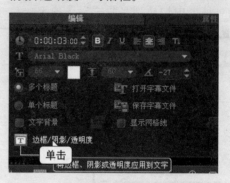

03 设置边框颜色。在弹出的"边框/阴影/透明度"对话框中切换到"边框"选项卡，单击"线条色彩"色块，在弹出的颜色列表中单击浅绿颜色图标，如下图所示。

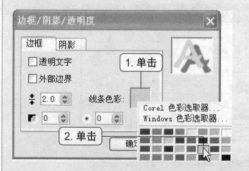

04 设置标题透明以及边框宽度。勾选"透明文字"复选框，然后单击"边框宽度"数值框右侧的上调按钮，将数值设置为4.0，如下图所示。

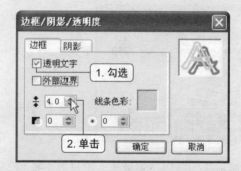

05 取消标题阴影效果。切换到"阴影"选项卡，单击"无阴影"按钮，最后单击"确定"按钮，如下图所示。

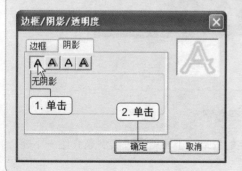

06 显示设置空心字效果。经过以上操作后，就完成了设置标题为空心字的操作，返回会声会影编辑器界面，在预览窗口中即可看到设置后的效果，如下图所示。

8.3 | 标题动画效果的设置

在会声会影X3中，标题的动画效果包括"淡化"、"弹出"、"翻转"、"飞行"、"缩放"、"下降"、"摇摆"和"移动路径"8种效果，应用了动画效果后，还可以对动画效果的样式、单位等参数进行设置，生成不同的动画效果。

1. 淡化

"淡化"动画效果是指标题在进入或退出时呈现逐渐消失的效果，下面介绍一下详细的操作步骤。

⊙ 原始文件 • 实例文件\第8章\原始文件\好奇\好奇.VSP
⊙ 最终文件 • 实例文件\第8章\最终文件\好奇.VSP

步骤01 打开项目文件。打开"实例文件\第8章\原始文件\好奇\好奇.VSP"文件，如下图所示。

步骤02 选中标题框。打开素材文件后切换到时间轴视图，双击时间轴中的标题轨1，如下图所示，即可选中标题框。

步骤03 应用动画效果。选中标题框后，单击"属性"面板标签，单击"动画"单选按钮，勾选"应用"复选框，如下图所示。

步骤04 打开"淡化动画"对话框。在"类型"下拉列表框内默认动画样式为"淡化"，单击"类型"右侧的"自定义动画属性"按钮，如下图所示。

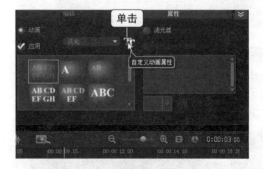

步骤05 设置"淡化动画"对话框。在弹出的"淡化动画"对话框中单击"单位"下拉列表右侧的下三角按钮，在弹出的下拉列表中单击"字符"选项，如右图所示。

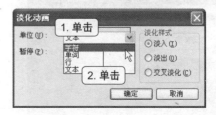

步骤06 显示设置标题动画效果。经过以上操作后，即可完成标题淡化动画的设置，返回会声会影编辑器界面，单击"预览"窗口下方的"播放"按钮，即可预览到设置后的效果，最终效果如下图所示。

2. 弹出

"弹出"动画效果可以设置标题从某一方向弹出的效果，用户可根据影片需要设置标题停顿的时间，下面介绍一下详细的操作步骤。

⊙ 原始文件 • 实例文件\第8章\原始文件\野花\野花.VSP
⊙ 最终文件 • 实例文件\第8章\最终文件\野花.VSP

步骤01 打开项目文件。打开"实例文件\第8章\原始文件\野花\野花.VSP"文件，如下图所示。

步骤02 选中标题框。打开素材文件后切换到时间轴视图，双击时间轴中的标题轨1，如下图所示，即可选中标题框。

步骤03 选择动画类型。在"动画"面板中勾选"应用"复选框，单击"类型"下拉列表框右侧的下三角按钮，在弹出的下拉列表框中单击"弹出"选项，如下图所示。

步骤04 打开"弹出动画"对话框。选择动画类型后，单击"类型"下拉列表框右侧的"自定义动画属性"按钮，如下图所示。

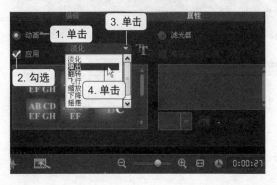

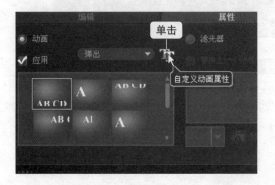

步骤05 设置"弹出"动画单位。在弹出的"弹出动画"对话框中单击"单位"下拉列表右侧的下三角按钮,在弹出的下拉列表中单击"单词"选项,如下图所示。

步骤06 设置"弹出"动画暂停时间。单击"暂停"下拉列表右侧的下三角按钮,在弹出的下拉列表中单击"长"选项,如下图所示。

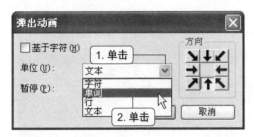

步骤07 设置"弹出动画"方向。设置了"弹出"动画的单位和暂停样式后,单击"方向"选项组中的"从右侧进入"按钮,最后单击"确定"按钮,如右图所示。

步骤08 显示设置标题动画效果。经过以上操作后,就完成了标题弹出动画的设置,返回会声会影编辑器界面,单击"预览"窗口下方的"播放"按钮,即可预览到设置后的效果,最终效果如下图所示。

3. 翻转

"翻转"动画效果可以将标题制作出从上、下、右各个方向进入或退出的效果,同时可以选择标题在画面中暂停的时间,下面介绍一下详细的操作步骤。

⊙ 原始文件 • 实例文件\第8章\原始文件\仙境\仙境.VSP
⊙ 最终文件 • 实例文件\第8章\最终文件\仙境.VSP

步骤01 打开项目文件。打开"实例文件\第8章\原始文件\仙境\仙境.VSP"文件,选中标题框,如右图所示。

步骤02 选择动画类型。单击"动画"单选按钮，勾选"应用"复选框，单击"类型"下拉列表框右侧的下三角按钮，在弹出的下拉列表框中单击"翻转"选项，如下图所示。

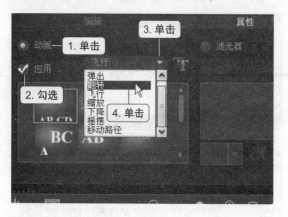

步骤03 打开"翻转动画"对话框。选择动画类型后单击"类型"下拉列表框右侧的"自定义动画属性"按钮，如下图所示。

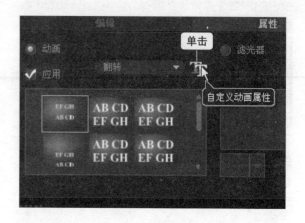

步骤04 设置"翻转"动画进入位置。在弹出的"翻转动画"对话框中单击"进入"下拉列表右侧的下三角按钮，在弹出的下拉列表中单击"左"选项，如下图所示。

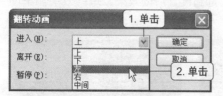

步骤05 设置"翻转"动画退出位置。单击"离开"下拉列表右侧的下三角按钮，在弹出的下拉列表中单击"右"选项，如下图所示。

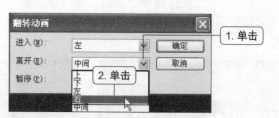

步骤06 设置"翻转动画"暂停时间。设置了"翻转"动画的进入和退出方向后，单击"暂停"下拉列表右侧的下三角按钮，在弹出的下拉列表中单击"长"选项，最后单击"确定"按钮，如右图所示。

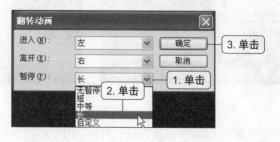

步骤07 显示设置标题翻转动画效果。经过以上操作后，即可完成标题"翻转"动画的应用与设置操作，返回会声会影编辑器界面，单击"预览"窗口下方的"播放"按钮，即可预览到设置后的效果，如下图所示。

4. 飞行

"飞行"动画可以将标题制作为飞入飞出的动画效果，在应用标题的动画效果时用户也可以选择使用预设好的标题样式，下面介绍一下详细的操作步骤。

⊙ 原始文件 • 实例文件\第8章\原始文件\百花图\百花图.VSP
⊙ 最终文件 • 实例文件\第8章\最终文件\百花图.VSP

步骤01 打开项目文件。打开"实例文件\第8章\原始文件\百花图\百花图.VSP"文件，选中标题框，如下图所示。

步骤02 选择属性。单击"动画"单选按钮，勾选"应用"复选框，单击"类型"下拉列表框的下三角按钮，在弹出的下拉列表框中单击"飞行"选项，如下图所示。

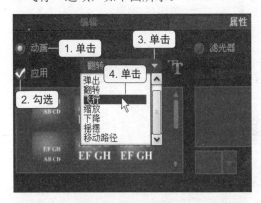

步骤03 选择动画样式。选择动画类型后，单击动画样式预设框中第二排的第一个标题样式，如右图所示。

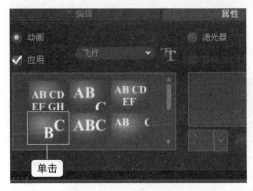

步骤04 显示设置标题动画效果。经过以上操作后，即可完成标题飞行动画的设置，返回会声会影编辑器界面，单击"预览"窗口下方的"播放"按钮，即可预览到应用"飞行"预设动画样式后的效果，最终效果如下图所示。

范例操作

范例22 制作标题飞入飞出动画效果

除了使用预设的标题动画样式，在应用"飞行"动画效果时也可以通过"自定义标题属性"对话框制作效果出色的标题动画效果。

原始文件 • 实例文件\第8章\原始文件\芭比的皇宫\芭比的皇宫.VSP
最终文件 • 实例文件\第8章\最终文件\芭比的皇宫.VSP

01 打开项目文件。打开"实例文件\ 第8章\原始文件\芭比的皇宫\芭比的皇宫.VSP"文件，选中标题框，如下图所示。

02 选择属性。单击"动画"单选按钮，勾选"应用"复选框，单击"类型"下拉列表框的下三角按钮，在弹出的下拉列表框中单击"飞行"选项，如下图所示。

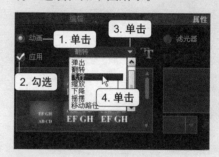

03 打开"飞行动画"对话框。选择动画类型后，单击"类型"下拉列表框右侧的"自定义动画属性"按钮，如下图所示。

04 设置"飞行"动画起始单位。在弹出的"飞行动画"对话框中勾选"加速"复选框，单击"起始单位"下拉列表的下三角按钮，在弹出的下拉列表中单击"行"选项，如下图所示。

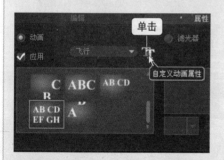

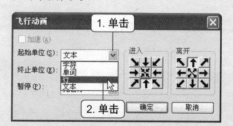

05 设置"飞行"动画终止单位。单击"终止单位"下拉列表右侧的下三角按钮，在弹出的下拉列表中单击"行"选项，如下图所示。

06 设置"飞行"动画进入和离开位置。单击"进入"选项组中的"从左侧进入"按钮以及"离开"选项组中的"从右侧离开"按钮，如下图所示。

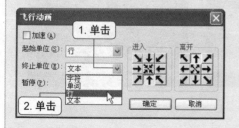

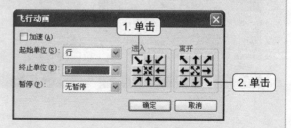

07 设置"飞行"动画暂停时间。设置了"翻转动画"进入和退出的方向后，单击"暂停"下拉列表右侧的下三角按钮，在弹出的下拉列表中单击"中等"选项，最后单击"确定"按钮，如右图所示。

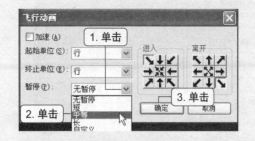

08 显示设置标题动画效果。经过以上操作后，即可完成标题"飞行"动画的设置操作，返回会声会影编辑器界面，单击"预览窗口"下方的"播放"按钮，即可预览到设置后的效果，如下图所示。

5．缩放

　　"缩放"动画效果可以将标题从一个起始大小开始不断放大标题字号，或者从大字号开始缩小，下面介绍一下详细的操作步骤。

📀 **原始文件** • 实例文件\第8章\原始文件\狮子与小狗\狮子与小狗.VSP
📀 **最终文件** • 实例文件\第8章\最终文件\狮子与小狗.VSP

步骤01 打开项目文件。打开"实例文件\第8章\原始文件\狮子与小狗\狮子与小狗.VSP"文件，选中标题框，如下图所示。

步骤02 选择属性。切换到"属性"面板，单击"动画"单选按钮，勾选"应用"复选框，单击"类型"下拉列表框的下三角按钮，在弹出的下拉列表框中单击"缩放"选项，如下图所示。

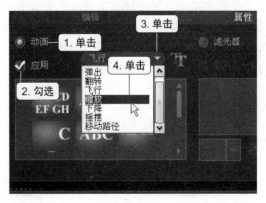

步骤03 选择动画样式。选择动画类型后单击动画样式预设框中第一排的第二个标题样式，如下图所示。

步骤04 打开"缩放动作"对话框。选择了预设的标题样式后需要对预设样式进行设置，单击"类型"下拉列表框右侧的"自定义动画属性"按钮，如下图所示。

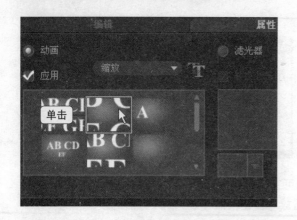 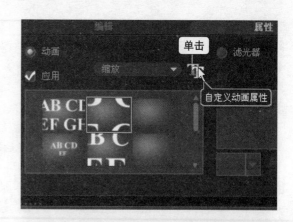

步骤05 设置"缩放动画"单位。在弹出的"缩放动画"对话框中单击"单位"下拉列表右侧的下三角按钮，在弹出的下拉列表中单击"字符"选项，最后单击"确定"按钮，如右图所示。

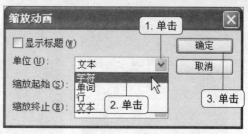

步骤06 显示设置标题动画效果。经过以上操作后，即可完成标题"缩放"动画的设置操作，返回会声会影编辑器界面，单击"预览窗口"下方的"播放"按钮，即可预览到最终效果，如下图所示。

6. 下降

"下降"动画效果将标题设置为从高处下降的方式，应用下降动画效果时可以使用预设的动画样式完成设置，下面介绍一下详细的操作步骤。

⊗ **原始文件** • 实例文件\第8章\原始文件\花的成长\花的成长.VSP
⊗ **最终文件** • 实例文件\第8章\最终文件\花的成长\花的成长.VSP

步骤01 打开项目文件。打开"实例文件\第8章\原始文件\花的成长\花的成长.VSP"文件，选中标题框，如右图所示。

步骤02 选择属性。切换到"属性"面板，单击"动画"单选按钮，勾选"应用"复选框，在"类型"下拉列表框中选择"下降"选项，单击动画样式预设框中第一排的第二个样式，如右图所示。

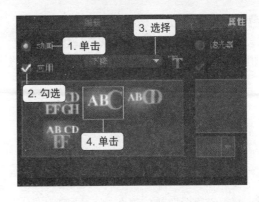

步骤03 显示设置标题动画效果。经过以上操作后，即可完成标题缩放动画的设置操作，返回会声会影编辑器界面，单击"预览窗口"下方的"播放"按钮，即可预览到最终效果，如下图所示。

7．移动路径

使用"移动路径"动画效果时，只能应用预设的动画样式而不能自定义设置动画属性，下面介绍一下详细的操作步骤。

◉ **原始文件** • 实例文件\第8章\原始文件\礼物1.VSP
◉ **最终文件** • 实例文件\第8章\最终文件\礼物1.VSP

步骤01 打开项目文件。打开"实例文件\第8章\原始文件\礼物1.VSP"文件，选中标题框，如下图所示。

步骤02 选择属性。切换到"属性"面板，单击"动画"单选按钮，勾选"动画"复选框，单击"类型"下拉列表框的下三角按钮，在弹出的下拉列表框中单击"移动路径"选项，如下图所示。

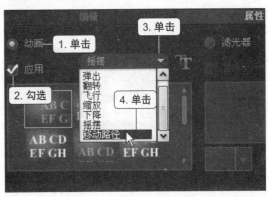

步骤03 选择动画样式。选择动画类型后，单击动画样式预设框中第二排的第三个标题样式，如右图所示。

步骤04 显示设置标题动画效果。经过以上操作后就完成了标题移动路径动画的设置，返回会声会影编辑器界面，单击"预览窗口"下方的"播放"按钮，即可预览到最终效果，如下图所示。

范例操作

范例23 制作标题旋转飞入动画效果

在"移动路径"动画类型中预设了26种动画样式，用户可根据需要选择适当的动画类型，下面就来制作一个旋转飞入的动画效果。

⊙ 原始文件 • 实例文件\第8章\原始文件\功夫\功夫.VSP
⊙ 最终文件 • 实例文件\第8章\最终文件\功夫.VSP

01 打开项目文件。打开"实例文件\ 第8章\原始文件\功夫\功夫.VSP"文件，选中标题框，如下图所示。

02 选择属性。切换到"属性"面板，单击"动画"单选按钮，勾选"应用"复选框，在"类型"下拉列表框中单击"移动路径"选项，如下图所示。

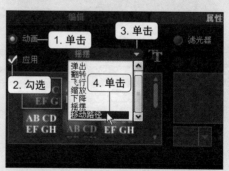

03 查看"移动路径"预设动画样式。向下拖动预设样式列表框右侧的滚动条，查看列表框中的其余动画样式，如下图所示。

04 选择动画样式。单击"移动路径"预设动画列表框中的最后一个动画样式，如下图所示。

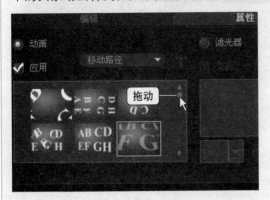
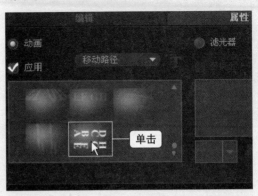

05 显示设置标题动画效果。经过以上操作后完成标题"移动路径"动画的设置，返回会声会影编辑器界面，单击"预览窗口"下方的"播放"按钮即可预览到设置后的效果，如下图所示。

8.4 | 字幕文件的编辑与使用

在影片中的角色进行对话时，屏幕的下方都会出现一排字幕，显示角色的对白。这些对白都是在影片录制完成后后期加入的，使用会声会影X3可以进行字幕的编辑与使用操作。

1. 编辑字幕文件

需要为影片插入字幕时，可以通过会声会影X3先对字幕内容进行编辑，将其保存到电脑中。需要使用字幕时，就可以将其添加到影片中，下面介绍一下详细的操作步骤。

⊙ 最终文件 • 实例文件\第8章\最终文件\红梅\红梅赞.utf

步骤01 定位输入字幕文字位置。进入会声会影编辑器界面，切换到"标题"界面，双击预览窗口中需要输入字幕文字的位置，将光标定位在内，如下图所示。

步骤02 输入字幕。定位光标所在位置后，直接输入字幕文件中需要的文字内容，如下图所示。

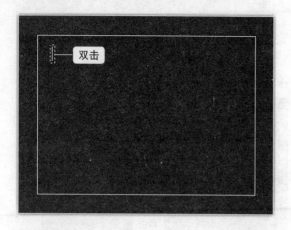

步骤03 打开"另存为"对话框。选中标题框，单击"编辑"面板中的"保存字幕文件"按钮，如下图所示。

步骤04 保存字幕文件。在弹出的"另存为"对话框中选择字幕文件需要保存的位置，然后在"文件名"文本框中输入字幕文件需要保存的名称，最后单击"保存"按钮，如下图所示。

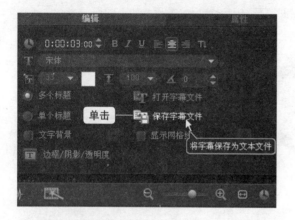

2．使用字幕文件

当影片需要插入已制作好的字幕文件时，就可以将制作好的字幕文件在会声会影X3中打开，然后再进行相应的编辑操作，下面介绍一下详细的操作步骤。

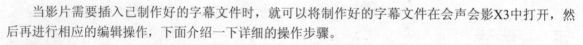

原始文件 • 实例文件\第8章\原始文件\红梅\红梅.VSP、红梅赞.utf

最终文件 • 实例文件\第8章\最终文件\红梅.VSP

步骤01 打开项目文件。打开"实例文件\第8章\原始文件\红梅\红梅.VSP"文件，单击"标题"按钮，如下图所示。

步骤02 打开"打开"对话框。切换到"标题"界面后，单击"编辑"面板中"打开字幕文件"按钮，如下图所示。

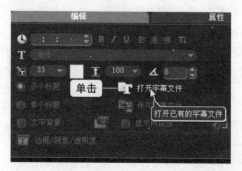

步骤03 选择需要插入的字幕文件。在弹出的"打开"对话框中,选中需要打开的字幕文件,如下图所示。

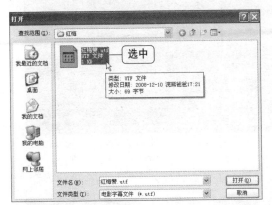

步骤04 设置字幕字体。单击"字体"下拉列表框右侧的下三角按钮,在弹出的下拉菜单框中单击需要的字体,如下图所示。

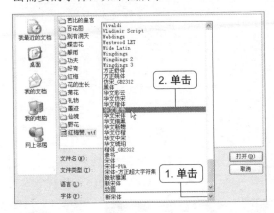

步骤05 设置字幕文字字号。选择字幕的字体后,单击"字号"下拉列表右侧的下三角按钮,在弹出的下拉列表中单击"25"选项,如下图所示,设置字幕文本的字号。

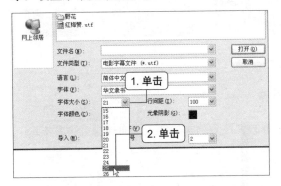

步骤06 设置字体颜色。单击"字体颜色"色块,在弹出的颜色列表中单击紫红颜色图标,如下图所示。

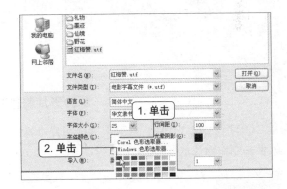

设置字幕字号大小

由于字幕文件通常文字内容较多,所以在"打开"对话框中设置字体大小时,最大字号只能设置为26。如果用户需要将字幕的字体大小设置得更大,可以将字幕文件插入到会声会影后通过"编辑"面板进行调整。

步骤07 设置光晕阴影颜色。单击"光晕阴影"色块,在弹出的颜色列表中单击黄色颜色图标,如下图所示,然后单击"打开"按钮。

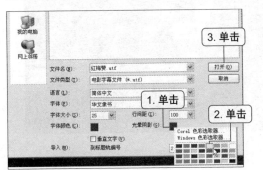

步骤08 确认插入字幕文件。单击"打开"按钮后返回会声会影编辑界面,弹出Corel Video-Studio提示框,单击"确定"按钮,如下图所示。

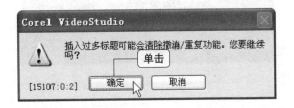

步骤09 设置字幕动画效果。选中插入的字幕框，切换到"属性"面板，单击"动画"单选按钮，勾选"应用"复选框，设置动画类型为"弹出"，然后单击动画样式列表框中的第一个预设样式，如右图所示。

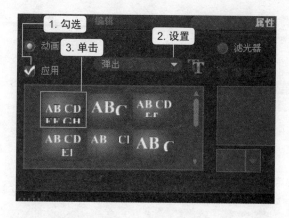

步骤10 显示应用字幕效果。经过以上操作后，即可完成字幕文件的插入与设置操作，返回会声会影编辑器界面，单击"预览窗口"下方的"播放"按钮即可预览到设置后的效果，如下图所示。

更进一步

★ 为影片制作职员表

学习了本章知识后，就可以完成影片中标题、字幕的创建与编辑操作，下面使用会声会影X3软件来制作影片的职员表。

原始文件 • 实例文件\第8章\原始文件\职员表.utf
最终文件 • 实例文件\第8章\最终文件\职员表.VSP

01 打开项目文件。进入会声会影编辑器界面，单击"标题"按钮，预览窗口中显示出"双击这里可以添加标题"文本内容，如下图所示。

02 打开"打开"对话框。切换到"标题"界面后单击"编辑"面板中的"打开字幕文件"按钮，如下图所示。

 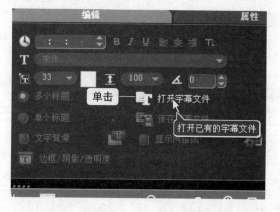

03 选择需要插入的字幕文件。在弹出的"打开"对话框中，选中需要打开的字幕文件，然后单击"打开"按钮，如下图所示。

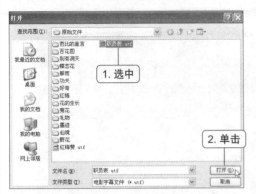

04 确认插入字幕文件。单击"打开"按钮后返回会声会影编辑器界面，弹出Corel Video-Studio提示框，单击"确定"按钮，如下图所示。

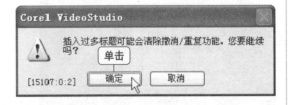

05 选中字幕框。将字幕文件插入到会声会影编辑器中，双击"标题轨1"中的字幕文件，如下图所示。

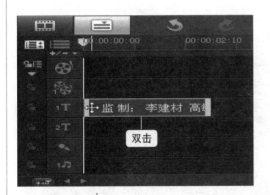

06 设置字幕格式。选中标题框，单击"编辑"面板中的"加粗"按钮以及"左对齐"按钮，设置字幕文件的格式和段落对齐方式，如下图所示。

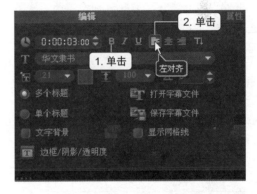

07 设置字幕字体。单击"字体"下拉列表框右侧的下三角按钮，在弹出的下拉列表框中单击字体，如下图所示。

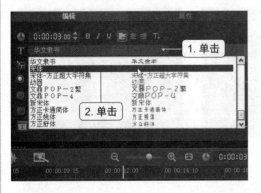

08 设置字幕字号。单击"字号"下拉列表框右侧的下三角按钮，在弹出的下拉列表框中单击25，如下图所示。

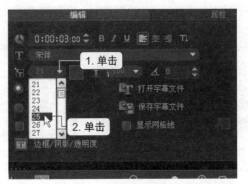

09 设置行间距。单击"行间距"下拉列表框右侧的下三角按钮，在弹出的下拉列表框中单击120，如下图所示。

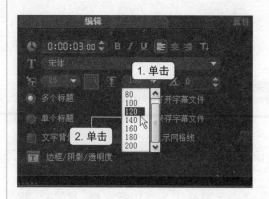

10 打开"飞行动画"对话框。切换到"属性"面板，勾选"应用"复选框，设置类型为"飞行"，单击"类型"下拉列表框右侧的"自定义动画属性"按钮，如下图所示。

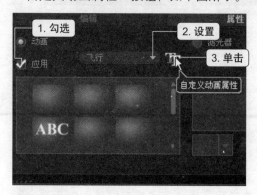

11 设置"飞行动画"参数。在弹出的"飞行动画"对话框中将"起始单位"和"终止单位"设置为"文本"，将"暂停"设置为"无暂停"，将"进入"和"离开"方向分别设置为"从下方进入"和"从上方离开"，最后单击"确定"按钮，如下图所示。

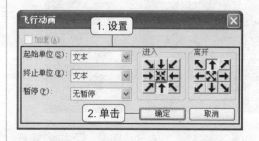

12 调整字幕播放时间。选中标题轨中的字幕文件图标，将光标指向图标的末尾，当光标变成黑色箭头形状时向右拖动鼠标，如下图所示，这样可以延长字幕的播放时间。

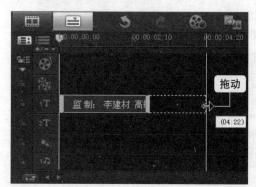

13 显示职员表制作效果。经过以上操作后即可完成职员表字幕的制作，返回会声会影编辑器界面，单击"播放"按钮，即可预览到最终效果，如下图所示。

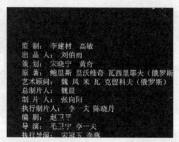

Chapter 09
影片的音效设置

一个完整的影片除了具有视频画面外，音频文件也是必不可少的。编辑影片时可以使用素材文件自带的音频，也可以为视频插入新的音频文件，重新为其配音。本章就对影片中的音频文件的编辑方法进行介绍。

通过本章的学习，您可以：

▲ 掌握"音频"素材库的使用与设置方法
▲ 了解为影片录音的操作方法
▲ 学习分别在时间轴、导览面板和音频视图中调整音频素材
▲ 熟悉为覆叠素材添加滤镜
▲ 掌握5.1环绕声效果的开启与禁用方法

 本章建议学习时间：60分钟

音效是一部影片必不可少的部分，音频文件是在视频拍摄完成之后，后期再插入到影片中的，再进行一定程度的修整、淡化、混音等操作。通过对本章的学习，用户可以为自己的影片添加音频效果。

9.1 | "音频"素材库的设置

在会声会影X3中提供了"音频"素材库，用户可以将音乐添加到素材库中。一旦影片中需要这些音频，用户就可以使用素材库中的文件。除了通过素材库，用户也可以为影片插入电脑中的音频文件。

9.1.1 为"音频"素材库添加音频文件

会声会影的"音频"素材库提供了一些音频文件，用户也可以将自己收集的音频文件添加到"音频"素材库中，下面介绍一下详细的操作步骤。

原始文件 • 实例文件\第9章\原始文件\好一朵茉莉花.mp3、梁祝.mp3、春江花月夜.mp3

步骤01 切换到"音频"界面。进入会声会影编辑器界面，单击"音频"按钮，切换到"音频"界面，如下图所示。

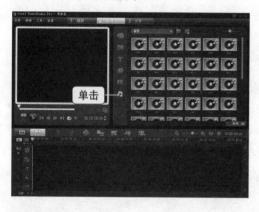

步骤02 打开"浏览音频"对话框。单击"音频"下拉列表右侧的"添加"按钮，如下图所示。

步骤03 选择要插入的音频文件。在弹出的对话框中选择要插入的文件，单击"打开"按钮，如下图所示。

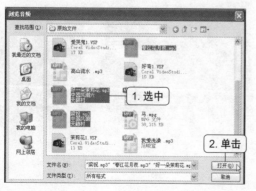

步骤04 确认文件插入顺序。弹出"改变素材序列"对话框，单击"确定"按钮，如下图所示。

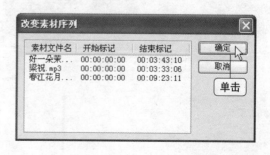

步骤05 显示为"音频"素材库添加文件效果。经过以上操作后，返回会声会影编辑器界面，可以看到"音频"素材库中已插入了储存在电脑中的音频文件，如右图所示。

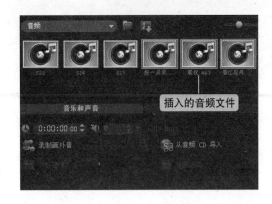

插入的音频文件

9.1.2 为素材插入电脑中的音频文件

在为影片插入音频文件时，除了使用会声会影"音频"素材库中的音乐文件外，还可以将电脑中的一些音频文件插入到影片，下面介绍一下详细的操作步骤。

原始文件 • 实例文件\第9章\原始文件\小宝贝\小宝贝.VSP
最终文件 • 实例文件\第9章\最终文件\小宝贝.VSP

步骤01 打开项目文件。打开"实例文件\第9章\原始文件\小宝贝\小宝贝.VSP"文件，如下图所示。

步骤02 打开"打开音频文件"对话框。执行"文件>将媒体文件插入到时间轴>插入音频>到音乐轨#1"命令，如下图所示。

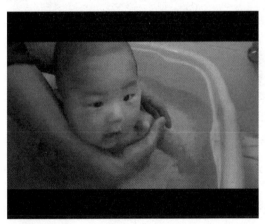

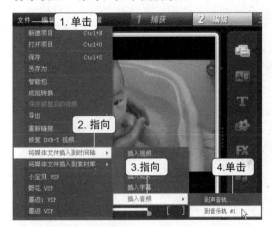

步骤03 选择要插入的音频文件。在弹出的"打开音频文件"对话框中选中要插入的文件，然后单击"打开"按钮，如右图所示。

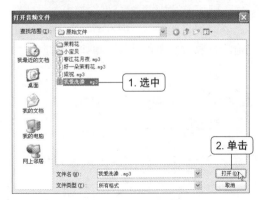

步骤04 显示为影片插入音频文件效果。经过以上操作后，就可以将音频文件插入到影片中，在时间轴中可以看到"音乐轨"中所插入的音频文件，如右图所示。

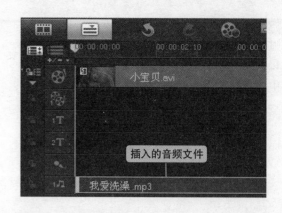

9.2 为影片录音

影片制作完成后，为了保证影片的声音效果足够清晰，可以重新为影片录音。在录音时要尽量选择在隔音的环境下进行，从而确保声音的质量，下面介绍一下详细的操作步骤。

🔘 **原始文件** • 实例文件\第9章\原始文件\马.mpg

🔘 **最终文件** • 实例文件\第9章\最终文件\马.VSP

步骤01 打开"主音量"对话框。将麦克风与电脑主机上的录音插口连接，右击任务栏中的音量图标，在弹出的快捷菜单中单击"打开音量控制"命令，如下图所示。

步骤02 打开"属性"对话框。在弹出的"主音量"对话框中执行"选项>属性"命令，如下图所示。

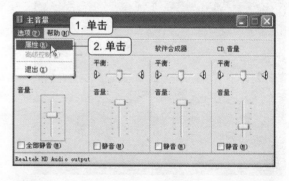

步骤03 打开"录音控制"对话框。弹出"属性"对话框，在"混音器"下拉列表中单击"Realtek HD Audio output"选项，最后单击"确定"按钮，如下图所示。

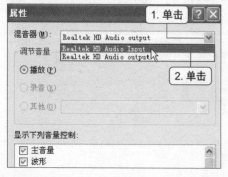

步骤04 设置录音参数。在弹出的"录音控制"对话框中按照需要对"录音控制"参数进行适当的设置，如下图所示，设置完毕后关闭该对话框。

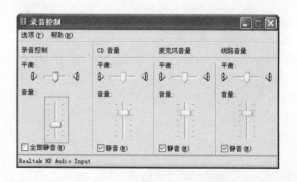

步骤05 导入素材文件。导入"实例文件\第9章\原始文件\马.mpg"文件,如下图所示。

步骤06 打开"参数选择"对话框。执行"设置>参数选择"命令,如下图所示。

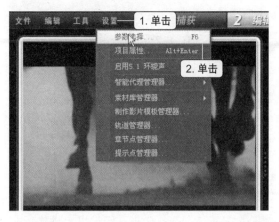

步骤07 打开"浏览文件夹"对话框。在弹出的"参数选择"对话框中切换到"常规"选项卡,单击"工作文件夹"文本框右侧的 按钮,如下图所示。

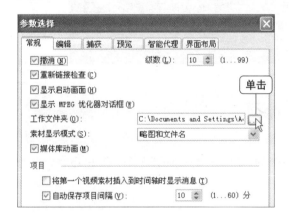

步骤08 选择工作文件夹位置。在弹出的"浏览文件夹"对话框中选中录制后的文件需要储存的文件夹,然后单击"确定"按钮,如下图所示。

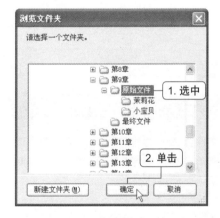

步骤09 确定录音位置。返回会声会影编辑器界面,向右拖动时间轴上方的飞梭滑块,如下图所示,将其定位在需要开始录音的位置。

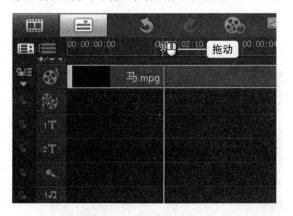

步骤10 打开"调整音量"对话框。定位好文件录音的起始位置后单击"音乐和声音"面板中的"录制画外音"按钮,如下图所示。

步骤11 测试音量。弹出"调整音量"对话框，对着话筒说话以确定录音的音量，调整到合适大小后，单击"确定"按钮，如下图所示。

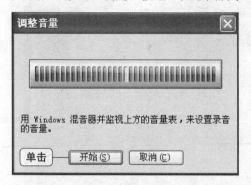

步骤13 显示录音最终效果。经过以上操作后，在时间轴的声音轨中就可以看到所录制的声音文件，如右图所示。同时在之前设置的文件夹中也会保存一份录制的声音。

步骤12 停止录音。旁白录制完毕后，单击"音乐和声音"面板中的"停止"按钮，结束录音，如下图所示。

9.3 | 修整音频素材

将音频文件插入到影片中以后，为了使音频与视频的配合更加完美，还需要对音频素材进行一定程度的修整。在会声会影X3中可以在时间轴中调整音频效果，在导览面板中和"音乐和声音"面板中均可对音频文件进行修整。

9.3.1 在时间轴中修整音频素材

在时间轴中修整音频文件时可以对音频文件的音量、淡化等参数进行设置，需要注意的是，对音频文件的调整切换到音频视图后才能进行，下面介绍一下详细的操作步骤。

🔘 原始文件 • 实例文件\第9章\原始文件\小宝贝1.VSP
🔘 最终文件 • 实例文件\第9章\最终文件\小宝贝1.VSP

步骤01 打开项目文件。打开"实例文件\第9章\原始文件\小宝贝1.VSP"文件，如右图所示。

步骤02 切换到"音频视图"。打开素材文件后，软件默认使用时间轴视图，单击时间轴上方的"混音器"按钮，如下图所示。

步骤04 剪辑音频文件。单击预览窗口下方的"按照飞梭栏的位置分割素材"按钮剪切素材，如下图所示。

步骤06 显示删除音频文件片段效果。经过以上操作后就可以将不需要的音频文件删除，删除后的效果如下图所示。

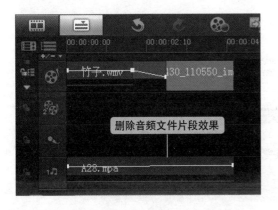

步骤03 确定音频文件要剪辑的位置。切换到音频视图后，在音频文件需要剪辑的位置处单击鼠标左键，如下图所示，确定音频文件需要剪辑的位置。

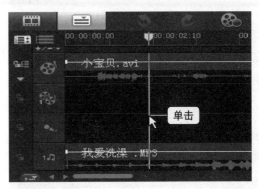

步骤05 删除不需要的音频文件。经过以上操作就可以将选中的素材剪辑成为两个，右击不需要的片段，在弹出的快捷菜单中单击"删除"命令，如下图所示。

步骤07 为音频文件添加控制点。选中需要编辑的音频文件，将光标指向音频文件缩略图中间的红线，在要添加控制点的位置单击鼠标左键，如下图所示，即可添加一个红色方块。

步骤08 设置淡入效果。为音频文件添加控制点后，将光标指向音频文件开始位置的红线区域，当光标变成小手形状时按住左键向下拖动，将该处音频的音量调整到最低，如下图所示。

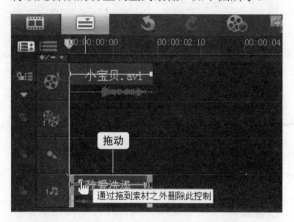

步骤09 向后查看时间轴中的文件。设置了音频的淡入效果后，向后拖动时间轴下方的滑块，如下图所示，向后查看时间轴中的文件。

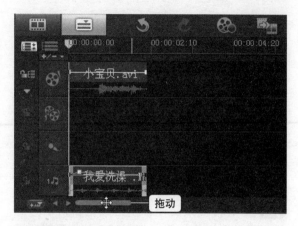

步骤10 为音频文件添加控制点。将时间轴的滑块拖动到音频文件末尾处释放鼠标左键，将光标指向音乐文件缩略图中间的红线，在要添加控制点的位置单击鼠标左键，如下图所示。

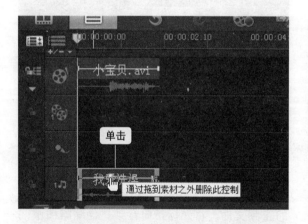

步骤11 设置淡出效果。为音频文件添加控制点后，将光标指向音频文件末尾处的红线区域，当光标变成小手形状时按住左键向下拖动，将该处音频的音量调整到最低，如下图所示，即可完成音频文件的设置操作。

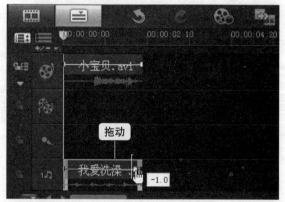

9.3.2 使用导览面板修整音频素材

通过导览面板可以对音频文件进行试听、调整音量大小以及剪辑音频文件的操作，下面就来介绍一下使用导览面板修整音频文件的操作步骤。

原始文件	• 实例文件\第9章\原始文件\茉莉花1.VSP
最终文件	• 实例文件\第9章\最终文件\茉莉花1.VSP

步骤01 打开项目文件。打开"实例文件\第9章\原始文件\茉莉花1.VSP"文件，如下图所示。

步骤02 选中音轨文件。打开素材文件后单击音乐轨中要编辑的音频文件，如下图所示，选中该文件。

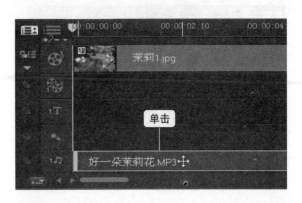

步骤03 播放音频轨文件。选中音频轨文件后，单击预览窗口下方的"播放"按钮，如下图所示，即可听到音频轨上的文件。

步骤04 停止音频文件的播放。当文件播放到需要停止的位置时单击"暂停"按钮，如下图所示，停止音频文件的播放。

步骤05 剪辑音乐文件。将文件定位到目标位置后单击预览窗口下方的"按照飞梭栏的位置剪辑素材"按钮，如下图所示。

步骤06 显示音频文件剪辑效果。经过以上操作后，就可以将音频文件剪辑为两个片段，如下图所示。

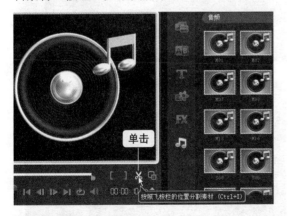

步骤07 选中音乐轨文件。将音频文件剪辑后，单击音乐轨中要编辑的音频文件片段，如下图所示，选中该音频片段。

步骤08 调整音乐文件音量。选中目标片段后，单击预览窗口下方的"系统音量"按钮，弹出标尺，向上拖动标尺上的滑块，提高素材的音量，如下图所示。

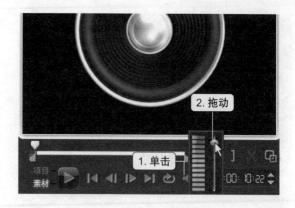

9.3.3 在音频视图中修整音频素材

在音频视图中可以对音频文件的淡入、淡出效果和素材音量进行设置，对项目文件中视频轨、覆叠轨、声音轨以及音乐轨的声音进行控制，下面介绍一下详细的操作步骤。

🎬 **原始文件** • 实例文件\第9章\原始文件\爱哭鬼\爱哭鬼.VSP
🎬 **最终文件** • 实例文件\第9章\最终文件\爱哭鬼.VSP

步骤01 打开项目文件。打开"实例文件\第9章\原始文件\爱哭鬼\爱哭鬼.VSP"文件，如下图所示。

步骤02 选中音乐轨文件。切换到时间轴视图方式下，单击音乐轨中要编辑的音频文件，如下图所示，选中该文件。

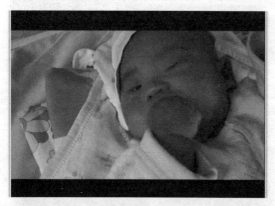

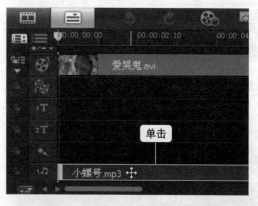

步骤03 切换到音频视图。选中音乐轨文件后，切换到"音乐和声音"面板，单击时间轴上方的"混音器"按钮，如右图所示，切换到音频视图模式。

步骤04 禁用视频轨声音。进入音频视图后切换到"环绕混音"面板，单击"视频轨"按钮后单击"启用/禁用预览"按钮，禁用视频轨文件的声音预览效果，如下图所示。

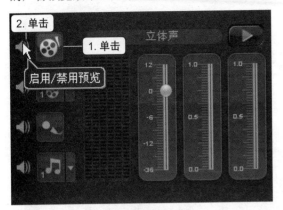

步骤06 设置音频文件的淡入与淡出效果。设置完影片的环绕混音效果后，切换到"属性"面板，分别单击"淡入"与"淡出"按钮，如下图所示。

步骤08 调整音乐文件音量。单击"素材音量"数值框右侧的下翻按钮后，弹出"音量"标尺，向上拖动滑块提高素材的音量，如下图所示。

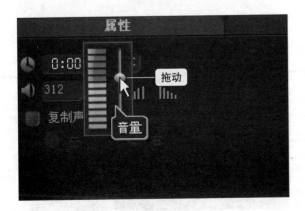

步骤05 禁用覆叠轨与声音轨声音预览。进行同样的操作，将覆叠轨与音乐轨的声音文件全部禁用预览，如下图所示。

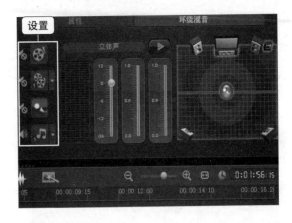

步骤07 设置音频文件时间。设置了音频文件的淡入与淡出效果后，单击"区间"数值框中的01，直接输入"00：18：00"，然后单击"素材音量"数值框的下翻按钮，如下图所示。

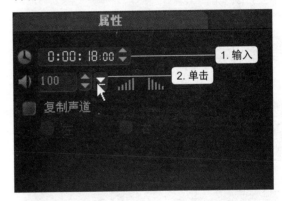

步骤09 显示音频文件设置效果。经过以上操作后，就完成了在音频视图方式下设置音频文件的操作，设置后的效果如下图所示。

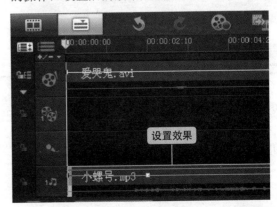

9.3.4 改变音频的回放速度

当用户觉得音频轨文件的播放速度过快或过慢时，可以通过调整音频文件的回放速度来改变音频文件的播放速度，下面介绍一下详细的操作步骤。

⊙ 原始文件 • 实例文件\第9章\原始文件\爱哭鬼1.VSP
⊙ 最终文件 • 实例文件\第9章\最终文件\爱哭鬼1.VSP

步骤01 打开项目文件。打开"实例文件\第9章\原始文件\爱哭鬼1.VSP"文件，如下图所示。

步骤02 选中音乐轨文件。打开素材文件后，单击音乐轨中要编辑的音频文件，如下图所示，选中该文件。

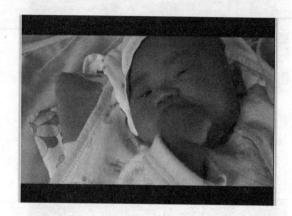

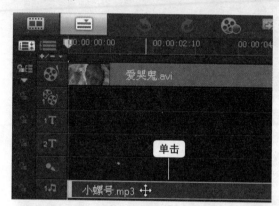

步骤03 打开"回放速度"对话框。选中音乐轨文件后切换到"音乐和声音"面板，单击"回放速度"按钮，如下图所示。

步骤04 设置文件播放速度。在弹出的"回放速度"对话框中，在"速度"数值框中输入50，最后单击"确定"按钮，如下图所示。

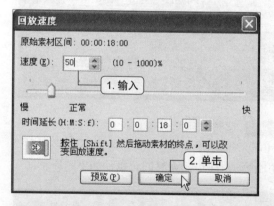

步骤05 显示降低播放速度效果。经过以上操作后，返回会声会影编辑器界面，在"音乐和声音"面板中的"区间"数值框中可以看到音频文件降低播放速度后的时间，如右图所示。选中音频文件后单击预览窗口下方的"播放"按钮，即可听到设置后的效果。

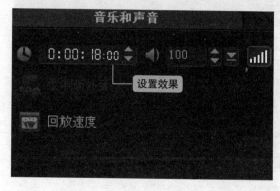

9.3.5 为音频文件添加滤镜效果

在会声会影X3中，音频文件的滤镜效果包括"长回音"、"嗒声去除"、"等量化"、"放大"、"混响"、"删除噪音"、"声音降低"、"嘶声降低"、"体育场"、"音调偏移"和"音量级别"等11种，用户可以根据需要使用合适的滤镜效果，下面以常用的滤镜为例介绍一下详细的操作步骤。

⊙ 原始文件 • 实例文件\第9章\原始文件\好奇\好奇.VSP
⊙ 最终文件 • 实例文件\第9章\最终文件\好奇.VSP

步骤01 打开项目文件。打开"实例文件\第9章\原始文件\好奇\好奇.VSP"文件，如下图所示。

步骤02 选中音乐轨文件。打开素材文件后，单击音乐轨中要编辑的音频文件，如下图所示，选中该文件。

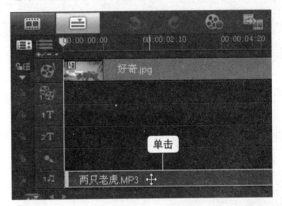

步骤03 打开"音频滤镜"对话框。选中音乐轨文件后切换到"音乐和声音"面板，单击"音频滤镜"按钮，如下图所示。

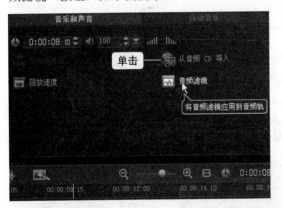

步骤04 添加"长回音"音频滤镜。在弹出的"音频滤镜"对话框中，选中"可用滤镜"列表框中的"长回音"滤镜选项，然后单击"添加"按钮，如下图所示。

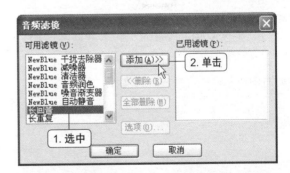

步骤05 添加"删除噪音"音频滤镜。可以看到"长回音"滤镜出现在"已用滤镜"列表框，单击选中"可用滤镜"列表框中要使用的"删除噪音"滤镜选项，然后单击"添加"按钮，如右图所示。

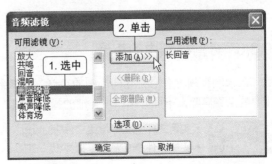

步骤06 打开"删除噪音"对话框，添加了"删除噪音"滤镜后，在"已用滤镜"列表框中选中该滤镜，然后单击"选项"按钮，如右图所示。

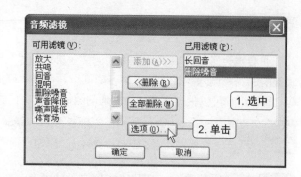

删除已使用的滤镜效果

应用了滤镜效果后，如果需要删除已使用的滤镜，在"音频滤镜"对话框中选中"已用滤镜"列表框中要删除的滤镜选项，然后单击"删除"按钮，最后单击"确定"按钮即可。需要删除全部已用滤镜时，选中"已用滤镜"列表框中任意一个滤镜选项，然后单击"全部删除"按钮，最后单击"确定"按钮即可完成操作。

步骤07 设置"删除噪音"阀值。在弹出的"删除噪音"对话框中拖动"阀值"滑块，将数值设置为2%，然后单击"确定"按钮，如下图所示。

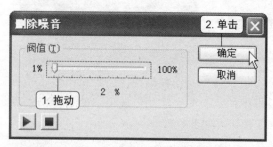

步骤08 确定需要使用的滤镜。返回"音频滤镜"对话框，单击"确定"按钮，如下图所示。

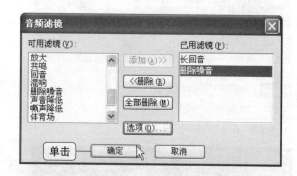

步骤09 试听设置后的效果。经过以上操作后，返回会声会影编辑器界面，选中设置完毕的音频文件，单击预览窗口下方的"播放"按钮，如右图所示，即可播放音频文件。

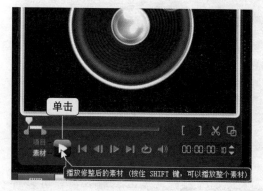

9.3.6 分割视频中的声音

在录制视频时有时会连同周围的杂音一起录制进去。编辑影片时可以通过会声会影软件将视频文件中的杂音删除，下面介绍一下详细的操作步骤。

◎ **原始文件** • 实例文件\第9章\原始文件\哭.mpg
◎ **最终文件** • 实例文件\第9章\最终文件\哭.VSP

步骤01 打开"打开视频文件"对话框。进入会声会影编辑器界面，执行"文件>将媒体文件插入到时间轴>插入视频"命令，如下图所示。

步骤02 选择要插入视频。在弹出的"打开视频文件"对话框中选中要插入的文件，然后单击"打开"按钮，如下图所示。

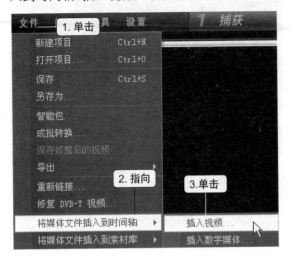

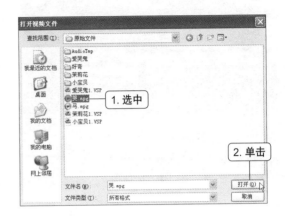

步骤03 分割音频。插入素材文件后，切换到"视频"面板，单击"分割音频"按钮，如下图所示。

步骤04 经过以上操作后，就可以将视频文件中的音频文件分割出来，在时间轴上即可看到分割后的效果，如下图所示。

 **范例操作**

范例24 更换影片的音频

通过对前面知识的学习，用户已经掌握了音频文件的插入、编辑以及声音文件的分割操作，下面就来为影片更换并编辑音频。

原始文件 • 实例文件\第9章\原始文件\小瀑布.avi、高山流水.mp3
最终文件 • 实例文件\第9章\最终文件\小瀑布.VSP

01 分割音频。导入素材文件后，切换到"视频"面板，单击"分割音频"按钮，如下图所示。

02 删除声音文件。将素材的声音文件分割出来后，右击该文件缩略图，在弹出的快捷菜单中单击"删除"命令，如下图所示。

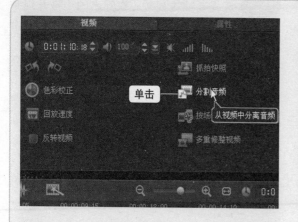

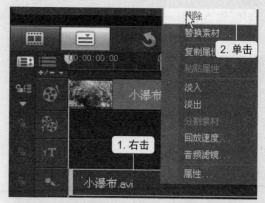

03 打开"打开音频文件"对话框。执行"文件>将媒体文件插入到时间轴>插入音频>到音乐轨#1"命令，如下图所示。

04 剪切音频文件。插入需要的音频文件后，在时间轴中确定文件要剪辑的位置，在预览窗口下方单击"按照飞梭栏的位置分割素材"按钮剪切素材，如下图所示。

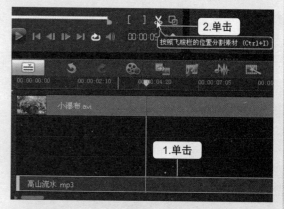

05 删除不需要的音频文件片段。将音频素材剪辑成两个音乐片段后，右击不需要的片段，在弹出的快捷菜单中单击"删除"命令，如下图所示。

06 设置音频文件的淡入与淡出效果。选中要编辑的音频文件，切换到"音乐和声音"面板，分别单击"淡入"与"淡出"按钮，然后单击"音量"数值框右侧的微调按钮，如下图所示。

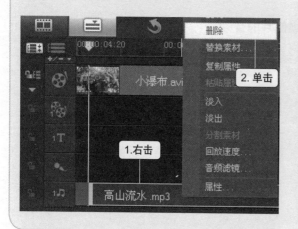

07 调整音乐文件音量。弹出"音量"标尺后，向下拖动滑块，将数值设置为56，降低素材的音量，如下图所示。

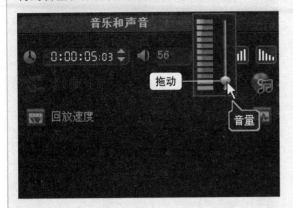

08 打开"音频滤镜"对话框。设置了音频文件的音量后，单击"音频滤镜"按钮，如下图所示。

09 选择可用滤镜。弹出"音频滤镜"对话框，在"可用滤镜"列表框中单击需要使用的滤镜然后单击"添加"按钮，如下图所示。选择可用滤镜后单击"确定"按钮。

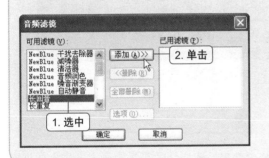

10 显示音频文件设置效果。经过以上操作后就完成了音频文件的设置操作，切换到"音频视图"后，就可以看到设置后的效果，如下图所示。

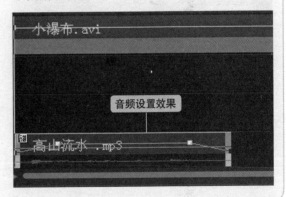

范例操作

范例25 将视频文件中的音频保存到"音频"素材库

在前面介绍了如何将电脑中已有的音频文件添加到"音频"素材库中，视频文件中的音频同样可以添加到"音频"素材库中，下面介绍一下详细的操作步骤。

原始文件 • 实例文件\第9章\原始文件\小瀑布.avi

01 分割音频。导入素材文件后，在时间轴中选中该文件，在"视频"面板中单击"分割音频"按钮，如下图所示，对视频文件中的音频进行分离。

02 选中分割出的音频文件。将素材中的音频文件分割出后单击选中该文件，将其向"音频"素材库方向拖动，如下图所示。

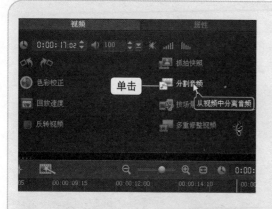

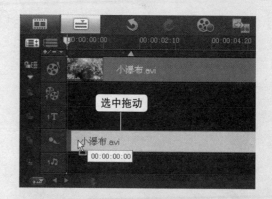

03 将音频文件拖动到"音频"素材库中。拖动分割出的音频文件至"音频"素材库中后释放鼠标左键，如下图所示。

04 显示保存音频文件到素材库最终效果。经过以上操作就完成了将视频文件的音频文件添加到"音频"素材素材库中的操作，最终效果如下图所示。

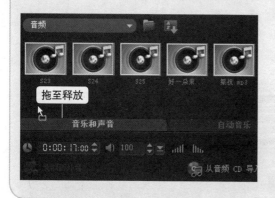

9.4 启用5.1环绕声效果

在会声会影X3中可以对影片的声音文件应用5.1环绕声效果，应用该效果后声音会产生立体震撼的效果，下面就来介绍一下启用5.1环绕声效果的操作步骤。

原始文件 • 实例文件\第9章\原始文件\好奇1.VSP
最终文件 • 实例文件\第9章\最终文件\好奇1.VSP

步骤01 打开项目文件。打开"实例文件\第9章\原始文件\好奇1.VSP"文件，如下图所示。

步骤02 启用5.1环绕声。打开素材文件后，执行"设置启用5.1环绕声"命令，如下图所示。

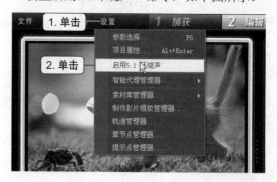

步骤03 确认修改。执行了以上操作后，弹出Corel VideoStudio Pro提示对话框，单击"确定"按钮，如下图所示。

步骤04 显示启用5.1环绕声效果。经过以上操作后即可启用5.1环绕声，在"设置"菜单中单击"启用5.1环绕声"选项，如下图所示，单击预览窗口下方的"播放"按钮，就可以听到设置后的效果。

禁用5.1环绕声

如果需要禁用5.1环绕声，打开素材文件后在"设置"菜单中单击"5.1环绕声"选项，弹出Corel VideoStudio Pro 提示对话框，单击"确定"按钮即可。

更进一步

★ 从CD导入音乐文件

在获取音频文件时，除了前面介绍的各种途径，还可以从音频CD中导入，下面介绍一下详细的操作步骤。

01 打开"转存CD音频"对话框。进入会声会影编辑器界面，切换到"音频"编辑界面，单击"音乐和声音"面板中的"从音频CD导入"按钮，如下图所示。

02 打开"浏览文件夹"对话框。在弹出的"转存CD音频"对话框中单击"输出文件夹"文本框右侧"浏览"按钮，如下图所示。

03 选择文件输出后保存的文件夹位置。弹出"浏览文件夹"对话框，在"选择输出文件"列表框中选择保存文件的文件夹，然后单击"确定"按钮，如下图所示。

04 设置文件输出后的质量。返回"转存CD音频"对话框，单击"质量"下拉列表右侧的下三角按钮，在弹出的下拉列表中单击"自定义"选项，如下图所示。

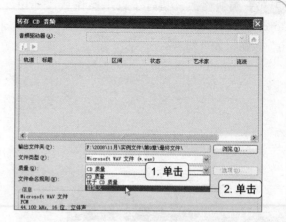

05 打开"音频保存选项"对话框。设置了音频文件输出后的质量后单击"选项"按钮，如下图所示。

06 选择压缩格式。在弹出的"音频保存选项"对话框中，单击"格式"下拉列表下三角右侧的按钮，在弹出的下拉列表中选择文件压缩格式，设置完毕后单击"确定"按钮，如下图所示。

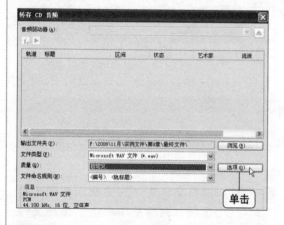

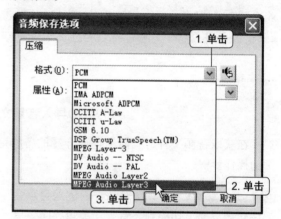

07 转存文件。对以上内容进行设置后返回"转存CD音频"对话框，单击"转存"按钮，如右图所示，软件即开始执行从CD中导入音频文件的操作。

Chapter 10
分享视频

影片制作完成后可以将其根据需要输出为不同的格式。视频文件创建完成后，用户可以根据需要将视频文件刻录在光盘上或将其制作为网页、贺卡或屏幕保护程序等。

通过本章的学习，您可以：

▲ 掌握视频文件的创建方法
▲ 学习项目文件的项目回放操作方法
▲ 了解不同格式光盘的创建方法
▲ 熟悉将影片导出为网页、电子邮件、贺卡以及屏幕保护程序的操作方法
▲ 掌握将视频文件在网络上共享的操作方法

本章建议学习时间：90分钟

在会声会影中编辑完影片后，还需要将影片生成独立的视频格式，这样就可以在不同的视频播放器中观看。在会声会影中可以将影片转换为DV、HDV、DVD/VCD/MPEG、MV、MPEG-4等格式。

10.1 | 创建视频文件

对影片的画面效果、标题、声音等内容的编辑制作完成后，基本上就完成了对影片的编辑，也就可以对影片进行创建的操作了。创建视频文件时，需要在"分享"面板中进行操作。下面来认识一下"分享"界面中面板各按钮的作用，如下图和表10-1所示。

表10-1 "分享"面板各按钮作用表

编 号	按钮名称	功能及作用
❶	创建视频文件	用于创建视频文件，单击该按钮，可以在下拉列表中选择需要创建的类型，软件即可执行相应的创建操作
❷	创建声音文件	用于创建视频文件的声音文件，单击该按钮弹出"创建声音文件"对话框，设置文件的创建位置、格式、和名称后单击"保存"按钮即可
❸	创建光盘	用于将文件创建到VCD、DVD、SVCD等光盘
❹	在线共享视频	单击该按钮，用户可以将项目输出为 FLV 文件，然后直接上载到网站，以达到共享视频的目的
❺	项目回放	用于对视频文件进行项目回放操作，可以对整个项目进行回放，也可以对所选进行回放
❻	DV录制	单击该按钮，用户可以使用 DV 摄像机将所选视频文件录制到 DV 磁带上
❼	HDV录制	单击该按钮，用户可以使用 HDV 摄像机将所选视频文件录制到 DV 磁带上
❽	导出到移动设备	用于将文件创建到移动硬盘、U盘等移动存储设备中

10.1.1 自定义创建视频文件

在会声会影中制作完成的影片可以生成为不同的格式，用户可以根据具体的需要选择相应的格式，下面介绍一下详细的操作步骤。

⊙ **原始文件** • 实例文件\第10章\原始文件\好奇\好奇.VSP
⊙ **最终文件** • 实例文件\第10章\最终文件\好奇.avi

步骤01 打开项目文件。打开"实例文件\第10章\原始文件\好奇\好奇.VSP"文件，如下图所示。

步骤02 切换到"分享"编辑界面。打开素材文件后单击"分享"标签，切换到"分享"界面，如下图所示。

步骤03 打开"创建视频文件"对话框。切换到"分享"界面下,单击面板中的"创建视频文件"按钮,在弹出的下拉列表中单击"自定义"选项,如下图所示。

步骤04 选择要保存的文件类型。在"创建视频文件"对话框中选择视频文件的保存位置,设置"保存类型"为"Microsoft AVI文件",如下图所示。

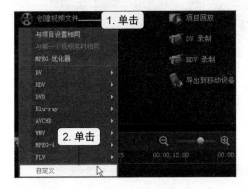

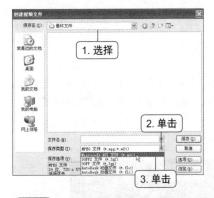

步骤05 确认保存文件。选择了文件的保存类型后在"文件名"文本框中输入文件的保存名称,然后单击"保存"按钮,如右图所示。

步骤06 显示渲染进度。经过以上操作返回会声会影编辑器界面,软件即开始创建视频文件,在界面中显示文件渲染的进度,如下图所示。

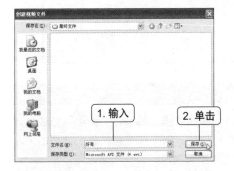

步骤07 显示创建视频文件最终效果。文件渲染完成后通过"我的电脑"打开文件保存的位置,即可看到所创建的视频文件,如右图所示,双击即可打开该文件进行播放。

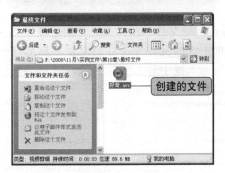

10.1.2 使用MPEG优化器创建视频文件

使用MPEG优化器创建视频文件时，软件可以自动分析时间轴上的影片素材，对视频文件采用最恰当的创建方式既可以保证影片的最高质量，并以最快的速度完成创建，下面介绍一下详细的操作步骤。

⊗ 原始文件 • 实例文件\第10章\原始文件\竹菊\竹菊.VSP
⊗ 最终文件 • 实例文件\第10章\最终文件\竹菊.mpg

步骤01 打开项目文件。打开"实例文件\第10章\原始文件\竹菊\竹菊.VSP"文件，效果如右图所示。

步骤02 打开"MPEG优化器"对话框。切换到"分享"界面，单击面板中的"创建视频文件"按钮，在弹出的下拉列表中单击"MPEG优化器"选项，如下图所示。

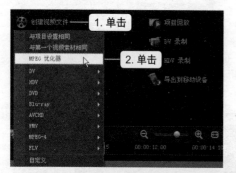

步骤03 接受优化。弹出"MPEG优化器"对话框，其中显示总保存时间以及时间轴分段布局等参数，单击"接受"按钮，如下图所示。

⊙ 自定义转换文件大小

弹出"MPEG优化器"对话框后，单击"自定义转换文件的大小"单选按钮，然后在"大小"数值框内输入27~70之间的数值，最后单击"接受"按钮，程序即可执行优化。27~70是指文件创建后的大小，单位为MB，数值越大转换后的文件质量将越好，反之，数值越小转换后的文件质量越差。

步骤04 保存视频文件。在弹出的"创建视频文件"对话框中选择文件要保存的位置，然后在"文件名"文本框中输入文件名称，最后单击"保存"按钮，如右图所示。

步骤05 查看渲染进度。经过以上操作后，返回会声会影编辑器界面，软件即开始创建视频文件，在界面中显示出文件渲染的进度，如下图所示。

步骤07 播放所创建视频。双击文件后即可打开所创建的视频文件，最终效果如右图所示。

步骤06 显示创建视频文件效果。文件渲染完成后进入文件保存的位置，即可看到所创建的视频文件，双击该文件，如下图所示。

10.1.3 对文件中的部分内容进行保存

在保存编辑好的视频文件时，可以选择保存整个文件，也可以选择保存文件中的一部份内容，其操作步骤如下。

⊙ 原始文件 • 实例文件\第10章\原始文件\小狗\小狗.VSP
⊙ 最终文件 • 实例文件\第10章\最终文件\小狗.mpg

步骤01 打开项目文件。打开"实例文件\第10章\原始文件\小狗\小狗.VSP"文件，如下图所示。

步骤02 定义创建区域。打开素材文件后，拖动导览面板中的飞梭至需要创建文件的起始位置，如下图所示。

步骤03 打开"创建视频文件"对话框。切换到"分享"界面下，单击面板中的"创建视频文件"按钮，在弹出的下拉列表中单击"自定义"选项，如下图所示。

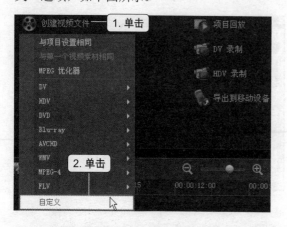

步骤04 打开"视频保存选项"对话框。在弹出的"创建视频文件"对话框中选择创建文件要保存的路径，在"文件名"文本框中输入文件名称，然后单击"选项"按钮，如下图所示。

步骤05 设置视频保存选项。在弹出的"视频保存选项"对话框中切换到"Corel Video Studio"选项卡，单击"预览范围"单选按钮，如下图所示，最后单击"确定"按钮。

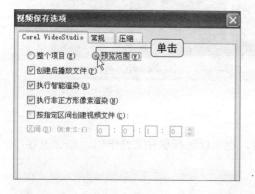

步骤06 确认文件的创建。返回"创建视频文件"对话框，单击"保存"按钮，如下图所示。

步骤07 显示渲染进度。经过以上操作后，返回会声会影编辑器界面，软件即开始创建视频文件，在界面中显示出文件渲染的进度，如下图所示。

步骤08 显示创建视频文件最终效果。文件渲染完成后进入文件保存的位置，即可看到所创建的视频文件，如下图所示，双击即可打开该文件进行播放。

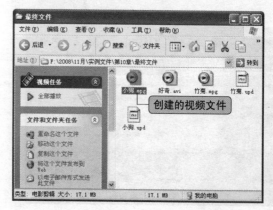

10.2 | 项目回放

对视频使用"项目回放"功能时，会将电脑的屏幕显示为黑色背景，并在黑色背景上播放整个项目或是所选片段。如果用户的电脑连接到VGA-TV转换器、摄像机或录像机等设备时，还可以将视频文件输出到录像带。

⊗ 原始文件 • 实例文件\第10章\原始文件\小狗\小狗.VSP

步骤01 打开项目文件。打开"实例文件\第10章\原始文件\小狗\小狗.VSP"文件，如下图所示。

步骤02 确定预览范围。打开素材文件后，拖动导览面板中的飞梭至文件需要回放的起始位置，如下图所示。

步骤03 打开"项目回放－选项"对话框。切换到"分享"界面，单击面板中的"项目回放"按钮，如下图所示。

步骤04 设置项目回放选项。在弹出的"项目回放－选项"对话框中单击"预览范围"单选按钮，然后单击"完成"按钮，如下图所示。

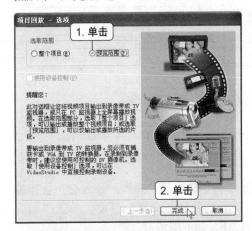

步骤05 显示项目回放效果。经过以上操作电脑屏幕即开始全屏播放视频，如右图所示。如果需要停止项目回放，按下键盘上的Esc键即可。

10.3 | 创建光盘

如果用户需要将视频文件备份到电脑以外的设备，可以选择将文件刻录到光盘中，这样既可以减少占用电脑的空间，也可以起到备份视频文件的作用。创建光盘时需要进入Corel DVD Factory 2010窗口中，下面来认识一下Corel DVD Factory 2010窗口中各部分的作用，如下图和表10-2所示。

表10-2　Corel DVD Factory 2010窗口中各按钮的作用表

编　号	按钮名称	功能及作用表
❶	了解更多	单击该处可以了解更多关于视频光盘制作的内容
❷	项目名称	用于为创建的光盘设置文件名称
❸	选取光盘	用于选择DVD或Blu-ray光盘创建视频
❹	项目格式	用于选择创建光盘时的文件格式
❺	选择样式	用于添加视频的模板
❻	用于添加视频的模板	用于添加电脑中的一些视频和照片文件到创建光盘的目录中
❼	取消	用于取消光盘创建

10.3.1　导入视频内容

一张VCD光盘的容量大约为700MB，一张DVD光盘的容量大约为4.38G，用户可以根据视频文件的大小选择合适的光盘。

步骤01 选择创建光盘的类型。进入会声会影编辑器界面，切换到"分享"界面，单击"创建光盘"按钮，如下图所示。

步骤02 打开选择文件窗口。在弹出的Corel DVD Factory 2010窗口中单击窗口右下角的"选择照片和视频"按钮，如下图所示。

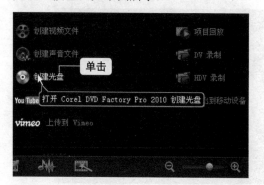

步骤03 打开视频文件列表。单击"Corel DVD Factory 2010"界面左侧的"所有媒体"按钮，单击"视频"按钮，如下图所示。

步骤04 选择要插入的视频文件。在"Corel DVD Factory 2010"窗口中选中要插入的文件，将其拖动到媒体托盘，如下图所示。

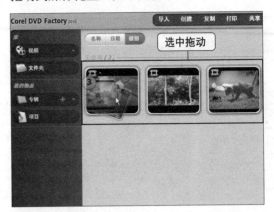

步骤05 显示所插入的视频文件。经过以上操作后，即可将电脑中的视频文件插入到媒体拖盘中，在媒体托盘界面中可看到所插入的视频，如右图所示。

10.3.2 为影片添加和编辑章节

刻录光盘时如果需要将一个视频文件分为几个章节，也可以在Corel VideoStudio窗口中一并完成操作。

步骤01 选择添加章节的素材。在Corel DVD Factory 2010窗口中插入需要的素材后单击媒体素材列表框中需要添加章节的素材，如下图所示。

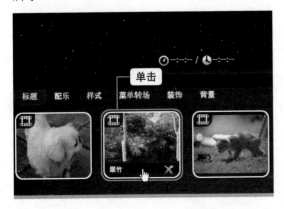

步骤02 打开"打开视频文件"对话框。单击窗口右下角的"转到菜单编辑"按钮，在弹出的Corel DVD Factory 2010窗口中单击窗口上方的"创建章节"按钮，如下图所示。

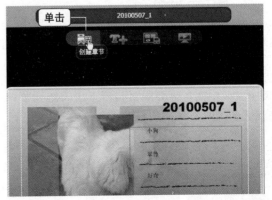

步骤03 打开"自动添加章节"对话框。在弹出的窗口中单击窗口上方的"按场景或固定间隔自动添加章节"按钮 ，如下图所示。

步骤04 选择添加章节的方式。弹出"自动设置章节"对话框，单击"每个场景"单选按钮，然后单击"确定"按钮，如下图所示。

步骤05 显示添加章节进度。单击"确定"按钮返回上一级窗口，执行添加章节的操作，在窗口中显示添加章节的进度，如下图所示。

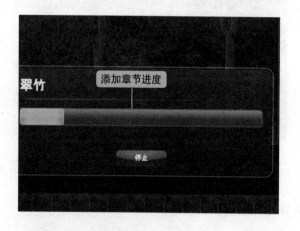

步骤06 确定素材章节的添加。添加章节完成后，在"添加/编辑章节"窗口的媒体素材列表框中可以看到添加章节后的效果，单击"应用"按钮，如下图所示。

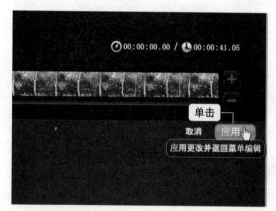

10.3.3　设置场景菜单

将不同的素材刻录到光盘后，所有的素材将组合成一个完整的影片进行播放，因此在刻录光盘时需要为整张光盘中的内容设置一个场景菜单。

1．选择插入主题

为刻录的光盘选择主题时，可以使用会声会影X3预设的主题，软件提供了略图菜单、文字菜单和智能场景菜单3种主题样式，用户可以根据需要选择合适的主题，下面介绍一下详细的操作步骤。

步骤01 进入下一编辑步骤。在Corel DVD Factory 2010窗口中插入需要的素材后单击"转到菜单编辑"按钮，如下图所示。

步骤02 选择主题类型。进入主题菜单编辑界面后，单击"标题"选项卡，如下图所示。

步骤03 选择应用的字体类型。单击Arial下拉列表右侧的下三角按钮,在弹出的下拉列表中单击"华文琥珀"选项,如下图所示。

步骤04 显示应用字体类型效果。经过以上操作即可完成应用字体类型的操作,如下图所示。

2. 更改显示宽高比

创建光盘文件时,屏幕的宽高比显示有4:3和16:9两种。每次创建光盘,软件会默认选择4:3的显示比例,如果用户需要设置宽屏显示比例的屏幕,可以将宽高比更改为16:9,下面介绍一下详细的操作步骤。

步骤01 更改显示比例。在预览窗口右侧单击"设置"按钮,在弹出的"设置"对话框中单击"屏幕格式"选项组中的"宽银幕(16:9)"单选按钮,如下图所示。

步骤02 确定更改。弹出Corel DVDFactory提示框,单击"是"按钮,如下图所示。

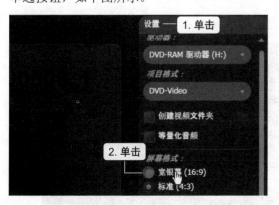

步骤03 显示更改显示宽高比效果。经过以上操作后，返回主题菜单编辑界面，即可看到更改宽高比显示后的效果，如右图所示。

3．添加背景音乐

为光盘应用了菜单模板后，模板中已添加了软件自带的音乐，用户可以根据需要重新为光盘添加场景音乐，下面介绍一下详细的操作步骤。

📀 原始文件 • 实例文件\第10章\原始文件\06_Music01.mpa

步骤01 打开"添加音乐"界面。进入主题菜单编辑界面，单击"配乐"选项卡，单击弹出的"更多音乐"按钮，如下图所示。

步骤02 选择音乐文件。在弹出的"添加音乐"界面中，选择文件保存的文件夹，单击要插入的音乐文件，然后单击"添加"按钮，如下图所示，即可完成背景音乐的添加。

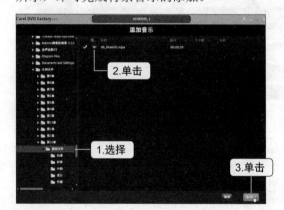

4．设置主题背景图片

与背景音乐一样，主题的背景图片也可以进行更改，用户可以将自己收集的适合光盘内容的图片或视频等文件设置为主题的背景图片，下面介绍一下详细的操作步骤。

📀 原始文件 • 实例文件\第10章\原始文件\背景图片.jpg

步骤01 打开"打开图像文件"对话框。在主题编辑界面中单击"背景"选项卡，如右图所示。

步骤02 选择图像文件。单击弹出的"更多背景"窗口中选中并拖动需要插入的图像文件，将其拖动至媒体托盘然后单击"转到菜单编辑"按钮，如下图所示。

步骤03 显示设置主题背景效果。经过以上操作后，即可完成设置背景图片的操作，在窗口右侧即可显示出设置后的效果，如下图所示。

5. 设置主题字体格式

应用了主题模板后，主题中的文字全部应用软件的默认设置，用户可以根据影片的内容对主题的字体格式进行设置，下面介绍一下详细的操作步骤。

步骤01 选中要编辑的主题文字。双击预览区域中的主题文字，光标即可定位在标题框内，按住左键拖动鼠标，选中需要编辑的标题文字，如下图所示。

步骤02 打开"字体"对话框。输入需要的标题内容，将光标移动至标题框上，即可呈现浮动工具栏，可设置标题的字体属性，如下图所示。

步骤03 设置标题字体、字形、大小。在浮动工具栏中的"字体"下拉列表框中单击需要的字体，单击"粗体"按钮，将"字体大小"设置为36，如右图所示。

步骤04 设置标题颜色。单击"字体颜色"色块，弹出颜色列表，单击红色图标，如下图所示，标题即呈现相应的颜色。

步骤05 显示设置标题效果。按照同样的操作方法，对影片中的其余文字也进行格式设置，如下图所示。

6．设置菜单进入与退出动画

在会声会影X3中创建光盘时，菜单的进入与离开动画共有23种，用户可根据需要选择合适的动画效果，下面介绍一下详细的操作步骤。

步骤01 设置菜单转场。单击主题编辑界面中的"菜单转场"选项卡，如下图所示，即可完成菜单进入和退出效果的设置界面。

步骤02 设置菜单退出效果。单击"进入效果"下拉列表的下三角按钮，在下拉列表中选择"退出效果"选项，如下图所示，在右侧的列表中进行选择即可完成菜单退出效果的设置。

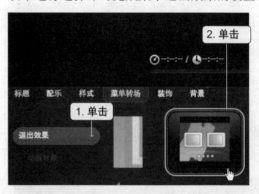

7．添加装饰

在会声会影X3中创建光盘时，菜单的装饰效果共有7种，用户可根据需要选择合适的装饰，下面介绍一下详细的操作步骤。

步骤01 设置装饰。单击主题编辑菜单界面中的"装饰"选项卡，如下图所示，即可完成菜单进入装饰的设置。

步骤02 添加更多图像。单击弹出的"更多装饰"按钮，如下图所示。

步骤03 选择目标图像。弹出"添加装饰"界面，其中列出了7种装饰效果，选择需要的装饰效果后单击"添加"按钮，如下图所示。

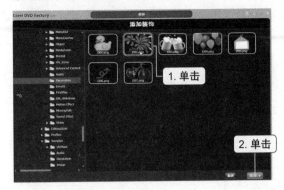

10.3.4 刻录光盘

对光盘的主题菜单编辑完成后，就可以对光盘中的内容进行预览。预览确认无误后，就可以刻录光盘了。需要注意的是，电脑必须安装有刻录机，下面介绍一下详细的操作步骤。

步骤01 进入光盘刻录界面。返回主题菜单编辑界面，在Corel DVD Factory 2010界面的右下角单击"刻录"按钮，如下图所示。

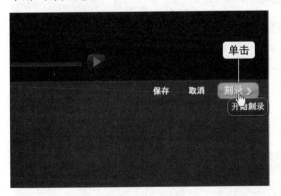

步骤02 显示刻录进度1。单击"刻录"按钮后，弹出"正在刻录视频光盘"界面中的"正在转换"步骤，如下图所示。

步骤03 显示刻录进度2。弹出"正在刻录视频光盘"的"正在刻录"步骤，如下图所示。

步骤04 操作成功完成。弹出"光盘刻录成功"的提示，软件开始执行文件的渲染，渲染完成后，单击"确定"按钮。

 范例操作

范例26 制作一个DVD的光盘项目文件

刻录光盘文件时电脑必须安装有刻录机。如果用户暂时没有刻录机，又需要预先制作好刻录的文件时，可以选择制作一个光盘项目文件，下面介绍一下详细的操作步骤。

- **原始文件** • 实例文件\第10章\原始文件\创意石.avi、菊花.avi、登高望远avi、翠竹.avi
- **最终文件** • 实例文件\第10章\最终文件\秋韵.CDF

01 选择创建光盘。进入会声会影编辑器界面，打开素材后在"分享"界面下单击"创建光盘"按钮，如下图所示。

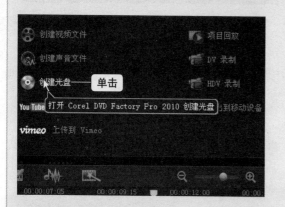

03 选择要插入的视频文件。在Corel DVD Factory 2010界面中就会列出现视频文件列表，选中要插入的文件，将其拖动到媒体托盘，如下图所示。

05 创建视频光盘。单击界面最上方的"创建"按钮，在弹出的列表中单击选择"视频光盘"图标，如下图所示。

02 打开视频文件列表。在弹出的Corel DVD Factory 2010窗口中单击左侧的"所有媒体"按钮，在弹出的下拉列表中单击"视频"，如下图所示。

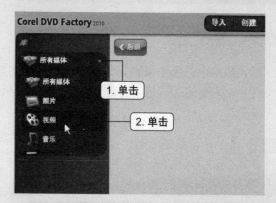

04 显示所插入的视频文件。经过以上操作后，即可将电脑中的视频文件插入到媒体拖盘中，在媒体托盘界面中可以看到所插入的视频，如下图所示。

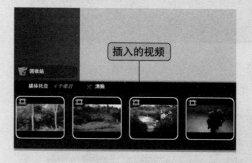

06 选择模板类型。进入Corel DVD Factory 2010的创建视频光盘界面后单击"继承"选项卡，如下图所示。

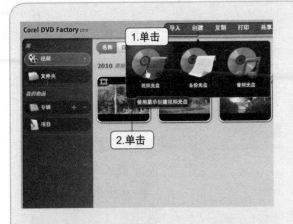

07 选择应用的模板样式。在出现的"继承"模板类型中单击需要应用的模板样式图标，如下图所示。

09 调整视频画面大小。更换主题菜单后，单击选中预览窗口中的视频画面，将光标指向窗口右下角的控点，当光标变成斜向的双箭头形状时按住左键向内拖动鼠标，如下图所示。

08 转到菜单编辑。选择好使用的模板后 单击 Corel DVD Factory 2010右下角的"转到菜单编辑"按钮，如下图所示。

10 移动视频画面位置。调整好视频画面的大小后，将光标指向画面中间，当光标变成十字双箭头形状时按住左键拖动鼠标，将画面移动到合适的位置，如下图所示。

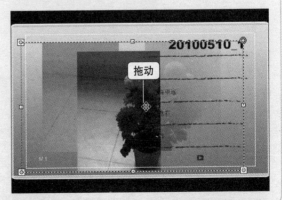

11 设置标题字体。双击预览窗口中的"2010-0510"文本，然后输入标题内容，释放鼠标，单击文本将鼠标向上移动，即可出现浮动工具栏，如下图所示。

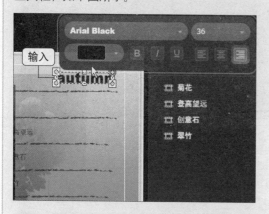

12 设置标题字体格式。在浮动工具栏中设置"字体"为Batang，单击"粗体"按钮，设置"字体大小"为33，如下图所示。

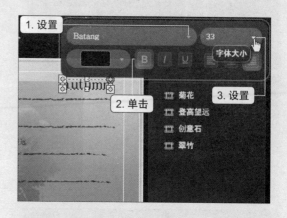

13 显示设置字体格式效果。经过以上操作后就完成了标题字体的设置操作，标题效果如下图所示。

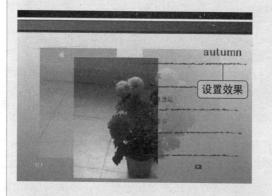

14 选择菜单转场。在Corel DVD Factory 2010界面左下角单击"菜单转场"选项卡，如下图所示。

15 选择退出效果转场。在"菜单转场"界面中单击"进入效果"下拉列表的下三角按钮，在下拉列表中单击"退出效果"选项，如下图所示。

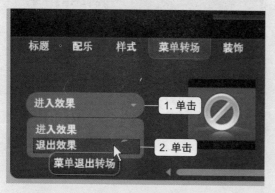

16 选择退出效果转场样式。选择合适的退出效果样式，如下图所示。

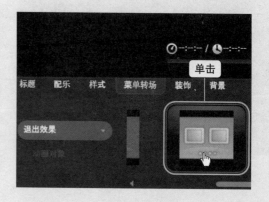

17 进入创建章节界面。在预览窗口上方单击"创建章节"按钮，如下图所示。

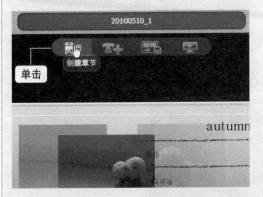

18 添加章节。拖动预览窗口下方的飞梭栏，单击"添加章节"按钮，如下图所示。

19 添加章节效果。在预览窗口下方的章节列表框里可以看到添加章节的效果，如下图所示。

20 删除多余章节。在章节列表框里单击要删除的章节图标，如下图所示。

21 应用添加章节。在Corel DVD Factory 2010界面中单击"应用"按钮，如下图所示。

22 保存项目。在应用更改并返回菜单编辑后，单击"保存"按钮，如下图所示。

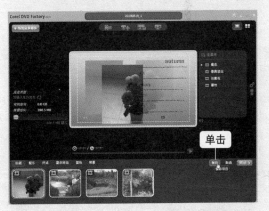

> **创建镜像文件的作用**
>
> 创建镜像文件后，如果电脑中安装有虚拟光驱软件，即可通过虚拟光驱软件查看所创建的文件。

23 开始备份光盘。对光盘内容设置完毕后返回Corel DVD Factory 2010界面，单击"创建"按钮，选择"备份光盘"选项，如下图所示。

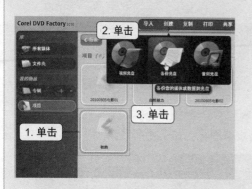

24 创建光盘镜像。在"设置"对话框中勾选"创建光盘镜像"复选框，单击文件夹 图标选择保存位置，如下图所示。

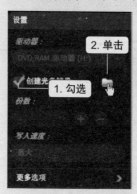

25 开始刻录。执行了以上操作后，单击"刻录"按钮，如下图所示开始进行光盘刻录。

26 镜像文件保存完成。文件刻录完成后，弹出Corel DVD Factory提示框，单击"完成"按钮，如下图所示。

10.4 导出影片

　　会声会影的导出影片功能是指将影片导出到不同的介质上，会声会影X3软件提供了5种介质，分别是DV录制、HDV录制、网页、电子邮件和影片屏幕保护，用户可根据需要选择合适的介质导出影片。

10.4.1 将视频文件制作为网页

　　在将视频文件制作为网页前，首先要将影片创建为适合制作为网页的文件格式。大多数情况下网络中的视频都是WMV格式，因为这种格式的视频文件所占用的空间比较小，下面就来介绍一下创建合适的视频文件以及将其制作为网页的操作步骤。

⊙ **原始文件** • 实例文件\第10章\原始文件\仙境\仙境.VSP
⊙ **最终文件** • 实例文件\第10章\最终文件\仙境.wmv、仙境.htm

步骤01 打开项目文件。打开"实例文件\ 第10章\ 原始文件\仙境\仙境.VSP"文件，文件效果如下图所示。

步骤03 保存视频文件。在弹出的"创建视频文件"对话框中选择文件的保存位置，然后在"文件名"方本框中输入文件名称，最后单击"保存"按钮，如下图所示。

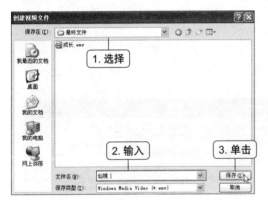

步骤05 执行导出到网页命令。文件创建完毕后会自动保存在"视频"素材库中，选中该视频，执行"文件>导出>网页"命令，如下图所示。

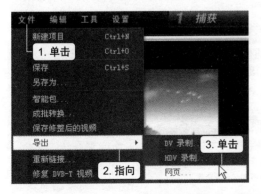

步骤02 选择创建的文件格式。切换到"分享"界面，单击"创建视频文件"按钮，在下拉列表中指向WMV选项，在级联列表中单击WMV HD 720 25p选项，如下图所示。

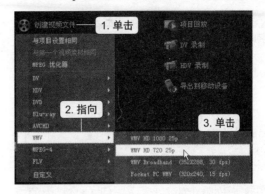

步骤04 显示渲染进度。经过以上操作后返回会声会影编辑器界面，软件即开始创建视频文件，在界面中显示出文体渲染的进度，如下图所示。

步骤06 使用Microsoft's ActiveMovie控制设备。弹出"网页"提示对话框，提示是否使用Microsoft's ActiveMovie控制设备，单击"是"按钮，如下图所示。

步骤07 选择网页保存位置。在弹出的"浏览"对话框中选择网页要保存的位置，在"文件名"文本框中输入htm格式的文件名称，最后单击"确定"按钮，如下图所示。

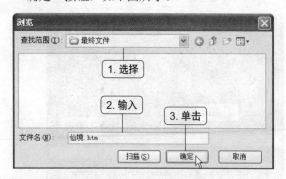

步骤08 确认信息栏内容。弹出ActiveMovie Enbedded MPG Object窗口，并弹出"信息栏"对话框，单击"确定"按钮，如下图所示。

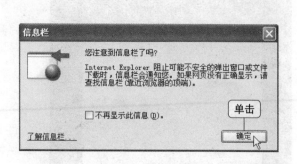

步骤09 允许阻止的内容。确定了信息栏中的内容后，ActiveMovie Enbedded MPG Object窗口中仍不能播放视频，右击窗口中的黄色区域，在弹出的快捷菜单中单击"允许阻止的内容"命令，如下图所示。

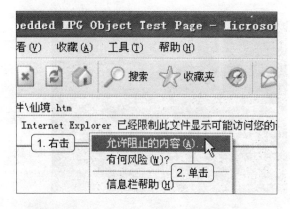

步骤10 确定运行文件。弹出"安全警告"提示对话框，提示允许活动内容（如脚本和ActiveX控件）可能会危害计算机，是否让此文件运行活动内容，单击"是"按钮，如下图所示。

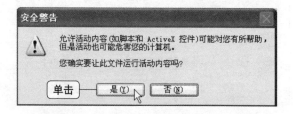

步骤11 查看文件。经过以上操作后，窗口中即显示视频文件的播放窗口，单击"播放"按钮文件开始播放，如下图所示。

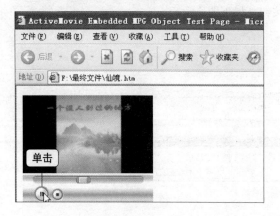

步骤12 显示保存的网页文件。查看网页内容后关闭该窗口，找到网页的保存位置，即可看到保存的网页文件，如下图所示。

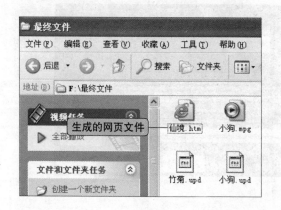

10.4.2 使用电子邮件发送视频

当用户需要和远方的朋友一起分享所制作的视频时，可以选择将视频文件导出后以电子邮件的方式发送到朋友的邮箱中。

步骤01 执行导出到网页命令。在"视频"素材库中选中要发送到电子邮件的视频，执行"文件>导出>电子邮件"命令，如下图所示。

步骤02 输入电子邮件中显示的姓名。在弹出的"Internet 连接向导"对话框中进入"您的姓名"界面，在"显示名"文本框中输入在电子邮件中显示的名称，然后单击"下一步"按钮，如下图所示。

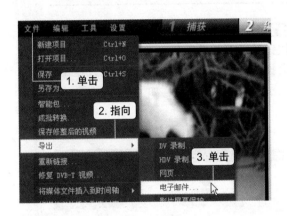
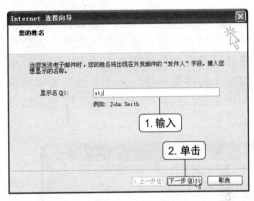

步骤03 输入电子邮件地址。进入"Internet电子邮件地址"界面，在"电子邮件地址"文本框中输入自己的电子邮箱地址，然后单击"下一步"按钮，如下图所示。

步骤04 输入电子邮件服务器名。进入"电子邮件服务器名"界面，在"接收邮件"文本框和"发送邮件服务器"文本框中分别输入服务器名、邮箱所在的网址名，单击"下一步"按钮，如下图所示。

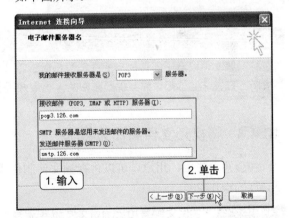

步骤05 输入用户账户名称和密码。进入"Internet Mail登录"界面，在"账户名"和"密码"文本框中分别输入相应内容，然后单击"下一步"按钮，如下图所示。

步骤06 完成邮箱设置。经过以上操作后，进入"祝贺您"界面，单击"完成"按钮即可完成输入设置账户所需的所有信息，如下图所示。

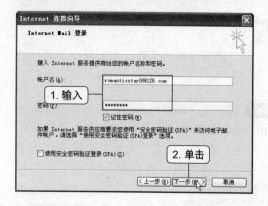

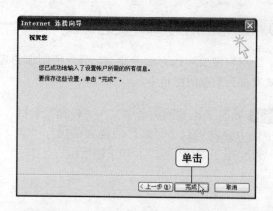

步骤07 发送电子邮件。弹出"新邮件"窗口，在"附件"列表框中自动显示在会声会影软件中所选择的视频文件，在"收件人"文本框中输入收件人的邮箱地址，在"主题"文本框中输入邮件主题，然后单击"发送"按钮，如下图所示。

步骤08 显示发送邮件最终效果。单击"发送"按钮后即开始执行发送操作，发送完成后软件会提示用户已完成发送或在"已发送邮件"中显示出所发送的邮件，如下图所示。

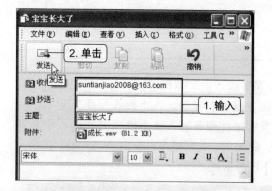

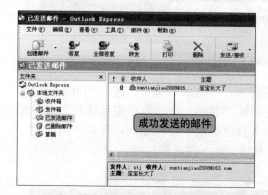

💿 发送电子邮件时视频的格式与大小

在将视频文件以电子邮件的形式进行导出时，不会限制视频文件的格式，但是由于邮箱容量等因素的限制，在发送电子邮件时，视频文件的大小最好不要超过20MB。

10.4.3 将视频文件制作为贺卡

在会声会影中，用户还可以将视频文件制作成贺卡文件送给亲朋好友，以示祝福，下面介绍一下详细的操作步骤。

💿 原始文件 • 实例文件\第10章\原始文件\贺寿\贺寿.mpg
💿 最终文件 • 实例文件\第10章\最终文件\贺寿.exe

💿 贺卡背景文件的格式

为贺卡设置背景图片时，用户可以选择电脑中JPG或BMP格式的图片文件做为贺卡背景，其他格式的文件是不能作为背景图片的。

步骤01 打开"边框"对话框。进入会声会影编辑器界面,单击"预览窗口"右侧的"图形"按钮,单击"画廊"下拉列表的下三角按钮,在弹出的下拉列表中单击"边框",如下图所示。

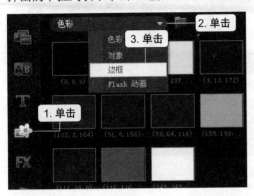

步骤02 添加边框。单击"边框"按钮右侧的"添加"选项,如下图所示。

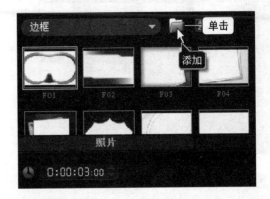

步骤03 选择图片类型。在弹出的"浏览图形"对话框中单击"文件类型"下拉列表右侧的下三角按钮,在下拉列表中单击"JPG/JPEG /JPE (JEPG交换格式文件)"选项,如下图所示。

步骤04 选择目标图片。选中要插入的图片然后单击"打开"按钮,如下图所示。

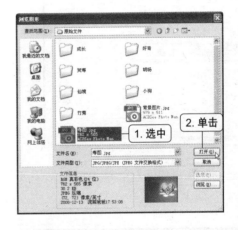

步骤05 将边框插入视频轨。右击选择好的边框,在快捷菜单中指向"插入到"选项,在级联菜单中单击"视频轨"选项,如下图所示。

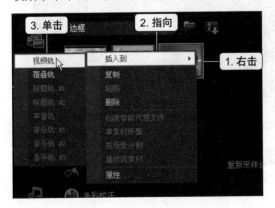

步骤06 插入视频轨效果。将选择好的边框插入视频轨后的效果如下图所示。

步骤07 打开"视频"素材库。单击"预览窗口"右侧的"媒体"按钮，如下图所示。

步骤08 添加视频。切换到视频素材库后，单击"视频"按钮右侧的"添加"，如下图所示。

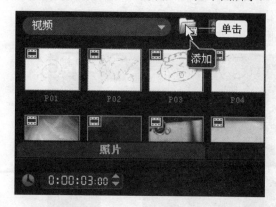

步骤09 选择目标视频。在弹出的"浏览视频"对话框中选择要插入的视频文件，然后单击"打开"按钮，如下图所示。

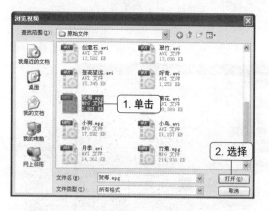

步骤10 视频插入覆叠轨。右击要插入的视频文件，在快捷菜单中指向"插入到"选项，在级联菜单中单击"覆叠轨"选项，如下图所示。

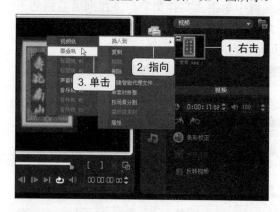

步骤11 选中要编辑的素材。单击时间轴中要编辑的素材，如下图所示。

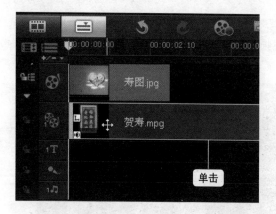

步骤12 调整素材画面位置。在预览窗口中选中要调整位置的素材，按住左键拖动鼠标即可移动素材位置，如下图所示。

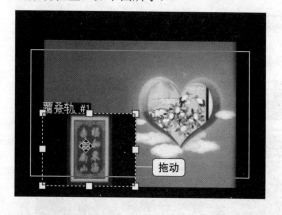

步骤13 打开保存的贺卡文件。对贺卡文件进行保存后找到文件保存的位置，双击文件图标即可播放贺卡，如下图所示。

步骤14 播放贺卡。经过以上操作后，贺卡即开始全屏播放，最终效果如下图所示。

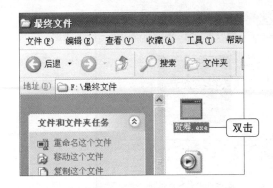

10.4.4 将影片制作为屏幕保护程序

屏幕保存程序可以用于保护CRT显示器，在电脑的系统中会预设一些屏幕保护程序，会声会影用户可以使用自己动手制作屏保。

原始文件 • 实例文件\第10章\原始文件\胡杨\胡杨.VSP

步骤01 打开项目文件。打开"实例文件\第10章\原始文件\胡杨\胡杨.VSP"文件，如下图所示，切换到"分享"界面。

步骤03 选择文件创建位置。在弹出的"创建视频文件"对话框中选择文件要创建的位置，在"文件名"文件框中输入文件名称，然后单击"保存"按钮，如下图所示。

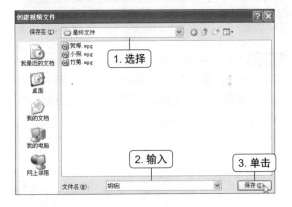

步骤02 选择视频创建类型。单击"创建视频文件"按钮，在弹出的下拉列表中指向WMV选项，在级联列表中单击WMV HD 720 25p选项，如下图所示。

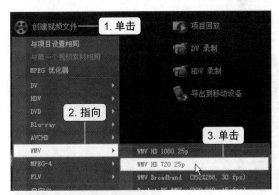

步骤04 导出为影片屏幕保护。选中"视频"素材库中的目标文件，执行"文件>导出>影片屏幕保护"命令，如下图所示。

步骤05 将影片创建为屏幕保护程序。经过以上操作后，在弹出的"显示属性"对话框中切换到"屏幕保护程序"选项卡，在预览窗口中显示的就是会声会影当前所编辑的视频，单击"确定"按钮，如右图所示。当电脑待机相应的时间后就会自动播放由会声会影所制作的屏幕保护程序。

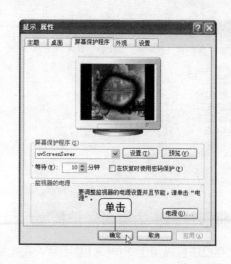

10.5 | YouTube共享视频

在会声会影X3中提供了YouTube视频分享网站的链接。当用户需要将制作的视频文件共享到网络中时，可以在会声会影中使用该功能。使用该功能还可以制作Flash动画文件。

步骤01 打开"打开视频文件"对话框。切换到"分享"界面，单击面板中的"上传到YouTube"按钮，在弹出的下拉列表中单击"浏览要上传的文件"选项，如下图所示。

步骤02 选择要上传的视频文件。在弹出的"打开视频文件"对话框中选择要上传的文件，然后单击"打开"按钮，如下图所示。

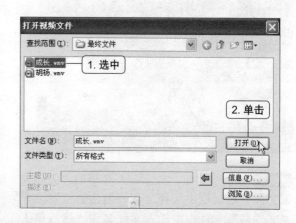

🔘 **YouTube网站**

YouTube网站是一个视频分享网站，用户可以通过该网站上传、观看及分享视频短片。

步骤03 执行加入YouTube命令。弹出"步骤1—注册YouTube"对话框，单击"加入YouTube"按钮，如下图所示。

步骤04 输入注册信息。网络浏览器自动打开YouTube的注册网页，在相应文本框中输入用户的电子邮件地址、密码、用户名、出生日期、性别等内容，如下图所示。

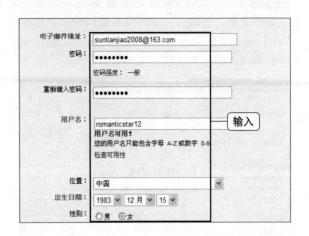

步骤05 创建我的账户。输入相关内容后在"文字验证"文本框中输入验证码,勾选"我同意使用条款和隐私政策"复选框,然后单击"创建我的账户"按钮,如下图所示。

步骤06 输入登录所用用户名和密码。账户创建成功后会在网页中提示用户,并为用户发送告知电子邮件。返回会声会影X3程序,在"步骤1-注册YouTube"对话框中输入注册的用户名和密码,然后单击"下一步"按钮,如下图所示。

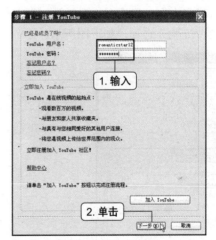

步骤07 阅读版权免责声明。进入"步骤2-版权免责声明"界面,界面最上方显示可上传的最大文件大小及最大长度。在界面中间的列表框中有服务条款、YouTube版权提示等文字链接,单击"服务条款"文字链接,如右图所示。

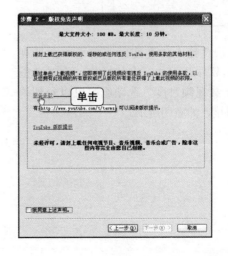

步骤08 阅读YouTube网站服务条款。单击了"服务条款"链接后，IE浏览器窗口中会显示出YouTube网站的服务条款，如下图所示，阅读完毕后单击"关闭"按钮，关闭窗口。

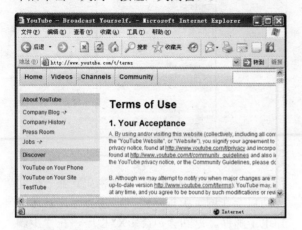

步骤10 描述视频。在"步骤3－描述您的视频"界面中分别在"标题"、"描述"、"标记"文本框中输入相应内容，然后在"视频类别"下拉列表中单击"宠物"选项，如下图所示。

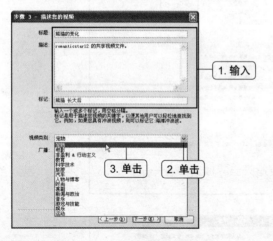

步骤12 显示视频上传进度。单击了"上传视频"按钮后软件开始执行上传操作，在对话框下方的"上载视频进度"选项组中可以看到视频的上传进度，如右图所示。

步骤09 确认同意各项声明返回步骤2界面中，勾选"我同意上述声明"复选框，单击"下一步"按钮，如下图所示。

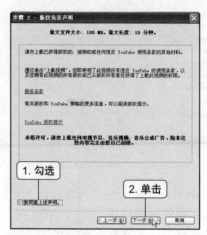

步骤11 生成文件。进入"步骤4－生成文件"界面，在"上载的视频文件属性"选项组中可以看到文件上传的位置、格式等参数，单击"上载视频"按钮，如下图所示。

步骤13 完成上传。视频文件上传结束后弹出Corel VideoStudio提示对话框，提示视频已成功上传到YouTube，单击"确定"按钮，如下图所示。

步骤14 查看上传的视频。单击"确定"按钮后弹出YouTube网页，在网页中可以看到刚刚上传的视频，如下图所示。

更进一步

★ 将影片中的声音创建为独立文件

　　录制视频时会将声音与画面录制在一起，本章中已经介绍了如何创建视频文件，如果用户需要使用视频中的声音文件时，也可以将声音创建为独立的文件，下面介绍一下详细的操作步骤。

⊙ 原始文件 ● 实例文件\第10章\原始文件\芭蕉.wmv
⊙ 最终文件 ● 实例文件\第10章\最终文件\流水声.mp4

01 导入素材文件。打开会声会影X3，进入会声会影编辑器界面，导入"实例文件\第10章\原始文件\芭蕉.wmv"文件，如下图所示。

02 分割音频。插入素材文件后单击"编辑"面板中的"分割音频"按钮，如下图所示。

03 显示分割音频效果。单击"分割音频"按钮后软件便执行相应操作，将素材中的音频与视频分割开，如下图所示。

04 打开"创建声音文件"对话框。切换到"分享"界面，单击面板中的"创建声音文件"按钮，如下图所示。

05 选择声音文件的保存类型。在弹出的"创建声音文件"对话框中单击"保存类型"下列列表右侧的下三角按钮，在弹出的下拉列表中单击"MPEG-4音频文件（*.mp4）"选项，如下图所示。

06 保存声音文件。进入声音文件要保存的位置，在"文件名"文本框中输入文件名称，然后单击"保存"按钮，如下图所示。

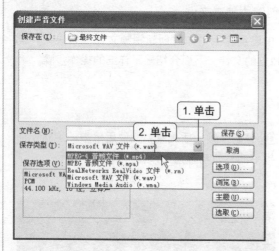

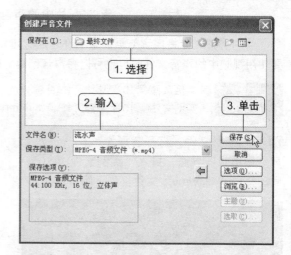

07 显示创建声音文件效果。单击了"保存"按钮后，软件开始执行声音文件的创建操作，文件创建完成后可以在电脑中的保存位置以及会声会影X3的"音频"素材库中看到，如右图所示。

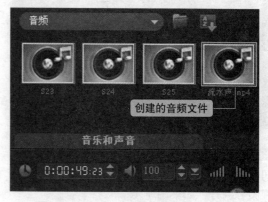

Chapter 11
DV直接转换为DVD

DV转DVD向导是会声会影软件中快速刻录光盘的一个组件，通过使用DV转DVD向导，可以将DV中的素材直接刻录到DVD中。本章将对DV素材的捕获以及模板菜单的设置等操作进行介绍。

通过本章的学习，您可以：

▲ 认识DV转DVD向导界面

▲ 掌握DV影像扫描的操作与预览标记操作

▲ 学习将捕获素材直接转到刻录DVD界面的方法

▲ 了解刻录选择的设置与DVD光盘的刻录操作的方法

▲ 熟悉创建DVD文件夹的操作方法

 本章建议学习时间：45分钟

使用DV录制完视频文件后，如果用户需要快速地将DV中的资料刻录到DVD或VCD等光盘中，可以直接使用会声会影X3软件的"DV转DVD向导"快速将DV视频刻录到光盘中。

11.1 | 认识DV转DVD 向导

DV转DVD向导是一个将DV中的视频文件快速刻录成光盘的程序，通过DV转DVD向导可以从DV中视频的任意位置开始扫描视频，扫描完成后直接刻录到光盘中。

DV转DVD向导是会声会影X3软件的一个组件，可以通过会声会影X3的启动程序进入该界面，下面介绍一下详细的操作步骤。

步骤01 打开"会声会影X3"启动窗口。在系统桌面上双击会声会影X3图标，如下图所示。

步骤02 进入会影片向导界面。在弹出的会声会影X3启动窗口中单击"DV转DVD向导"按钮，如下图所示。

步骤03 显示进入DV转DVD向导界面效果。经过以上操作后就会进入DV转DVD向导界面，如右图所示。

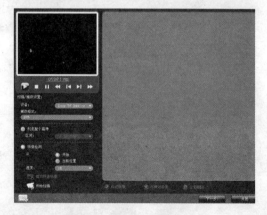

11.2 | 扫描DV中的视频

对DV中的视频文件进行扫描时，需要先将DV通过1394卡与电脑连接后，将DV的开关调到VCR档，然后进入DV转DVD向导界面，就可以对DV进行捕获了。

11.2.1 DV影像的扫描

在进行DV影像的扫描时，可以对DV中的整个磁带或卡中的视频文件进行刻录，也可以从特定位置进行刻录，下面介绍一下详细的操作步骤。

步骤01 开始播放DV。进入DV转DVD向导界面后，单击预览窗口下方的"播放"按钮，如下图所示。

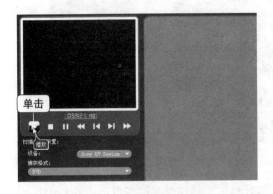

步骤02 确定文件开始捕获的位置。从预览窗口中可以看到DV中视频的画面，通过时间码可以看到当前视频所处的时间位置，播放至视频文件需要捕获的位置时，单击"停止"按钮，如下图所示。

精确定位视频位置

确定了视频开始捕获的位置后单击"停止"按钮，如果还需要精确定位视频开始捕获的位置，可单击预览窗口下方的"上一帧"或"下一帧"按钮进行进一步定位。

步骤03 确定场景检测位置。确定了视频开始捕获的位置后，单击选中"场景检测"选项组中的"当前位置"单选按钮，如下图所示，即从当前的画面位置开始捕获。

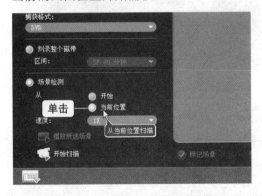

步骤04 开始捕获视频。对捕获选项进行设置后，单击界面左下角的"开始扫描"按钮，如下图所示。

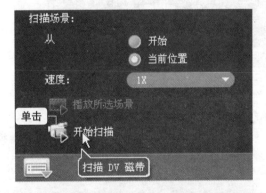

步骤05 停止扫描。单击"开始扫描"按钮后，该按钮变为"停止扫描"按钮，软件便开始对DV进行扫描，当用户所需要的视频内容扫描完成后单击"停止扫描"按钮，如右图所示。

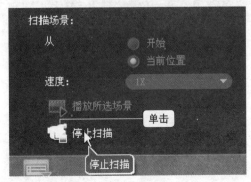

步骤06 快速调整视频捕获位置。单击导览面板中的"快进"按钮，如下图所示，向前推进DV中的磁带至需要捕获的位置后，单击"停止"按钮。

步骤07 继续捕获视频。确定视频捕获的位置后，单击界面左下角的"开始扫描"按钮，如下图所示，继续捕获视频。

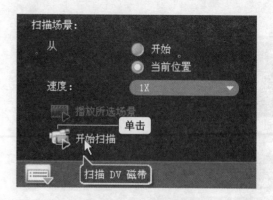

步骤08 停止扫描。当需要的视频内容扫描完成后单击"停止扫描"按钮，如下图所示。

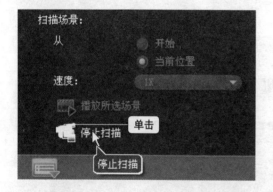

步骤09 显示扫描场景最终效果。在扫描的过程中，软件会将扫描到的场景自动进行分割，扫描完成后软件会自动将视频片段放置在窗口右侧的故事板中，如下图所示。

范例操作

范例27 将DV中的所有视频文件捕获为DVD格式

当用户需要将DV中的视频捕获为DVD格式时，可参照本例介绍的内容进行操作。

01 将DV带退至开始位置。连接DV后进入DV转DVD向导界面，单击预览窗口下方的"快退"按钮，如右图所示，对DV磁带进行倒带，退至最前端，软件会自动结束操作。

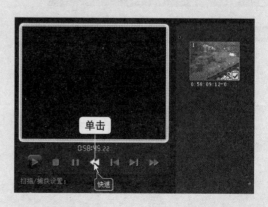

02 设置捕获格式。将DV带退到最前端后，单击"捕获格式"下拉列表右侧的下三角按钮，在弹出的下拉列表中选择DVD选项，如下图所示。

03 确定场景检测位置。设置视频捕获格式后，单击"场景检测"选项组中的"开始"单选按钮，如下图所示。

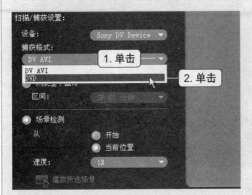
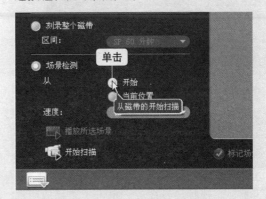

在DV机上退带

打开DV的电源开关后按下DV机上的"快退"按钮，同样可以完成退带操作，操作完成后DV机会自动停止。

04 开始捕获视频。对捕获选项进行设置后，单击界面左下角的"开始扫描"按钮，如下图所示。

05 显示扫描效果。软件开始对DV机中的视频进行扫描，全部扫描完成后软件自动停止，扫描后的结果如下图所示。

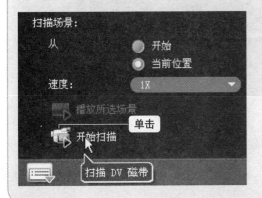

11.2.2 影像的预览、取消标记与删除场

将视频文件捕获到DV转DVD向导中以后，可以对捕获的视频进行预览、标记以及删除的操作。

1．预览视频

当用户需要确认所捕获的视频的具体内容时，可以在DV转DVD向导中进行预览，然后再对视频进行具体的操作，下面介绍一下详细的操作步骤。

步骤01 选择要播放的场景。将视频捕获到DV转DVD向导界面中后，单击选中"故事板"中要预览的视频片段，如下图所示。

步骤02 播放所选场景。选中要播放的视频片段后，单击界面左下角的"播放所选场景"按钮，如下图所示。

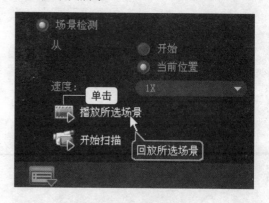

步骤03 显示视频场景播放。单击了"播放所选场景"按钮后，DV机开始倒退至该段视频所在位置后开始播放，如下图所示。

步骤04 停止所选视频播放。对该段落视频预览完毕后单击导览面板下方的"停止"按钮，如下图所示，停止播放所选视频。

2. 取消标记视频

DV转DVD向导对视频进行扫描后，会对每段视频都进行标记，如果用户需要取消某些视频片段的标记时，可按以下步骤完成操作。

方法一：通过快捷菜单取消标记

步骤01 选择要取消标记的场景。将视频捕获到DV转DVD向导界面中后，右击"故事板"中任意一个视频片段，在弹出的快捷菜单中单击"全部选取"命令，如右图所示。

步骤02 取消标记。选中要取消标记的视频片段后，右击要取消标记的片段，在弹出的快捷菜单中单击"不标记场景"命令，如下图所示。

步骤03 显示取消标记场景效果。经过以上操作后，就会取消所选视频片段的标记，如下图所示。

恢复标记场景

取消视频的标记后如果再次需要标记场景，选中要标记的场景，然后右击任意一个选中的视频图标，在弹出的快捷菜单中单击"标记场景"命令，即可完成标记场景的操作。

方法二：通过"不标记场景"按钮取消标记

步骤01 选择要取消标记的场景。将视频捕获到DV转DVD向导界面中后，按住Ctrl键的同时依次选中"故事板"中要取消标记的视频片段，如下图所示。

步骤02 取消标记。选中要取消标记的视频片段后，单击界面右下方的"不标记场景"按钮，如下图所示。

步骤03 显示取消标记场景效果。经过以上操作后，就会取消所选视频片段的标记，如右图所示。

恢复标记场景另一种办法

取消对视频片段的标记场景后，"不标记场景"按钮右侧的"标记场景"按钮就处于激活状态，需要标记场景时选中要标记场景的视频片段，然后单击"标记场景"按钮即可。

3. 修改场景

修改场景主要是对所捕获场景的起始与结束位置进行设置，下面就来介绍一下修改场景的操作步骤。

步骤01 打开"修改场景"对话框。将视频捕获到DV转DVD向导界面中后，右键单击要修改场景的视频片段，在弹出的快捷菜单中单击"修改场景"命令，如下图所示。

步骤02 修改场景。在弹出的"修改场景"对话框中，在"起始"和"结束"数值框中依次输入视频的起始和结束时间，然后单击"确定"按钮，如下图所示。

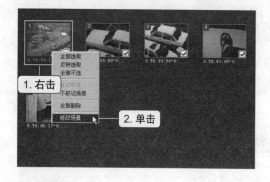

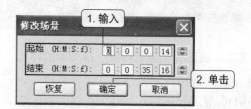

步骤03 经过以上操作后，返回DV转DVD向导界面，将光标指向所修改视频片段，就可以看到视频修改场景后的时间，如右图所示。

恢复场景修复

需要将修改后的视频恢复为原有时长时，右击要恢复的视频，在弹出的快捷菜单中，单击"修改场景"命令。在弹出的"修改场景"对话框中单击"恢复"按钮，即可将修改后的视频恢复为原始状态。

4. 删除场景

捕获视频后，如果用户发现捕获的视频片段没有用处，可直接将捕获的视频全部删除，下面介绍一下详细的操作步骤。

步骤01 删除捕获的视频片段。将视频捕获到DV转DVD向导界面中后，单击界面右下方的"全部删除"按钮，如下图所示。

步骤02 显示删除场景效果。经过以上操作后，即取消所选视频片段的标记，如下图所示。

11.3 | 刻录DVD视频光盘

对DV中需要的视频文件扫描完成后，将DVD光盘放入刻录机中，就可以进行刻录光盘的操作了。在DV转DVD向导中刻录光盘时，可以对DVD光盘的卷标名称、刻录格式、主题模板、标题等内容进行设置。

11.3.1 高级设置

刻录光盘时的高级设置包括设置工作文件夹、自动添加章节、创建DVD文件夹等内容，下面介绍一下详细的操作步骤。

步骤01 进入DVD刻录界面。将视频捕获到DV转DVD向导界面中后，单击界面右下方的"下一步"按钮，如下图所示。

步骤02 打开"高级设置"对话框。进入DVD刻录界面后，在"卷标名称"文本框中输入需要的卷标名称，然后单击"刻录格式"右侧的"高级"按钮，如下图所示。

步骤03 打开"浏览文件夹"对话框。在弹出的"高级设置"对话框中单击"工作文件夹"选项右侧的□按钮，如右图所示。

步骤04 选择工作文件夹。在弹出的"浏览文件夹"对话框中选择保存文件夹后单击"确定"按钮，如下图所示。

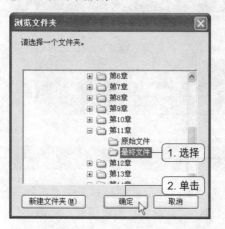

步骤05 设置自动添加章节以及创建DVD文件夹。单击"自动添加章节"选项组中的"按场景"单选按钮，如下图所示，最后单击"确定"按钮，即可完成刻录光盘的"高级设置"。

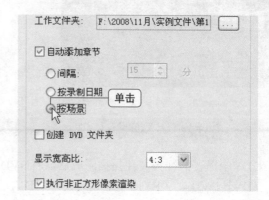

11.3.2 选择主题模板与编辑标题

为了使刻录完成的DVD更完美，还需要对使用主题模板中的标题进行编辑，下面就来介绍一下主题模板的选择与标题的编辑操作。

步骤01 打开"编辑模板标题"对话框。设置了DVD刻录的高级设置后，在"主题模板"列表框中选中需要的主题模板，然后单击"编辑标题"按钮，如下图所示。

步骤02 选中标题内容。在弹出的"编辑模板标题"对话框中切换到"起始"选项卡，双击标题文本，将光标定位在其中，然后选中标题文本，如下图所示。

步骤03 设置标题字体。选中标题文本后直接输入新的标题，然后选中标题框，再单击"字体"列表框的下三角按钮，在弹出的下拉列表框中单击Rage Italic LET选项，如右图所示。

步骤04 设置标题字号。单击"字号"列表框右侧下翻按钮不放，移动滑块，将数值设置为72，如下图所示，然后释放鼠标。

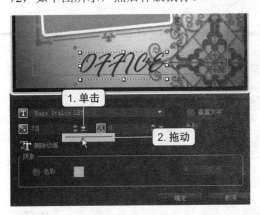

步骤05 设置标题角度。按照设置标题字号的方法，将标题的角度设置为14，如下图所示。

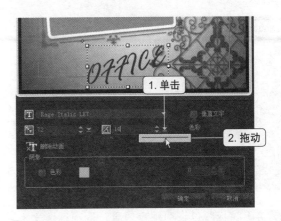

步骤06 移动标题位置。将光标指向预览窗口的标题框，当光标变成小手形状时按住左键拖动鼠标，将标题移动到目标位置，如下图所示。

步骤07 设置标题颜色。单击"色彩"右侧的色块，在弹出的颜色列表中选择颜色，如下图所示。

步骤08 设置标题阴影颜色。单击"阴影"选项组中"色彩"右侧的色块，在弹出的颜色列表中选择颜色，如下图所示。

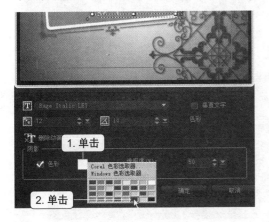

步骤09 设置阴影透明度。单击"阴影"选项组中"透明度"列表框右侧的下翻按钮不放，移动滑块将数值设置为"0"，如下图所示。

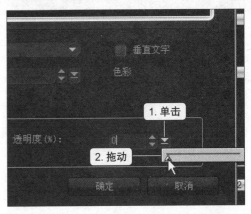

步骤10 显示标题设置效果。经过以上操作后，就完成了光盘起始标题的设置，最终效果如下图所示。

标题设置效果

步骤11 选中标题内容。切换到"结束"选项卡，双击标题文本，将光标定位在内，然后按住左键拖动鼠标选中标题文本，如下图所示。

选中

步骤12 将标题设置为垂直效果。选中标题文本后输入新的标题内容，然后勾选"垂直文字"复选框，如下图所示。

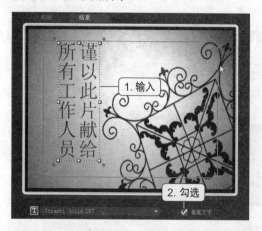

1. 输入

2. 勾选

步骤13 设置标题字体。单击"字体"下拉列表框的下三角按钮，在弹出的下拉列表框中单击"隶书"选项，如下图所示。

1. 单击

2. 单击

📀 输入双排标题

当标题内容过长时，如果只排一排可能会出现显示内容不全的现象，此时可以在标题中断句。

步骤14 打开"Corel 色彩选取器"对话框。单击"色彩"右侧的色块，在弹出的颜色列表中选择"Corel 色彩选取器"选项，如右图所示。

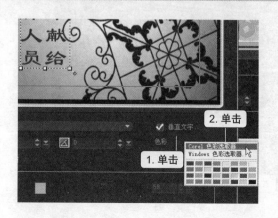

2. 单击

1. 单击

步骤15 设置标题颜色。在弹出的"Corel 色彩选取器"对话框中，将颜色的RGB值依次设置为248、255、120，然后单击"确定"按钮，如下图所示。

步骤16 设置标题阴影色彩。勾选"阴影"选项组中的"色彩"复选框，然后单击色块，在弹出的颜色列表中选择颜色，如下图所示。

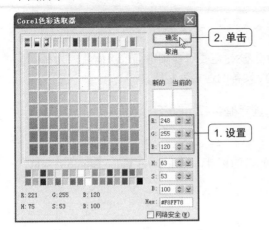

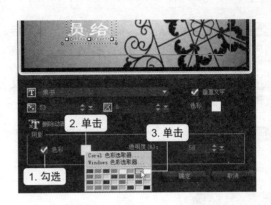

步骤17 设置阴影透明度。单击"阴影"选项组中"透明度"列表框右侧的下翻按钮不放，拖动滑块将数值设置为"0"，如下图所示，然后释放鼠标左键。

步骤18 移动阴影位置。设置了阴影选项后，预览窗口的标题框中就会出现一个阴影框，将光标指向阴影框右侧的 按钮，当光标变成十字双箭头形状时按住左键拖动鼠标，移动阴影位置，如下图所示。

步骤19 显示标题设置效果。经过以上操作后，就完成了结尾标题的设置，最终效果如右图所示，单击该对话框中的"确定"按钮，即可完成光盘标题的设置。

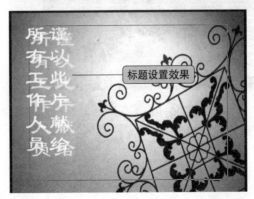

11.3.3 刻录光盘

将光盘中视频文件的主题模板、标题等内容编辑完成后就可以进行光盘刻录了，具体操作步骤如下。

步骤01 执行刻录操作。单击光盘刻录界面右下角的"刻录"按钮。

步骤02 显示捕获视频进度。单击"刻录"按钮后，会声会影X3还要对视频进行一次捕获，光盘刻录界面中显示了刻录的进度，并在下方提示"请不要取消DV设备的连接"字样。

步骤03 显示转换菜单进度。对创建光盘的视频文件重新进行捕获后，程序开始转换菜单，此时就可以取消DV设备的连接了。

步骤04 完成光盘刻录。DVD的菜单转换完成后就完成了光盘的刻录，弹出Corel Video Studio提示框，单击"确定"按钮。

更进一步

★ 从DV转DVD向导转换到影片向导

在进入DV转DVD刻录界面后，如果用户需要转换到影片向导中进行操作，可按以下步骤完成操作。

01 转到影片向导。进入DV转DVD向导，捕获视频后进入光盘刻录界面，单击界面左下角的"选项"按钮，在弹出的下拉菜单中单击"转到VideoStudio Pro Editor"选项，如下图所示。

02 显示进入影片向导界面效果。经过以上操作后即可转到影片向导界面，弹出"Corel 影片向导"窗口，同时关闭DV转DVD向导窗口，如下图所示。

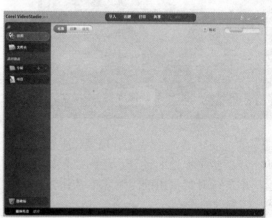

Chapter 12
快速轻松制作影片

如果用户需要快速地制作影片，可以通过会声会影X3影片向导来完成，它可以快捷捕获、分割视频，并使用软件中自带的主题模板对影片的片头进行设置。影片制作完成后，可以使用会声会影输出不同格式的视频文件，将其刻录到光盘上或转到会声会影编辑器中继续编辑影片。

通过本章的学习，您可以：

▲ 学习对视频文件按拍摄日期进行分割
▲ 掌握样式模板的使用与设置操作
▲ 熟悉将制作好的影片输出为不同格式
▲ 掌握快速制作相册

 本章建议学习时间：80分钟

在会声会影X3中包括3个组件，会声会影编辑器、DV转DVD向导与影片向导。在前面的章节中已经介绍了前两个组件的使用方法。当用户需要轻松、快速地制作影片时，就可以通过会声会影的影片向导来完成。

12.1 | 视频素材的获取

制作影片时，需要向项目文件中添加素材。在获取素材文件时，可以通过从DV中捕获、从电脑中插入，也可以使用会声会影X3素材库中的素材。

12.1.1 捕获视频

使用DV录制了视频后，还需要将DV中的视频文件捕获到电脑后才能进行编辑，下面介绍一下详细的操作步骤。

⊗ **最终文件** • 实例文件\第12章\最终文件\100427-002.mpg

步骤01 打开会声会影X3启动窗口。在系统桌面后双击会声会影ProX3的图标，如下图所示。

步骤02 进入会影片向导界面。在弹出的会声会影X3启动窗口中单击"简易编辑"按钮，如下图所示。

步骤03 进入捕获界面。进入Corel VideoStudio界面，单击"导入"按钮，然后单击"摄像机-磁带"图标，如下图所示。

步骤04 使用电脑所插入设备。将DV与电脑连接，将DV的开关打开到VCR档，此时会弹出"Corel捕获管理器"对话框，然后单击"确定"按钮，如下图所示。

⊗ **捕获视频时按场景分割视频**

在进行视频捕获后，如果需要对捕获后的视频进行按场景分割，可在设置捕获相关选项时勾选"按场景分割"复选框，这样在进行捕获时软件会自动将捕获的视频按场景进行分割。

步骤05 选择捕获后的文件格式。Corel Video-Studio处于可编辑状态后，单击"视频格式"下拉列表的下三角按钮，在弹出的下拉列表中单击"MPEG2"选项，如下图所示。

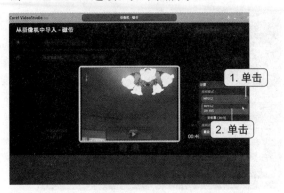

步骤06 打开"浏览文件夹"对话框。单击"捕获文件夹"选项右侧的"打开"按钮，如下图所示。

步骤07 选择捕获文件夹。在弹出的"浏览文件夹"对话框中，选中要设置的捕获文件夹，然后单击"确定"按钮，如下图所示。

步骤08 打开"捕获选项"对话框。返回影片向导界面中单击"选项"按钮，在弹出的下拉列表中单击"捕获选项"命令，如下图所示。

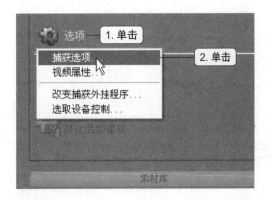

步骤09 设置捕获选项。在弹出的"捕获选项"对话框中，取消勾选"捕获到素材库"复选框，然后单击"确定"按钮，如下图所示。

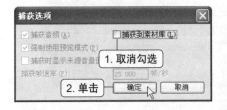

步骤10 开始捕获视频。单击捕获界面中的"开始录制视频"按钮，如下图所示，软件即开始执行捕获命令。

步骤11 停止捕获。程序执行捕获命令后，用户不需要进行任何操作，软件将自动执行捕获操作。当用户需要结束捕获视频时，单击"停止捕获"按钮，如下图所示。

步骤12 结束视频捕获。单击"停止捕获"按钮后，在"影片向导"捕获界面的下方素材框中就可以看到刚刚捕获的视频图标，软件会为其自动命名，如下图所示。

步骤13 显示视频捕获最终效果。打开用户所设置的捕获文件夹，就可以看到用户所捕获的视频文件，最终效果如右图所示。

12.1.2　插入电脑中的文件

除了直接从DV中捕获视频文件，也可以直接将电脑中保存的视频或图像文件插入到项目文件中，下面介绍一下详细的操作步骤。

原始文件 ● 实例文件\第12章\原始文件\芭蕉.wmv、绽放.jpg、花苞.jpg、盛开.jpg

步骤01 打开"打开视频文件"对话框。单击Corel VideoStudio 2010界面左侧的"所有媒体"按钮，单击"视频"按钮，如下图所示。

步骤02 选择要插入的视频文件。在Corel VideoStudio 2010界面中，选中要插入的文件，将其拖动到媒体托盘，如下图所示。

步骤03 显示所插入的视频文件。经过以上操作即可将电脑中的视频文件插入到媒体拖盘中，在媒体托盘界面中即可看到所插入的视频，如下图所示。

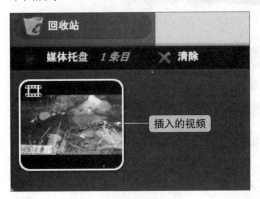

步骤04 打开"添加照片"对话框。单击Corel VideoStudio 2010界面左侧的"所有媒体"按钮，单击"照片"选项，如下图所示。

步骤05 选择要插入的图像文件。在Corel Video-Studio 2010界面选中要插入的文件，将其拖动到媒体托盘，如下图所示。

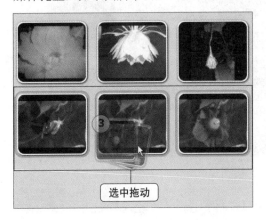

步骤06 显示所插入的图像文件。经过以上操作后，即可将电脑中的视频文件插入到媒体托盘中，在媒体托盘界面的列表框中即可看到所插入的照片，如下图所示。

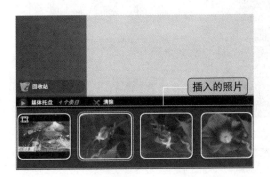

12.1.3 使用素材库中的视频

在会声会影X3简易编辑的素材库中，预设了一些视频素材的样式，用户在编辑影片时也可以使用素材库中的文件，下面介绍一下详细的操作步骤。

步骤01 显示"素材库"。进入"简易编辑"界面，单击Corel VideoStudio 2010界面左侧的"所有媒体"按钮，如右图所示。

步骤02 选择素材库类型。单击Corel VideoStudio 2010界面左侧的"所有媒体"按钮，然后单击"照片"选项，如下图所示。

步骤03 选择要插入的照片文件。打开"照片"素材库后选中要插入的照片素材"昙花5"，将其向媒体拖盘拖动，如下图所示。

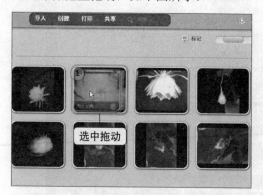

步骤04 将照片素材拖动至媒体托盘中。拖动要插入的照片文件至界面下方的媒体托盘中的目标位置处，如下图所示。

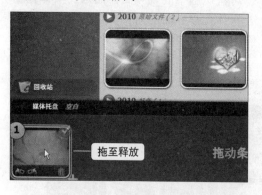

步骤05 显示所插入的图像文件。经过以上操作后，即可将素材库中的图像文件插入到媒体托盘界面的列表框中，如下图所示。

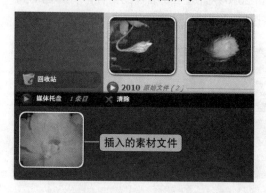

12.2 按拍摄时间分割场景

如果用户制作的影片中有些时间较长的视频，可以将视频按拍摄的时间进行场景分割，然后根据需要删减视频，下面介绍一下详细的操作步骤。

原始文件 • 实例文件\第12章\原始文件\红轿子.mpg

步骤01 插入视频文件。进入Corel VideoStudio 2010界面，打开"实例文件\第12章\原始文件\红轿子.mpg"文件，右击所插入的视频图标，在弹出的快捷菜单中单击"在'快速编辑'中编辑"命令，如右图所示。

步骤02 执行分割视频命令。插入视频文件后，单击预览窗口上方的"分割视频"按钮，如下图所示。

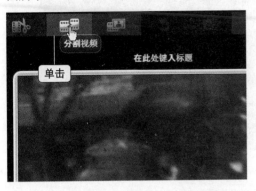

步骤04 分割视频。经过上面的操作后，单击"分割"按钮，在"分割"对话框中单击"分割"按钮，如右图所示。

步骤03 拖动飞梭栏。在预览窗口下方拖动飞梭栏，将其调整到合适时间位置，如下图所示。

12.3 | 样式模板的使用

对插入的文件进行简单的编辑后，接下来就可以进入模板编辑界面对主题模板进行编辑了。本节中将对选择主题模板、更换音乐背景、设置影片区间以及调整标题文字的操作步骤进行介绍。

12.3.1 使用主题模板

使用Corel VideoStudio 2010制作影片时，可以选择简易编辑中预设的模板样式作为影片的片头，Corel VideoStudio 2010中预设了趣味影片、简单影片和相册影片3种主题模板，用户可根据需要选择合适的模板，下面介绍一下详细的操作步骤。

⊙ 原始文件 • 实例文件\第12章\原始文件\芭蕉.wmv、野花.avi、月季.avi

步骤01 创建电影。进入Corel VideoStudio 2010界面，打开"实例文件\第12章\原始文件\芭蕉.wmv、野花.avi、月季.avi"文件，然后单击界面最上方的"创建"按钮，单击"电影"图标。如右图所示。

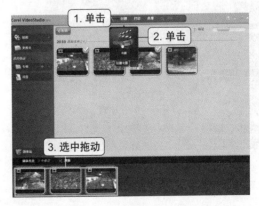

步骤02 选择模板类型。进入"选择一个样式"界面，单击"相册"选项卡，如下图所示。

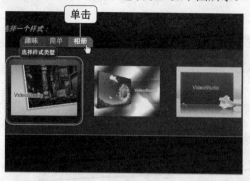

步骤03 应用主题模板。打开"相册"列表后单击第3个主题模板，如下图所示。

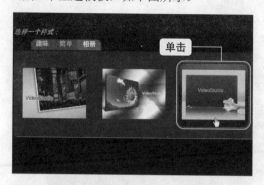

步骤04 显示应用主题模板效果。经过以上操作后即可为影片应用主题模板，在界面右侧的预览区域内可以看到应用后的效果，如右图所示。

12.3.2 设置背景音乐

在选择的主题模板中已有了预设好的背景音乐，用户还可以根据影片的需要自己动手设置适合的背景音乐，下面介绍一下详细的操作步骤。

原始文件 • 实例文件\第12章\原始文件\茉莉花.mp3

步骤01 打开"配乐"对话框。应用了主题模板后，单击"配乐"选项卡，如下图所示。

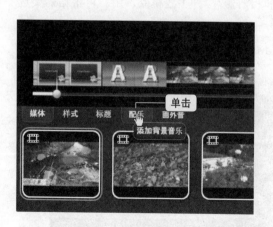

步骤02 删除模板原有音乐。在弹出的"配乐"对话框中选中模板中原有的音频文件，单击 ✖ 按钮，如下图所示，删除原有音乐。

步骤03 打开音频文件列表。删除主题模板原音频文件后，单击弹出的"浏览我的音乐"按钮，如下图所示。

步骤04 选择要添加的音频文件。在弹出的Corel VideoStudio 2010对话框中选中音乐文件的存储位置，勾选"茉莉花.mp3"，单击"添加"按钮，如下图所示。

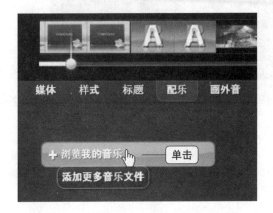

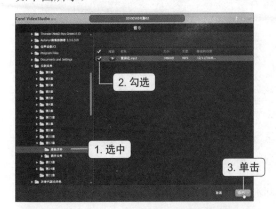

步骤05 确定所添加的文件。返回"配乐"对话框，可以看到所添加的音乐文件，如右图所示。

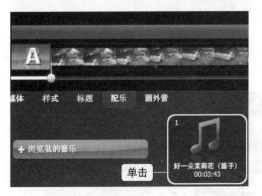

12.3.3 设置影片区间

影片区间是指整个影片的长度，用户可以将影片的区间设置为照片区间、调整区间至，下面介绍一下详细的操作步骤。

步骤01 打开"区间"对话框。单击预览窗口右方"设置"按钮，如下图所示。

步骤02 设置影片区间。在弹出的"设置"对话框中，单击"调整区间至"选项组中的"按显示调整音乐"单选按钮，如下图所示，完成设置影片区间操作。

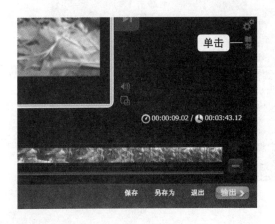

步骤03 显示设置区间最终效果。经过以上操作后，返回Corel VideoStudio 2010界面，在预览窗口右侧的时间区域内就可以看到设置影片区间后的效果，如右图所示。

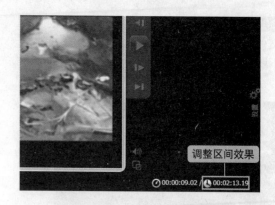

12.3.4 调整模板标题文字

选择的主题模板中已有了设置好的标题文字，用户还可以根据影片的风格对标题文字及文字格式进行设置，下面介绍一下详细的操作步骤。

步骤01 选择标题文字。单击预览窗口下方"标题"选项卡，在弹出的"标题"选项中选择要编辑的文字，如下图所示。

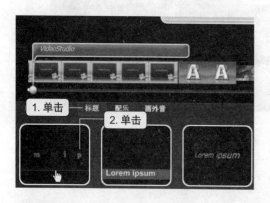

步骤03 打开"文字属性"对话框。选中标题框中的标题文本后，将光标向上移动，即出现浮动工具栏，在其中可以设置标题文字的字体、大小、颜色等参数，如下图所示。

步骤02 选中标题文本。选中标题文字后，预览窗口中的标题框就会处于选中状态，双击标题框将光标定位在内，然后选中标题框中的所有文本，如下图所示。

步骤04 设置字体。单击"Arial"下拉列表的下三角按钮，在弹出的下拉列表中单击"Berlin Soms FB"选项，如下图所示。

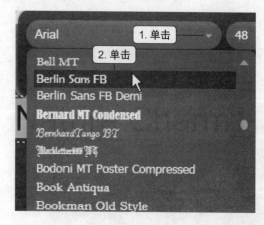

步骤05 设置标题大小。单击"字体大小"下拉列表右侧的下三角按钮,将标题字体大小设置为50,如下图所示。

步骤06 设置斜体。单击浮动工具栏中的"斜体"按钮 I,如下图所示。

步骤07 设置标题文字颜色。单击"字体颜色"色块,如下图所示。

步骤08 选择标题颜色。在弹出的颜色列表中选择要设置的颜色,如下图所示。

步骤09 设置标题位置。在浮动工具栏中单击"居中"按钮,如右图所示。

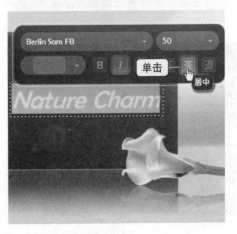

步骤10 移动标题位置。将光标指向预览窗口的标题框，光标变成小手形状时按住左键拖动鼠标，将标题移动到目标位置，如右图所示，即可完成标题文字格式的设置操作。

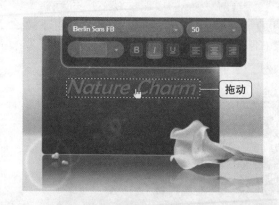

 将样式模板恢复为默认设置

如果用户对设置后的主题模板效果不满意，想要恢复到默认的设置，重新选择一次样式模板即可。

范例操作

范例28 添加影片的结尾标题

除了主题模板中预设的标题文字，用户还可以根据需要添加标题文字，下面就以添加结尾标题为例来介绍一下标题的添加操作步骤。

01 选择标题文字。单击预览窗口下方的"标题"选项卡，在弹出的"标题"选项中，选择需要编辑的文字，如右图所示。

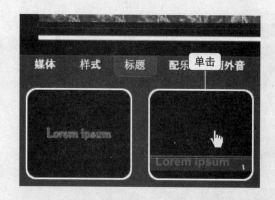

02 选中标题文本。选中标题文字后，预览窗口中的标题框就会处于选中状态，双击标题框将光标定位在内，然后选中标题框中的所有文本，如下图所示。

03 调整标题大小。输入标题文本后，单击"字体大小"下拉列表右侧的下三角按钮，在弹出的下拉列表中单击36，如下图所示。

04 移动标题框位置。将标题文字调整到合适大小后单击"右对齐"按钮，如下图所示。

05 显示添加标题最终效果。经过以上的调整后，即可完成为影片添加并设置标题的操作，最终效果如下图所示。

12.4 | 输出影片

影片的主题模板编辑完成后，就可以进入输出影片的界面，执行影片的输出操作了。在输出影片时有7个选择，分别为将影片创建为另存为视频文件、刻录到视频光盘、复制到可移动媒体播放器、通过YouTube共享视频、通过Vimeo共享视频、在线分享照片和视频以及在VideoStudio Pro编辑。

12.4.1 创建视频文件

在Corel VideoStudio 2010界面中创建视频文件时，可以将影片创建为不同格式的视频文件，包括DV、HDV、DVD/VCD/SVCD/MPEG、Blu-ray、AVCHD、WMV、MPEG-4、FPV、PAL DVD等十多种格式的视频文件，下面就以创建MPEG2格式的视频文件为例来介绍一下操作步骤。

最终文件 • 实例文件\第12章\最终文件\自然魅力.mpg

步骤01 输出视频文件。对主题模板的区间、标题、音乐等参数进行设置后，然后单击界面右下角的"输出"按钮，如下图所示。

步骤02 选择要创建的视频文件类型。进入"另存为视频文件"界面，单击"视频格式"下拉列表的下三角按钮，在弹出的下拉列表中单击"MPEG2"选项，如下图所示。

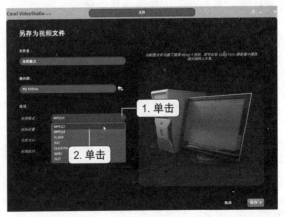

步骤03 创建视频文件。弹出"创建视频文件"对话框，选择视频文件保存的位置，在"文件名"文本框中输入要创建的文件名称，最后单击"保存"按钮，如下图所示。

步骤04 显示文件创建进度。软件开始执行创建视频文件的操作，在界面中显示出文件的创建进度，如下图所示。

步骤05 完成视频文件创建。文件创建完毕后弹出Corel VideoStudio提示框，单击"确定"按钮，如下图所示。

步骤06 显示创建视频文件最终效果。在视频文件创建的位置就可以看到创建的影片了，最终效果如下图所示。

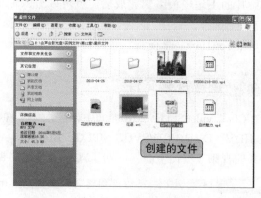

12.4.2 创建光盘

影片编辑完成后，为了永久保存影片，可以将其刻录到光盘中。在"简易编辑"界面中，创建光盘的类型包括Blu-ray和DVD两种，用户可根据自己的光盘类型选择相应的光盘类型选项进行刻录，下面介绍一下详细的操作步骤。

步骤01 选择创建光盘。进入Corel DVD Factory 2010界面，选择一个素材，单击"创建"按钮，在弹出的下拉列表中单击"视频光盘"图标，如下图所示。

步骤02 选择创建光盘的类型。进入"创建视频光盘"界面，单击"选取光盘"下拉列表的下三角按钮，在弹出的下拉列表中，单击DVD选项，如下图所示。

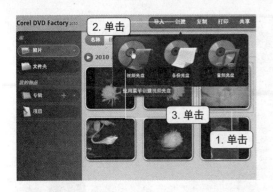

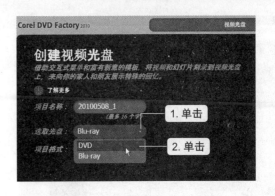

步骤03 选择样式类别。在"选择一个样式"选项组中单击窗口左下方的"继承"选项卡，如下图所示。

步骤04 选择应用的样式。选择要应用的样式，单击"转到菜单编辑"按钮，如下图所示。

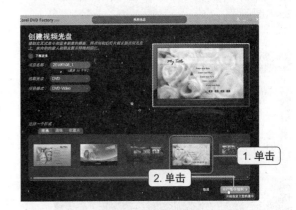

步骤05 选中预览窗口中的文字。在预览窗口中双击要编辑的文字，即可将光标定位在文本框内，然后选中文本内容，如下图所示。

步骤06 打开"字体"对话框。输入需要的标题内容，然后单击标题框，将光标向上移动，自动弹出浮动工具栏，如下图所示。

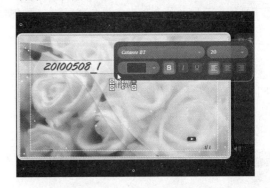

步骤07 设置文字格式。在浮动工具栏中设置"字体类型"为"黑体"，设置"字体大小"为38，如下图所示。

步骤08 设置字体颜色。单击字体颜色色块右侧的下三角按钮，在弹出的颜色列表中选择红色，如下图所示。

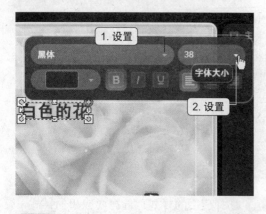

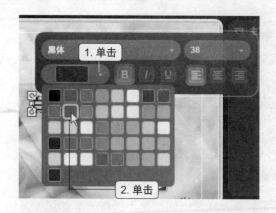

步骤09 显示设置文字效果。按照同样的方法，对预览窗口中的其他文字进行设置，最终效果如下图所示。

步骤10 调整视频播放窗口大小。单击选中视频播放窗口，将光标指向窗口左上角的黄色控点，当光标变为↖形状时按住左键向内拖动鼠标，如下图所示，缩小视频播放窗口。

旋转视频窗口角度

选中视频窗口后，将光标指向视频窗口右上角的粉色控点，当光标变成◎形状时，按住左键向目标方向拖动鼠标，即可旋转视频窗口角度。

步骤11 移动视频播放窗口位置。将光标指向窗口中间区域，光标指针变成✥形状时按住左键拖动鼠标，将其移动到目标位置后释放鼠标左键，如下图所示。

步骤12 视频播放窗口变形。单击选中视频播放窗口，将光标指向窗口左上角的黄色控点，当光标变成↖形状时按住左键拖动鼠标，对视频播放窗口进行变形操作，如下图所示。

步骤13 显示主题菜单设置效果。按照类似的操作，对预览窗口中需要调整的对象进行操作，主题菜单设置效果如下图所示。

步骤14 设置菜单转场。单击界面左下角的"菜单转场"选项卡，如下图所示，对菜单转场的进入效果进行设置。

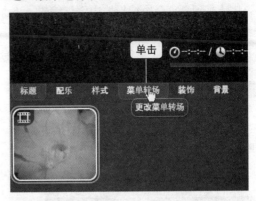

步骤15 设置菜单退出效果。在"进入效果"下拉列表中单击"退出效果"选项，勾选"动画对象"复选框，在列表框中选择合适的进入效果，如下图所示，即可完成菜单退出效果的设置。

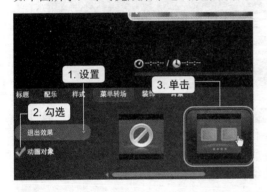

步骤16 显示最终效果。经过以上的操作后，即可在预览窗口看到光盘文件的最终效果，如下图所示。

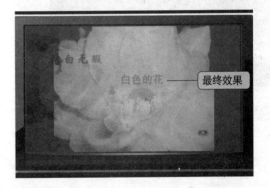

步骤17 开始刻录。单击界面右下角的"刻录"按钮，如下图所示，软件即开始执行刻录操作。

步骤18 刻录进度。单击"刻录"按钮后，弹出"正在刻录视频光盘"界面，如下图所示。

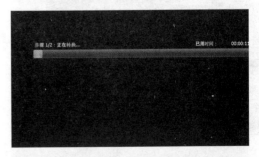

步骤19 操作成功完成。刻录完成后，弹出提示对话框，提示光盘刻录成功，单击"确定"按钮，如右图所示。

12.4.3 进入会声会影高级编辑影片

在"简易编辑"中编辑完成影片后，如果用户对影片中的标题、滤镜、转场等效果不满意，可以将影片转换到会声会影编辑器中继续编辑，下面介绍一下详细的操作步骤。

⊗ 原始文件 • 实例文件\第12章\原始文件\花苞.jpg、盛开.jpg、绽放.jpg
⊗ 最终文件 • 实例文件\第12章\最终文件\花的开放过程.VSP

步骤01 进入"输出电影"界面。在"创建电影"界面中打开"实例文件\第12章\原始文件\花苞.jpg、盛开.jpg、绽放.jpg"文件，在"相册"模板库中选择"多显示器01"样式，单击"转至电影"按钮，如下图所示。

步骤02 转到会声会影编辑器进行编辑。进入"输出电影"界面，单击"高级编辑"按钮，如下图所示。

步骤03 启动会声会影编辑器。弹出会声会影X3启动界面，如下图所示。

步骤04 显示转到会声会影编辑器效果。经过以上操作后，当前所编辑的影片即可转到会声会影编辑器界面，如下图所示，用户可以在会声会影编辑器中继续编辑影片。

范例操作

范例29 制作相册

　　通过"简易编辑"不仅可以制作视频影片，还可以快速制作相册，本例中就来介绍一下通过简易编辑制作相册的操作步骤。

> ● **原始文件** ● 实例文件\第12章\原始文件\昙花1.jpg、昙花2.jpg、昙花3.jpg、昙花4.jpg、昙花5.jpg等
> ● **最终文件** ● 实例文件\第12章\最终文件\花语.avi

01 打开会声会影X3软件。在电脑桌面上双击会声会影ProX3图标，如下图所示。

02 进入影片向导界面。在弹出的"会声会影X3"启动窗口中单击"简易编辑"按钮，如下图所示。

03 打开"添加照片"对话框。单击Corel Video-Studio 2010界面左侧的"所有媒体"按钮，接着单击"照片"按钮，如下图所示。

04 选择要插入的照片文件。在Corel Video-Studio 2010界面中选中要插入的文件，将其拖动到媒体托盘，如下图所示。

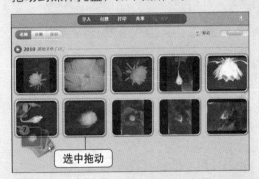

05 创建电影。单击"创建"按钮，单击"电影"图标，如右图所示。

06 选择主题模板类型。进入主题模板界面，在"选择一个样式"选项组中单击"相册"选项卡，如下图所示。

07 应用主题模板。在"相册"列表框中单击要使用的主题模板，如下图所示。

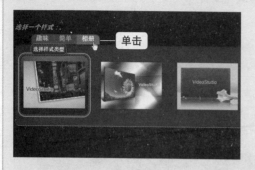

08 选择标题文字。单击"标题"选项卡，在"标题"列表框中选择合适的文字样式，如下图所示。

09 打开浮动工具栏。双击选中的标题框将光标定位在内，输入需要的标题文字，然后单击"Arial"下拉列表右侧的下三角按钮，如下图所示。

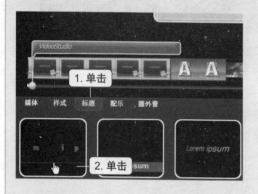

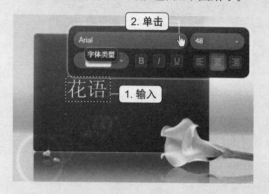

10 设置字体。设置"字体类型"为"华文行楷"、"字体大小"为48、"字体颜色"为粉色，单击"居中"按钮，如下图所示。

11 显示设置标题文字效果。经过以上操作后，就完成了相册中标题文字的设置操作，片头标题文字的效果如下图所示。

12 显示结尾标题设置效果。按照设置相册开头标题的方法，对相册的片尾标题进行相应的设置，片尾标题效果如右图所示。

片尾标题设置效果

13 播放相册制作效果。经过以上操作就完成了相册的制作，单击预览窗口下方的"播放"按钮，即可对所制作的相册进行播放，最终效果如下图所示。

14 输出影片。对主题模板的标题参数进行设置后，单击界面右下角的"输出"按钮，如下图所示。

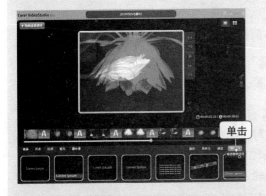

单击

15 选择要创建的视频文件类型。进入"另存为视频文件"界面，单击"视频格式"下拉列表的下三角按钮，在下拉列表中单击AVI选项，如下图所示。

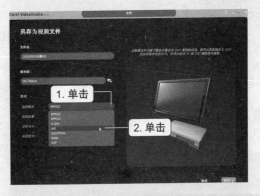

1. 单击

2. 单击

16 输入影片标题。在"另存为视频文件"界面中选择影片文件要保存的位置，然后在"文件名"文本框中输入影片的名称，如右图所示。

输入

17 保存影片。在"另存为视频文件"界面中单击"保存"按钮，如下图所示。

18 显示文件创建进度。在Corel VideoStudio 2010界面中软件开始执行创建视频文件的操作，在界面中显示出文件的创建进度，如下图所示。

19 完成视频文件创建。文件创建完毕后弹出 Corel VideoStudio 提示框，提示文件已成功创建，单击"确定"按钮，如右图所示。

更进一步

★ 从高级编辑进入简易编辑

当用户在"高级编辑"界面需要进入"简易编辑"界面时，可以通过菜单栏命令直接转到"简易编辑"进行编辑，下面介绍一下详细的操作步骤。

01 转到简易编辑。在"高级编辑"界面中执行"工具>选择VideoStudio Express 2010"命令，如下图所示。

02 显示进入影片向导界面效果。经过以上操作即可转到影片向导界面，弹出CorelVideoStudio 2010窗口，如下图所示，用户即可在其中进行编辑。

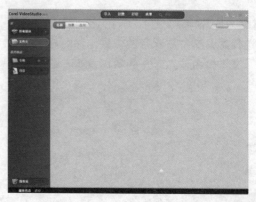

Chapter 13

制作宝宝相册

本章将结合前面所介绍过的知识来制作一个宝宝相册，相册的制作过程也是用户对所学知识的复习过程。

通过本章的学习，您可以：

▲ 巩固图片文件的插入与编辑操作

▲ 巩固滤镜与转场效果的应用与设置操作

▲ 巩固影片中音频文件的编辑操作

▲ 巩固影片中标题的编辑操作

▲ 巩固将影片制作为贺卡的操作

 本章建议学习时间：30分钟

前几章对在会声会影X3中编辑影片的各方面设置操作进行了介绍，用户已经基本掌握制作影片的方法。为了巩固前面所学的知识点，本章中就结合前面所学知识制作一个宝宝相册。

原始文件 • 实例文件\第13章\原始文件\宝宝.jpg、宝宝 (1).jpg、宝宝 (2).jpg、宝宝 (3).jpg、宝宝 (4).jpg、宝宝 (5).jpg、宝宝 (6).jpg、宝宝 (7).jpg、宝宝 (8).jpg、宝宝 (9).jpg等

最终文件 • 实例文件\第13章\最终文件\宝宝、VSP、宝宝.mpg、宝宝.exe、宝宝.upd

13.1 │ 设置相册的文件参数和保存位置

在编辑相册前，为了保证在制作相册的过程中不丢失文件，进入"高级编辑"后，首先要对项目文件的参数与保存位置进行设置，下面就来介绍详细的步骤。

步骤01 打开会声会影X3启动器。在电脑桌面上双击会声会影 X3图标，如下图所示，打开会声会影X3的启动窗口。

步骤02 进入高级编辑。在弹出的会声会影X3启动窗口中单击"高级编辑"按钮，如下图所示。

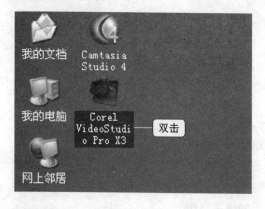

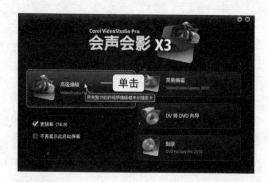

步骤03 打开"参数选择"对话框。在会声会影编辑器界面中执行"设置>参数选择"命令，如下图所示。

步骤04 设置项目自动保存间隔。在弹出的"参数选择"对话框中切换到"常规"选项卡，单击"项目"选项组中的"自动保存项目间隔"数值框右侧的下三角按钮，将数值设置为5，如下图所示。

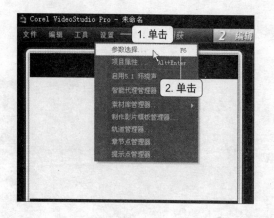

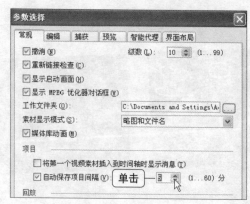

步骤05 确定参数设置。设置了项目自动保存的时间后单击"确定"按钮，如下图所示。

步骤07 保存文件。在弹出的"另存为"对话框中选择文件要保存的位置，然后在"文件名"文本框中输入文件名称，最后单击"保存"按钮，如右图所示，即可完成保存项目文件的操作。

步骤06 打开"保存"对话框。执行"文件>保存"命令，如下图所示。

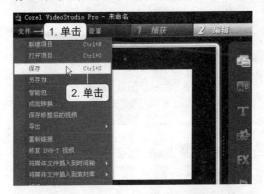

13.2 | 插入和编辑图片

　　对项目文件的保存参数进行设置后，就可以插入相册中需要的图片并对图片进行编辑操作了，下面来介绍一下详细的操作步骤。

步骤01 打开"浏览照片"对话框。进入会声会影编辑器界面，在"画廊"下拉列表中单击"照片"选项，再单击其右侧的"添加"按钮，如右图所示。

步骤02 选择要插入图像。在弹出的"浏览照片"对话框中选择要插入的图像文件,然后单击"打开"按钮,如下图所示。

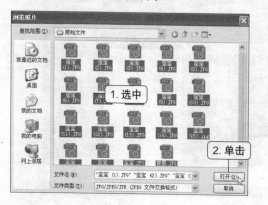

步骤04 将素材移动到目标位置。将照片一直拖动到要放置的位置,如下图所示,然后释放鼠标左键即可。

步骤06 选中要编辑的图片。单击时间轴中要编辑的文件,如下图所示。

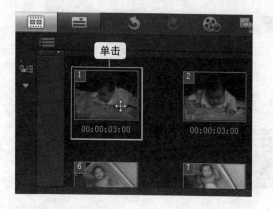

步骤03 移动文件位置。选中时间轴中要移动的文件,按住左键向左拖动鼠标,如下图所示,拖动至两个图像之间时,光标变为形状。

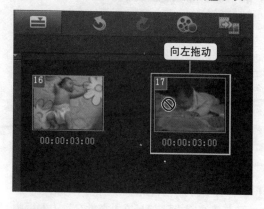

步骤05 显示移动照片效果。该照片就会移动到该位置,如下图所示。

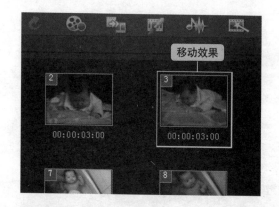

步骤07 进入"色彩校正"面板。选中要编辑的照片后,单击"照片"面板中的"色彩校正"按钮,如下图所示。

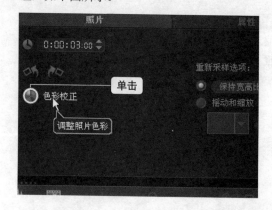

步骤08 设置图片颜色。拖动"饱和度"滑块，将数值设置为8，按照同样的方法设置"亮度"为32、"对比度"为6、Gamma为12，如下图所示。

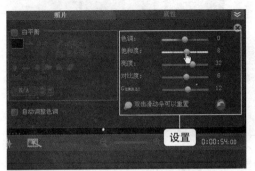

步骤09 显示调整色彩效果。调整好图片的色彩后，通过预览窗口就可以看到设置后的效果，如下图所示，按照同样的方法，对其他照片的色彩也进行设置。

13.3 | 使用"绘图创建器"设置动态效果

由于播放时图片是静态的，用户可以使用"绘图创建器"制作动画，然后将其插入到覆叠轨中，为图片添加动态效果，下面介绍一下详细的操作步骤。

步骤01 选择背景文件。选中时间轴中要做为"绘图创建器"背景的照片，如下图所示。

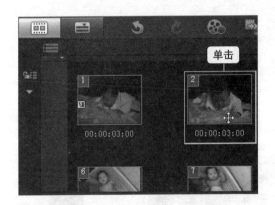

步骤02 进入"绘图创建器"窗口。选中背景图片后，单击时间轴上方的"绘图创建器"按钮，如下图所示。

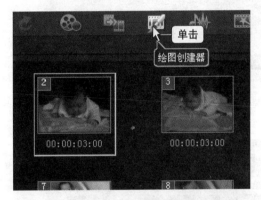

步骤03 打开"背景图像选项"对话框。在"绘图创建器"窗口中单击"背景图像选项"按钮，如右图所示。

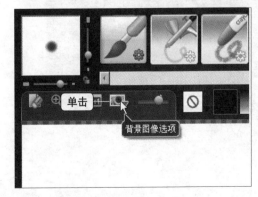

步骤04 选择参考图像选项。在弹出的"背景图像选项"对话框中单击"当前时间轴图像"单选按钮，然后单击"确定"按钮，如下图所示。

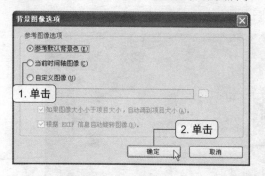

步骤05 选择笔刷样式。单击窗口上方笔刷样式区域内的"画笔"选项，如下图所示。

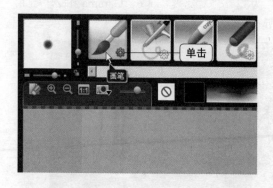

步骤06 设置笔刷宽高相等。单击笔刷大小区域右下角的"宽高相等"按钮，锁定笔刷的宽高相等状态，如下图所示。

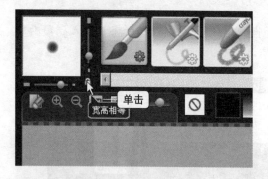

步骤07 设置笔刷大小。向下拖动笔刷的高度滑块，将笔刷的宽高度设置为9，如下图所示。

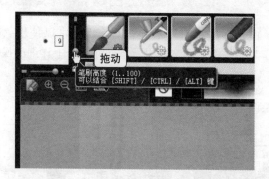

步骤08 设置笔刷颜色。选择了笔刷样式与大小后，单击"色彩选取器"色块，在弹出的颜色列表中选择颜色，如下图所示。

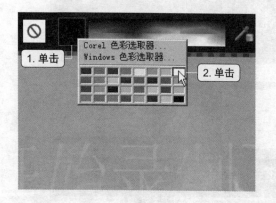

步骤09 开始录制。对以上选项设置完成后开始动画的录制，单击"开始录制"按钮，如下图所示，软件即开始对预览窗口中用户执行的操作进行录制。

步骤10 录制动画。单击"开始录制"按钮后拖动笔刷，在预览窗口中绘制出需要的画面，如下图所示。

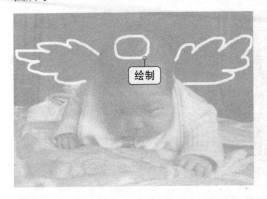

步骤12 绘制需要的图案。选择了"喷枪"笔刷后使用默认的参数设置，在预览窗口中拖动或单击鼠标左键，绘制需要的画面，如下图所示。

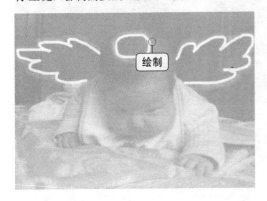

步骤14 确定动画制作。单击"停止录制"按钮后，在窗口右侧的"条目列表"中就会出现录制的视频图标，单击"确定"按钮，如下图所示，确认此次动画制作。

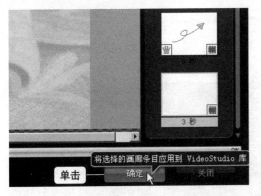

步骤11 更换笔刷。使用画笔笔刷绘制了需要的图案后，单击笔刷样式区域中的"喷枪"选项，如下图所示，更换笔刷样式。

步骤13 停止录制。视频绘制完成后单击"停止录制"按钮，如下图所示。

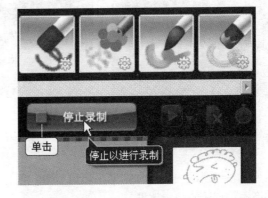

步骤15 将录制的动画插入到覆叠轨。返回会声会影编辑器界面可以看到所录制的动画保存在"视频"素材库中。右键单击动画，在弹出的快捷菜单中单击"插入到>覆叠轨"命令，如下图所示。

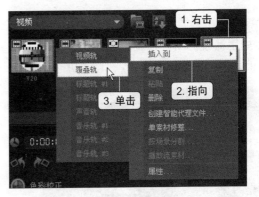

步骤16 移动覆叠轨文件的位置。文件自动插入到覆叠轨的开始位置，向后拖动覆叠轨中的文件至目标位置，如下图所示，然后释放鼠标左键。

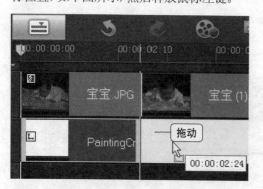

步骤17 设置淡入、淡出动画效果。选中添加的覆叠文件，在"属性"面板中单击"淡入动画效果"与"淡出动画效果"按钮，如下图所示。

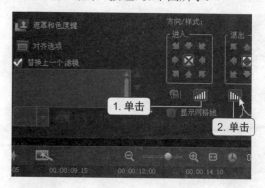

步骤18 显示添加动画最终效果。将覆叠文件移动目标位置后释放鼠标左键，单击预览窗口下方的"播放"按钮，即可对录制的动画进行播放，最终效果如下图所示。

 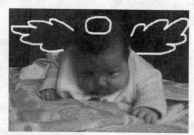 

13.4 | 设置相册的滤镜与转场效果

为了使相册的内容更加丰富，还可以为相册中的图片添加合适的滤镜效果，为图片与图片之间的转换添加合适的转场效果。

1. 添加滤镜效果

滤镜效果可以为图像素材添加动态、色彩渲染等效果，应用了滤镜后的图像素材将更加生动，下面介绍一下详细的操作步骤。

步骤01 应用"自动摇动和缩放"滤镜效果。右击要应用滤镜的图片，在弹出的快捷菜单中单击"自动摇动和缩放"命令，如下图所示。

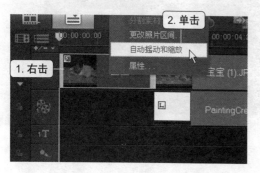

步骤02 打开"摇动和缩放"对话框。单击"属性"面板中的"自定义"按钮，如下图所示。

步骤03 设置缩放结尾画面。在弹出的"摇动和缩放"对话框中,将光标指向"原图"选项组中的第一个 ✛ 按钮,光标变成小手形状时按住左键向左拖动鼠标,如下图所示。

步骤04 设置缩放开始画面。将光标指向"原图"区域内另外一个"✛"按钮,光标变成小手形状时按住左键,向右拖动鼠标,如下图所示。

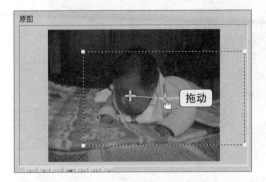

步骤05 确定设置。对画面的缩放位置进行设置后,单击对话框右侧的"确定"按钮,如右图所示。

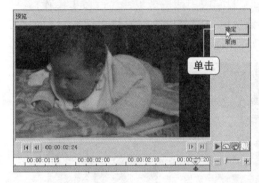

步骤06 显示设置画面摇动与缩放效果。经过以上操作就完成了为图像添加与设置摇动与缩放效果的操作,单击预览窗口下方的"播放"按钮,即可看到设置后效果,如下图所示。

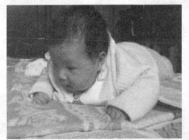

步骤07 打开"视频滤镜"素材库。单击预览窗口右侧的"滤镜"按钮,在"画廊"下拉列表中选择"全部"选项,如右图所示。

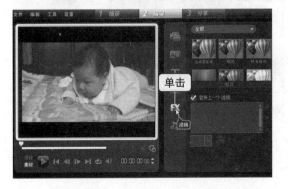

步骤08 选择要使用的滤镜。在"滤镜"素材库中选中要应用的"发散光晕"滤镜效果，将其向时间轴的素材方向拖动，如下图所示。

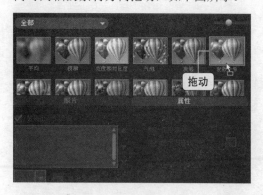

步骤10 显示应用滤镜效果。经过以上操作后，通过预览窗口就可以看到素材应用滤镜后的效果，如下图所示。

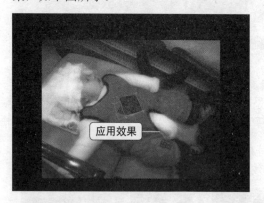

步骤12 应用滤镜效果。将滤镜效果拖到时间轴中要应用效果的图像素材上，如下图所示，释放鼠标左键，即可完成应用滤镜效果的操作。

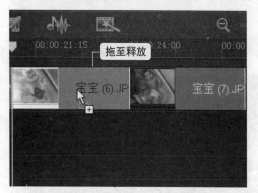

步骤09 应用滤镜效果。将滤镜效果拖到时间轴中要应用效果的图像素材上，如下图所示，释放鼠标左键，即可完成应用滤镜效果的操作。

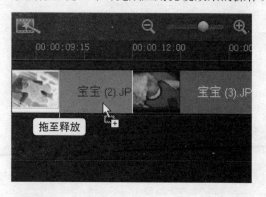

步骤11 选择要使用的滤镜。在"滤镜"素材库中单击选中要应用的"气泡"滤镜效果，将其向时间轴的素材方向拖动，如下图所示。

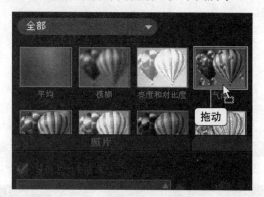

步骤13 打开"气泡"对话框。添加滤镜效果后，在"属性"面板中单击"自定义滤镜"按钮，如下图所示，就可以打开"气泡"对话框。

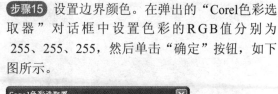

步骤14　打开"Corel色彩选取器"对话框。在弹出的"气泡"对话框中，切换到"基本"选项卡，单击"边界"左侧的色块，如下图所示。

步骤15　设置边界颜色。在弹出的"Corel色彩选取器"对话框中设置色彩的RGB值分别为255、255、255，然后单击"确定"按钮，如下图所示。

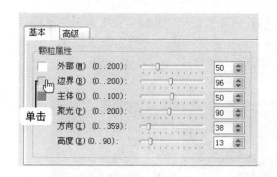

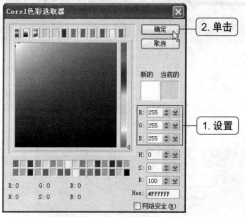

步骤16　显示边界与主体颜色设置效果。设置了"边界"的颜色后，返回"气泡"对话框将"主体"的颜色也设置为白色，最终效果如下图所示。

步骤17　设置滤镜效果。在"效果控制"选项组中设置"变化"为87、"反射"为73，如下图所示。

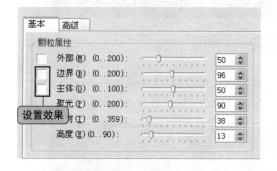

步骤18　确定滤镜效果的设置。设置完"气泡"滤镜效果的参数后单击"确定"按钮，如右图所示。

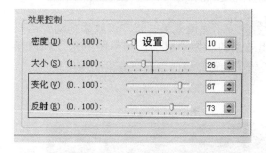

步骤19　显示滤镜设置最终效果。返回会声会影编辑器界面，单击预览窗口下方的"播放"按钮，即可预览到素材应用"气泡"滤镜后的效果，如下图所示。

步骤20 打开"暗房"滤镜素材库。将时间轴切换到"故事板视图",单击"画廊"下拉列表的下三角按钮,在弹出的下拉列表中单击"暗房"选项,如下图所示。

步骤21 选择要使用的滤镜。在"暗房"滤镜库中单击选中要应用的"光线"滤镜效果,将其向时间轴的素材方向拖动,如下图所示。

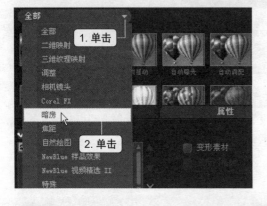

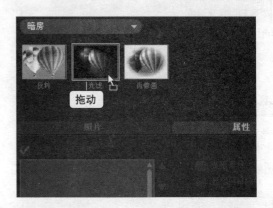

步骤22 应用滤镜效果。将滤镜效果拖动到需要应用效果的图像素材上,如下图所示,释放鼠标左键,即可完成应用滤镜效果的操作。

步骤23 使用预设滤镜样式。应用"光线"滤镜效果后切换到"属性"面板,单击预设样式列表框右侧的下三角按钮,在弹出的下拉列表中单击第一排的第二个滤镜样式,如下图所示。

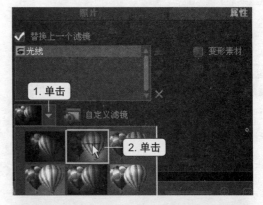

步骤24 打开"光线"对话框。选择了预设样式后单击"自定义滤镜"按钮,如右图所示。

步骤25 调整第一束光线位置。在弹出的"光线"对话框中拖动"原图"选项组中上方的十字形状，将光线的中心移动到合适位置，如下图所示。

步骤26 调整第二束光线位置。按照同样的方法拖动"原图"选项组中下方的十字形状，将第二束光线的中心移动到合适位置，如下图所示。

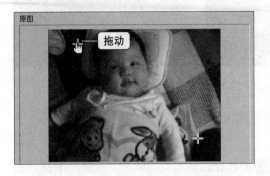

步骤27 设置光线距离。单击"距离"下拉列表右侧的下三角按钮，在弹出的下拉列表中单击"一般"选项，如下图所示。

步骤28 设置滤镜的高度、倾斜、发散参数。设置"高度"为90、"倾斜"为197、"发散"为77，如下图所示。

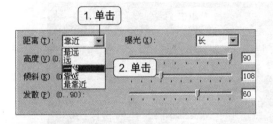

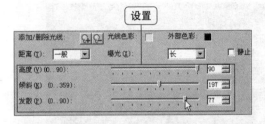

步骤29 确定滤镜效果的设置。设置完"光线"滤镜的参数后单击"确定"按钮，如右图所示。

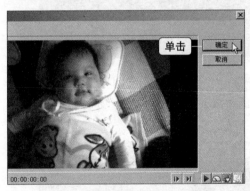

步骤30 显示滤镜设置最终效果。返回会声会影编辑器界面，单击预览窗口下方的"播放"按钮，即可预览到素材应用"光线"滤镜后的效果，如下图所示，按照类似的操作，对其他图片也应用适当的滤镜效果。

2. 转场效果

转场效果用于对相邻两个素材进行过渡，使用转场效果可以使两个不相干的素材自然地衔接起来，下面介绍一下详细的操作步骤。

步骤01 切换到"效果"界面。单击预览窗口右侧的"转场"按钮，即可切换到"效果"界面，如下图所示。

步骤02 选择转场类型。单击"画廊"下拉列表右侧的下三角按钮，在弹出的下拉列表中单击"取代"选项，如下图所示，打开"取代"转场素材库。

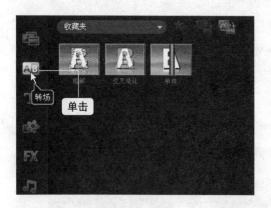 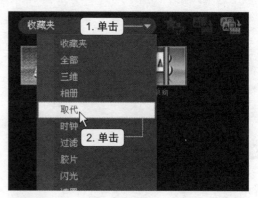

步骤03 切换到"故事板视图"。单击时间轴左上角的"故事板视图"按钮，如下图所示。

步骤04 选择要使用的转场。在"取代"转场素材库中单击选中要使用的"交错"转场效果，将其向时间轴上的素材方向拖动，如下图所示。

步骤05 应用转场效果。将转场效果拖到需要应用效果的两个图像素材之间的灰色方块上，如下图所示。

步骤06 设置转场边框。应用了转场效果后，编辑面板中显示出转场效果的设置选项，设置"边框"数值为2，如下图所示。

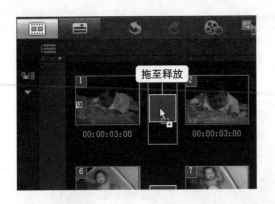

步骤07 设置边框颜色。设置了边框的宽度后，单击"色彩"右侧的色块，在弹出的颜色列表中选择合适的颜色，如下图所示。

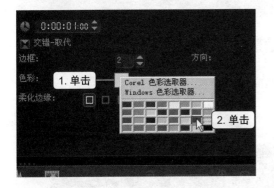

步骤09 设置转场效果方向。单击"方向"选项组中的"右下到左上"按钮，如右图所示。

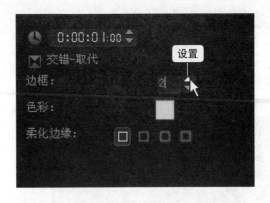

步骤08 设置柔化边缘。单击"柔化边缘"右侧的"强柔化边缘"按钮，如下图所示。

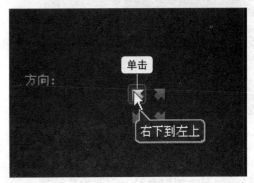

步骤10 显示应用转场效果。经过以上操作后，就完成了转场效果的应用与设置操作，单击预览窗口下方的"播放"按钮，即可看到转场设置后的效果，如下图所示。

步骤11 选择转场类型。单击"取代"下拉列表右侧的下三角按钮，在弹出的下拉列表中单击"遮罩"选项，如下图所示，打开"遮罩"转场素材库。

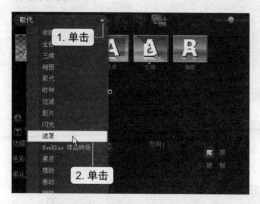

步骤12 选择要使用的转场。在"遮罩"转场素材库中单击选中要使用的"遮罩E"转场效果，将其向时间轴上的素材方向拖动，如下图所示。

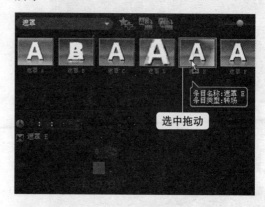

步骤13 应用转场效果。将转场效果拖动到需要应用效果的两个图像素材之间的灰色方块上，如下图所示，然后释放鼠标左键，即可完成添加转场效果的操作。

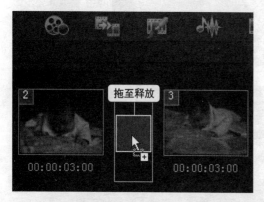

步骤14 切换到"时间轴视图"。单击时间轴上方的"时间轴视图"按钮，如下图所示，切换到时间轴视图下。

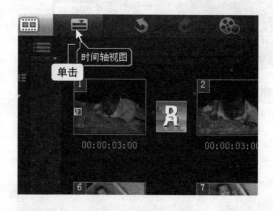

步骤15 调整遮罩连接的第二个素材播放时间。单击选中被"遮罩E"转场连接的第二个素材，将光标指向时间轴中素材右侧的黄色区域，光标变成黑色箭头形状时按住左键向右拖动，如下图所示，至目标位置后释放鼠标左键。

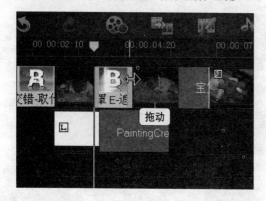

步骤16 调整第一个素材播放时间。单击选中被"遮罩E"转场连接的第一个素材，将光标指向时间轴中素材右侧遮罩图标的黄色区域，光标变成黑色箭头形状时按住左键向右拖动，如下图所示，至目标位置后释放鼠标左键。

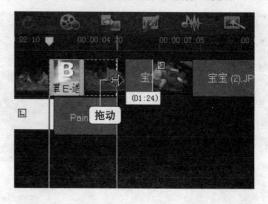

步骤17 显示调整图像播放时间效果。经过以上操作后，就完成了对图像素材播放时间的调整，如下图所示。

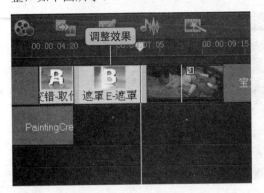

步骤18 选中转场效果。设置了图像素材的播放时间后切换到故事板视图下，单击选中要播放的转场图标，如下图所示。

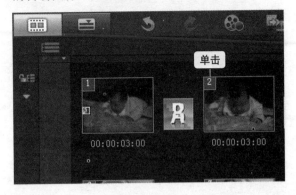

步骤19 显示应用转场效果。经过以上操作后单击预览窗口下方的"播放"按钮，即可看到转场设置后的效果，如下图所示，按照类似的操作，对相册中的其他图像文件也应用合适的转场效果。

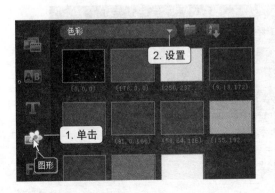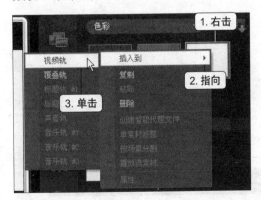

13.5 | 为相册编辑字幕

在编辑相册时，可以为相册添加一些字幕，写下制作相册的背景、心情等，下面介绍一下详细的操作步骤。

步骤01 打开"色彩"素材库。单击"画廊"右侧的"图形"按钮，设置"画廊"为"色彩"选项，如下图所示。

步骤02 插入需要的色彩。右键单击要使用的色彩图标，在弹出的快捷菜单中单击"插入到>视频轨"命令，如下图所示。

步骤03 调整插入的色彩。色彩插入到视频轨后自动插入到时间轴中的最后，选中色彩图标将其向前拖动，完成色彩的移动，如下图所示。

步骤04 切换到"标题"界面。单击"预览窗口"右侧的"标题"按钮，即可切换到"标题"界面，如下图所示。

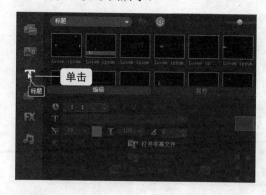

步骤05 定位标题开始位置。预览窗口中显示出"双击这里可以插入标题"字样，双击预览窗口中需要插入标题的位置，将光标定位在其中，如下图所示。

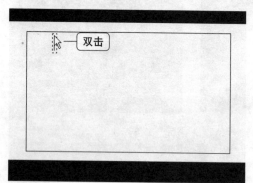

步骤06 设置标题色彩。单击"编辑"面板中的"色彩"色块，在弹出的颜色列表中选择合适的标题颜色，如下图所示。

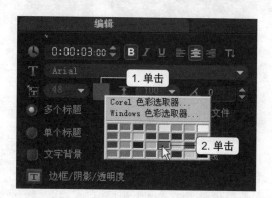

步骤07 选中标题框。选择了标题的颜色后直接输入标题内容，单击标题外的虚线，即可选中标题框，如下图所示。

步骤08 设置标题对齐方式与字体。单击"编辑"面板中的"左对齐"按钮，然后单击"字体"下拉列表右侧的下三角按钮，在弹出的下拉列表中单击"华文新魏"选项，如下图所示。

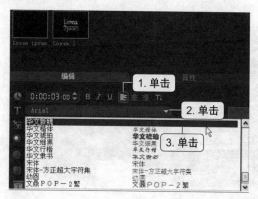

步骤09 设置标题字号。单击"字号"下拉列表框右侧的下三角按钮,在弹出的下拉列表框中单击需要的字号,如下图所示。

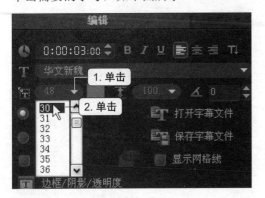

步骤10 打开"文字背景"对话框。勾选"编辑"面板中"文字背景"复选框,然后单击"自定义文字背景的属性"按钮,如下图所示。

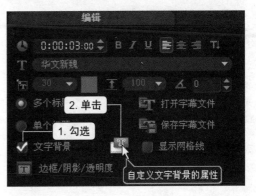

步骤11 设置背景类型。在弹出的"文字背景"对话框中单击"背景类型"选项组中的"与文本相符"单选按钮,然后单击右侧的下三角按钮,在弹出的下拉列表中单击"矩形"选项,如下图所示。

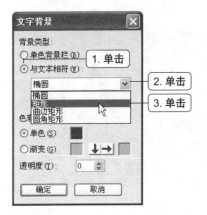

步骤12 设置放大参数。单击"放大"数值框右侧的上翻按钮,将数值设置为25,如下图所示。

步骤13 打开"Corel色彩选取器"对话框。单击"色彩设置"选项组中的"渐变"单选按钮,然后单击"渐变"按钮右侧的色块,在弹出的颜色列表中选择"Corel色彩选取器"选项,如下图所示。

步骤14 选择色彩。在弹出的"Corel色彩选取器"对话框中,将颜色的RGB值分别设置为112、255、60,然后单击"确定"按钮,如下图所示。

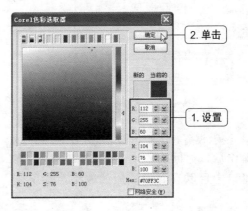

步骤15 设置背景透明度。返回"文字背景"对话框，在"透明度"数值框中输入50，然后单击"确定"按钮，如下图所示。

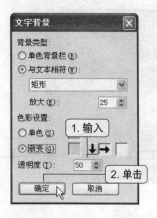

步骤16 显示设置文字背景效果。经过以上操作后返回会声会影编辑器界面，在预览窗口中就可以看到标题设置文字背景后的效果，如下图所示。

步骤17 打开"边框/阴影/透明度"对话框。选中标题框后单击"编辑"面板中"边框/阴影/透明度"按钮，如下图所示。

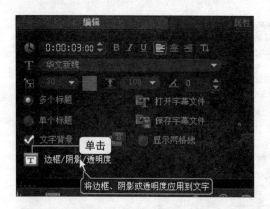

步骤18 设置边框线条颜色。在弹出的"边框/阴影/透明度"对话框中切换到"边框"选项卡，勾选"外部边界"复选框，然后单击"线条色彩"右侧的色块，在弹出的颜色列表中选择颜色，如下图所示。

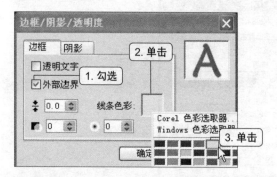

步骤19 设置边框柔化边缘。设置了标题边框的颜色后，单击"柔化边缘"数值框右侧的上调按钮，将数值设置为1，如下图所示。

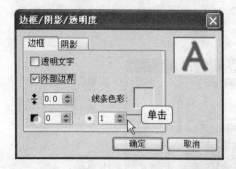

步骤20 选择阴影类别。切换到"阴影"选项卡，单击"下垂阴影"按钮，单击"确定"按钮，如下图所示。

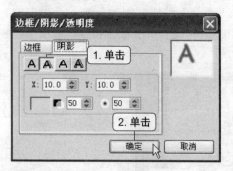

步骤21 显示设置标题边框、阴影效果。经过以上操作后，返回会声会影编辑器界面，在预览窗口中可以看到设置后的效果，如下图所示。

步骤22 设置标题对齐选项。选中标题框，然后单击"编辑"面板中"对齐"选项组中的"居中"选项，如下图所示，即可将标题及背景设置为居中对齐效果。

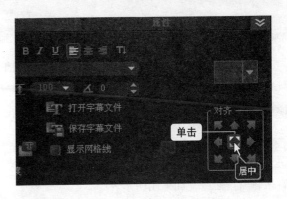

步骤23 选择动画类型。选中标题框，切换到"动画"面板，勾选"应用"复选框，然后单击"类型"下拉列表框右侧的下三角按钮，在弹出的下拉列表框中单击"飞行"选项，如下图所示。

步骤24 打开"飞行动画"对话框。选择了动画类型后单击"自定义动画属性"按钮，如下图所示。

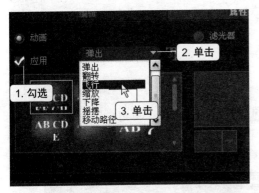

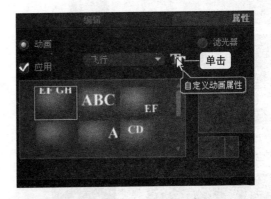

步骤25 设置暂停时间。在弹出的"飞行动画"对话框中单击"暂停"下拉列表框右侧的下三角按钮，在弹出的下拉列表中单击"中等"选项，如下图所示。

步骤26 确认动画设置。设置了暂停选项后不改变其他设置，直接单击"确定"按钮，如下图所示。

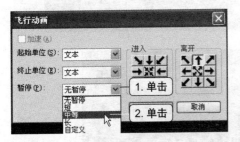

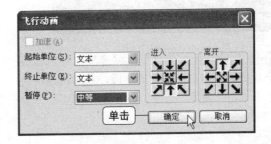

步骤27 显示应用转场效果。经过以上操作后，返回会声会影编辑器界面，单击预览窗口下方的"播放"按钮，即可看到为标题添加动画后的效果，如下图所示。

13.6 | 为相册设置音乐

为了使相册更加生动，可以为相册添加合适的音乐，并且可以根据相册的内容对音乐的属性进行设置，下面介绍一下详细的操作步骤。

原始文件 • 实例文件\第13章\原始文件\虫儿飞.mp3

步骤01 打开"打开音频文件"对话框。执行"文件>将媒体文件插入到时间轴>插入音频>到音乐轨#1"命令，如下图所示。

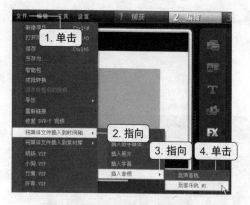

步骤02 选择要插入的音频文件。在弹出的"打开音频文件"对话框中选中要插入的文件，然后单击"打开"按钮，如下图所示。

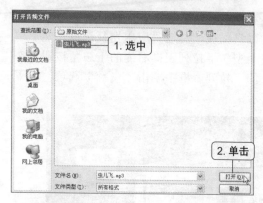

步骤03 确定音乐文件的剪辑位置。插入音乐文件后，拖动时间轴中的 按钮至剪辑的位置，然后释放鼠标左键，如下图所示。

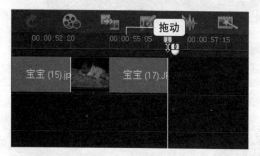

步骤04 剪辑音乐文件。单击导览面板中的"按照飞梭栏的位置剪辑素材"按钮，如下图所示，将音乐文件剪辑成两个片段，删除。

步骤05 删除音乐文件片段。将音乐文件剪辑成两个片段后，右击不需要的片段，在弹出的快捷菜单中单击"删除"命令，如右图所示。

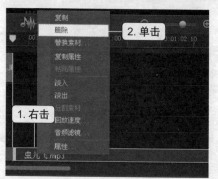

步骤06 打开"音频滤镜"对话框。选中需要编辑的音乐文件，单击"音乐和声音"面板中的"音频滤镜"按钮，如下图所示，打开"音频滤镜"对话框。

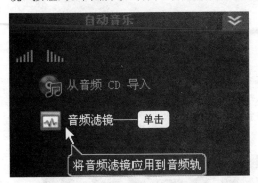

步骤07 添加可用滤镜。在弹出的"音频滤镜"对话框中选择"可用滤镜"列表框中要使用的"声音降低"选项，然后单击"添加"按钮，如下图所示，选中滤镜后单击"选项"按钮。

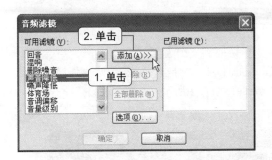

步骤08 设置声音降低强度。在弹出的"声音降低"对话框中拖动"强度"滑块，将数值设置为8，然后单击"确定"按钮，如下图所示，返回"音频滤镜"对话框后单击"确定"按钮。

步骤09 设置声音淡入、淡出。返回会声会影编辑器界面，单击"音乐和声音"面板中的"淡入"与"淡出"按钮，如下图所示，即可将音乐设置为淡入淡出效果。

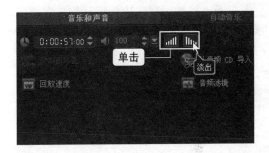

步骤10 设置淡入时长。单击"混音器"按钮进入"音频视图"界面，选中时间轴中的音乐文件，可以看到一条红色的线以及设置淡入后的效果，将光标指向音乐开头处的控制点，按住左键向右拖动鼠标，如下图所示，至目标位置后释放鼠标左键，即可设置音乐淡入的时长。

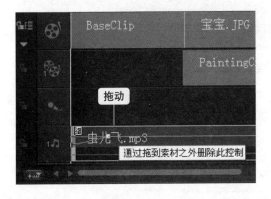

步骤11 设置淡出时长。按照设置淡入时长的方法，将光标指向音乐结尾的控制点，按住左键向左拖动鼠标，如右图所示。至目标位置后释放鼠标左键，即可设置音乐淡出时长，设置完毕后单击预览窗口中的"播放"按钮，即可听到设置后的效果。

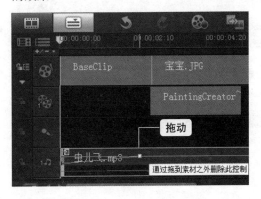

13.7 创建MPEG文件

经过以上操作就完成了相册的编辑，为了便于相册的保存与移动，可以将项目创建为视频文件，下面介绍一下详细的操作步骤。

最终文件 • 实例文件\第13章\最终文件\宝宝.mpg

步骤01 切换到"分享"界面。单击会声会影编辑器界面上方的"分享"标签，即可切换到"分享"界面，如右图所示。

步骤02 打开"创建视频文件"对话框。单击"创建视频文件"按钮，在弹出的下拉列表中指向DVD选项，在级联列表中单击PAL DVD（4：3）选项，如下图所示。

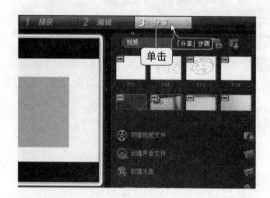

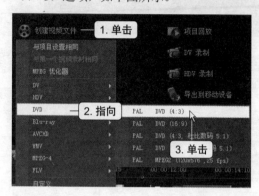

步骤03 打开"视频保存选项"对话框。在弹出的"创建视频文件"对话框中选择所创建的文件要保存的位置，在"文件名"文本框中输入文件名称，然后单击"保存"按钮，如下图所示。

步骤04 显示创建视频文件最终效果。渲染完成后进入文件保存的位置，即可看到所创建的视频文件，如下图所示。

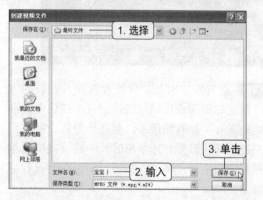

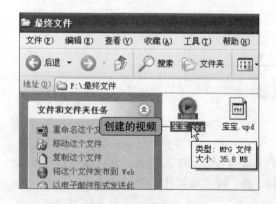

13.8 将相册制作为贺卡

制作了宝宝的相册后，可以进一步将相册制作成贺卡作为礼物送给亲朋好友，下面来介绍一下将相册制作为贺卡的操作步骤。

原始文件 • 实例文件\第13章\原始文件\背景.jpg

步骤01 打开"边框"对话框。启动会声会影X3，进入会声会影编辑器界面，单击预览窗口右侧的"图形"按钮，单击"画廊"右侧的下三角按钮，在下拉列表中单击"边框"选项，如下图所示。

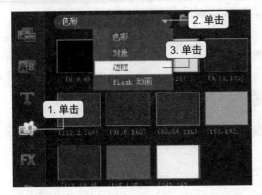

步骤03 选择目标图片。选中要插入的图片，然后单击"打开"按钮，如下图所示。

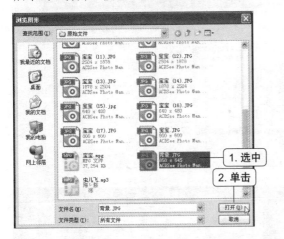

步骤05 插入视频轨效果。将选择好的边框插入视频轨，效果如下图所示。

步骤02 添加边框。单击"边框"下拉列表右侧的"添加"按钮，如下图所示。

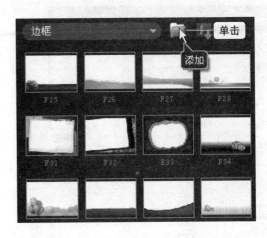

步骤04 边框插入视频轨。右击选择好的边框，在弹出的快捷菜单中单击"插入到>视频轨"命令，如下图所示。

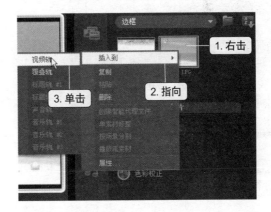

步骤06 添加视频。单击"媒体"按钮，切换到"视频"素材库，单击"视频"按钮右侧的"添加"按钮，如下图所示。

步骤07 选择目标视频。在弹出的"浏览视频"对话框中选择要插入的视频文件，然后单击"打开"按钮，如下图所示。

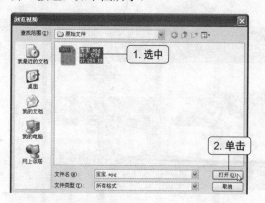

步骤09 调整覆叠轨。单击"覆叠轨"，对其进行调整，如下图所示。

步骤11 播放贺卡。经过以上操作后，贺卡即开始进行全屏播放，最终效果如右图所示。

步骤08 视频插入覆叠轨。右击要插入的视频文件，在弹出的快捷菜单中单击"插入到>覆叠轨"命令，如下图所示。

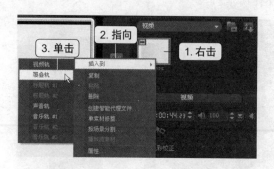

步骤10 打开保存的贺卡文件。对贺卡文件进行保存后进入文件保存位置，双击已保存在其中的贺卡文件，如下图所示，即可播放贺卡。

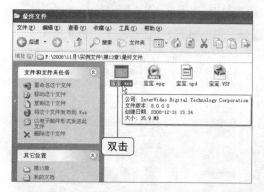

Chapter 14

制作婚礼视频

本章主要结合前面章节所介绍的知识讲解婚礼视频的制作，在视频的制作过程中用户可以复习和巩固前面所介绍的知识。

通过本章的学习，您可以：

▲ 巩固从DV中捕获素材的操作方法
▲ 巩固为素材添加滤镜、转场效果以及设置覆叠素材的操作方法
▲ 巩固影片标题的设置操作方法
▲ 巩固影片音频的编辑操作方法
▲ 巩固刻录光盘的操作方法

 本章建议学习时间：60分钟

每一对新人结婚时都希望记录下美好的画面，自己动手编辑婚礼视频更有意义，掌握了会声会影后，用户就可以自己动手制作出理想的婚礼视频。

⊗ 原始文件 • 实例文件\第14章\原始文件\梦中的婚礼.mp3、背景.bmp、婚礼.upd、婚礼.mpg等

⊗ 最终文件 • 实例文件\第14章\最终文件\婚礼.VSP、uvs_01_2-01.mpg、uvs_01_2-02.mpg、uvs_01_2-03.mpg、uvs_01_2-04.mpg、uvs_01_2-05.mpg、uvs_01_2-06.mpg、uvs_01_2-07.mpg等

14.1 从DV中捕获视频

录制完成婚礼的视频后需要编辑时，首先要从DV机中捕获录制的视频，下面就来介绍一下从DV机捕获视频的操作步骤。

步骤01 取消自动播放。将DV机与电脑连接后，将DV的开关推到VCR档，弹出"自动播放"对话框，单击"取消"按钮，如下图所示。

步骤02 进入会声会影X3启动界面。双击桌面上的会声会影X3图标，如下图所示。

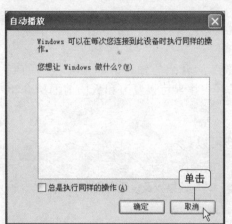

步骤03 进入会声会影编辑器。弹出会声会影启动窗口，单击"高级编辑"按钮，如下图所示。

步骤04 进入"视频捕获"面板。进入会声会影编辑器界面，单击"捕获"标签切换到"捕获"界面，单击"捕获视频"按钮，如下图所示。

步骤05 设置视频捕获格式。进入"捕获视频"界面，单击"格式"下拉列表右侧的下三角按钮，在弹出的下拉列表中单击DVD选项，如下图所示。

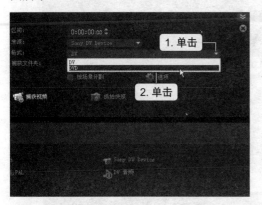

步骤07 选择工作文件夹。在弹出的"浏览文件夹"对话框中选中需要的文件夹，然后单击"确定"按钮，如下图所示。

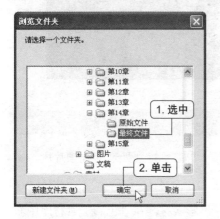

步骤09 播放DV机中的视频文件。对"捕获视频"的选项进行设置后，单击界面左侧预览窗口下方的"播放"按钮，如下图所示，播放DV机中的视频文件。

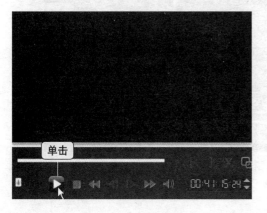

步骤06 打开"浏览文件夹"对话框。选择了视频捕获的格式后单击"捕获文件夹"右侧的文件夹按钮，如下图所示。

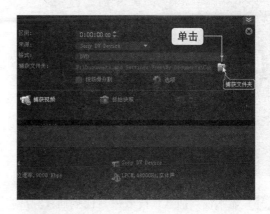

步骤08 设置按场景分割。返回视频捕获界面，勾选编辑面板中的"按场景分割"复选框，如下图所示。

步骤10 确定捕获画面。视频播放至要捕获的画面时单击"暂停"按钮，确定捕获画面，如下图所示。

步骤11 开始捕获。对以上选项进行设置后单击"捕获视频"按钮，如下图所示，软件即开始捕获视频。

步骤12 停止捕获。视频内容捕获完毕后单击"停止捕获"按钮，如下图所示。

步骤13 显示视频捕获最终效果。视频捕获完成后，软件会默认地将捕获的视频文件保存到"视频"素材库中，最终效果如右图所示。

14.2 │ 编辑视频的覆叠、滤镜与转场效果

捕获后的视频文件中可能有一些不需要的视频片段，也会有一些需要特别处理的视频片段，本节就来对视频的修整与编辑进行介绍。

步骤01 打开"色彩"素材库。捕获需要的视频文件后，单击预览窗口右侧的"图形"按钮，在"画廊"下拉列表中单击"色彩"选项，如下图所示。

步骤02 插入色彩素材。在"色彩"素材库中右击要插入的色彩素材"132，2，164"，在弹出的快捷菜单中单击"插入到>视频轨"命令，如下图所示。

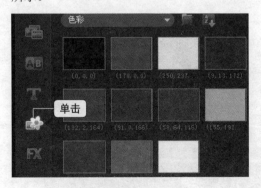

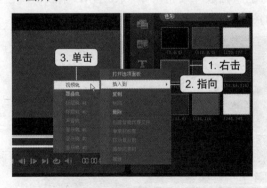

步骤03 显示插入色彩效果。经过以上操作后，就可以为项目文件插入需要的色彩素材，按照同样的方法，插入5个"132，2，164"色彩素材，如下图所示。

步骤05 添加覆叠轨。在弹出的"轨道管理器"对话框中勾选"覆叠轨#2"与"覆叠轨#3"复选框，然后单击"确定"按钮，如下图所示，即使软件的时间轴显示两条覆叠轨。

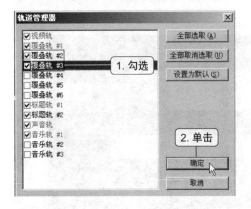

步骤07 选择要插入的覆叠素材。切换到"视频"素材库后，可以看到捕获的视频文件，选中要添加到覆叠轨中的素材，将其向时间轴方向拖动，如下图所示。

步骤04 打开"轨道管理器"对话框。插入素材文件后切换到"时间轴视图"下，单击时间轴上方的"轨道管理器"按钮，如下图所示。

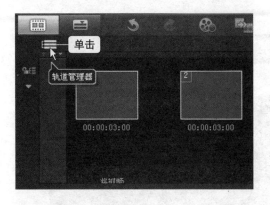

步骤06 打开"视频"素材库。单击"预览窗口"右侧的"视频"按钮，即可看到"视频"素材库，如下图所示。

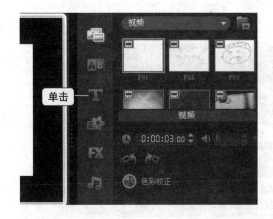

步骤08 插入覆叠文件。将视频文件拖动到覆叠轨中的目标位置处，如下图所示，释放鼠标左键，即可插入需要的覆叠文件。

步骤09 为覆叠轨#2选择覆叠素材。选中"视频"素材库中要添加到覆叠轨#2的素材，将其向时间轴方向拖动，如下图所示。

步骤10 为覆叠轨#2插入覆叠文件。将视频文件拖动到覆叠轨#2中的目标位置处，如下图所示，然后释放鼠标左键，即可完成覆叠文件的插入，按照同样的方法，将其余覆叠文件插入到覆叠轨中。

步骤11 打开"动画"素材库。单击"预览窗口"右侧的"图形"按钮，在"色彩"下拉列表中单击"Flash 动画"选项，如下图所示。

步骤12 选择要插入的覆叠素材。打开"Flash动画"素材库后，选中要添加到覆叠轨中的素材MotionF46，将其向时间轴方向拖动，如下图所示。

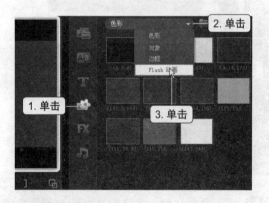

步骤13 为覆叠轨#3插入Flash动画。将视频文件拖动到覆叠轨#3中的目标位置处，如下图所示，然后释放鼠标左键，即可完成为覆叠轨#3插入Flash动画的操作。

步骤14 显示插入Flash动画的效果。经过以上操作后，在预览窗口中就会显示出插入了Flash动画后的效果，如下图所示。

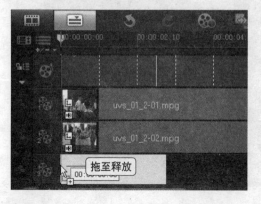

步骤15 选中要编辑的素材。单击时间轴中要编辑的覆叠轨素材，选中要编辑的素材，如下图所示。

步骤16 移动覆叠素材位置。当光标指针变成十字双箭头形状时，按住左键拖动鼠标，移动覆叠素材的位置，如下图所示。

步骤17 调整覆叠素材大小。将光标指向素材左下角的控点，按住左键向外拖动鼠标，调整覆叠素材大小，如下图所示，按照同样的方法调整其余素材的位置和大小。

步骤18 打开"遮罩和色度键"面板。选中要编辑的覆叠轨素材后单击编辑"属性"面板中的"遮罩和色度键"按钮，如下图所示，即可打开"遮罩和色度键"面板。

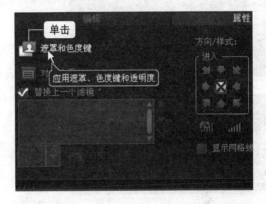

步骤19 选择覆叠选项类型。勾选"应用覆叠选项"复选框，然后单击"类型"下拉列表右侧的下三角按钮，在弹出的下拉列表中单击"遮罩帧"选项，如下图所示。

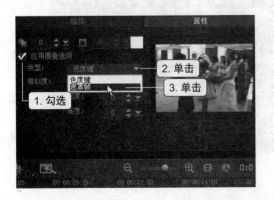

步骤20 选择遮罩样式。选择了"遮罩帧"类型后，在面板右侧列表框会显示出遮罩帧的样式，单击要使用的遮罩样式，如下图所示，按照同样的操作对覆叠轨1#的第一个文件也应用同样的遮罩效果。

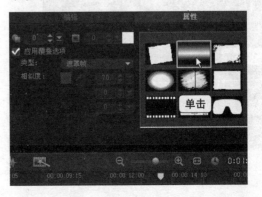

步骤21 显示应用遮罩帧的效果。经过以上操作后，即可完成为覆叠素材应用遮罩帧设置的操作，设置效果如下图所示。

步骤22 选中要编辑的素材。设置了覆叠素材的遮罩效果后，单击时间轴中覆叠轨#2中的第一个素材，如下图所示。

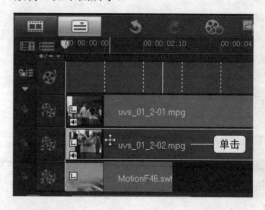

步骤23 设置覆叠素材动画效果。单击"属性"面板中"进入"和"退出"选项组中的"静止"按钮以及"淡入"按钮，如下图所示。

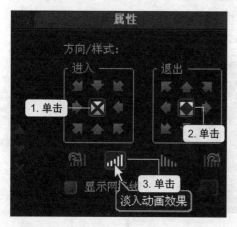

步骤24 选中要编辑的素材。单击时间轴覆叠轨#1中的第一个覆叠素材，如下图所示。

步骤25 设置覆叠素材动画效果。单击"属性"面板中"进入"和"退出"选项组中的"静止"按钮以及"淡入"按钮，如下图所示。

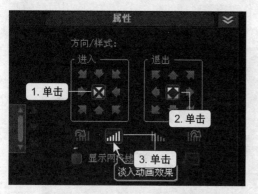

步骤26 选中要编辑的素材。单击时间轴中覆叠轨#2上的第二个素材，选中要编辑的素材，如下图所示。

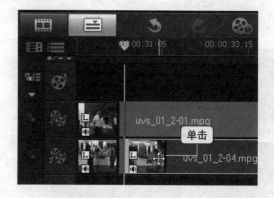

步骤27 选择覆叠选项类型。在"遮罩和色度键"面板中勾选"应用覆叠选项"复选框,然后单击"类型"下拉列表右侧的下三角按钮,在弹出的下拉列表中单击"遮罩帧"选项,如下图所示。

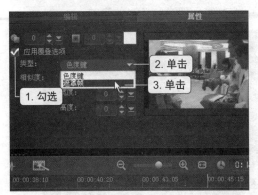

步骤28 选择遮罩样式。选择了"遮罩帧"类型后,在面板右侧列表框会显示出遮罩帧的样式,单击要使用的遮罩样式,如下图所示。

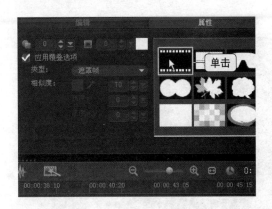

步骤29 移动覆叠素材位置。设置了素材的遮罩效果后将光标指向素材,当光标变成十字双箭头形状时按住左键拖动鼠标,将覆叠素材移动到目标位置,如下图所示。

步骤30 调整素材大小。将光标指向素材左下角的控点,按住左键向外拖动,调整覆叠素材大小,如下图所示,按照同样的方法调整其余素材的位置和大小。

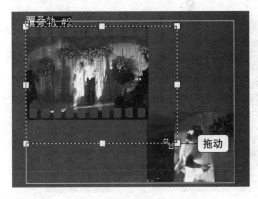

步骤31 返回"属性"面板。将素材移动到预览窗口的目标位置后,单击"遮罩和色度键"面板右侧的"关闭"按钮,如下图所示。

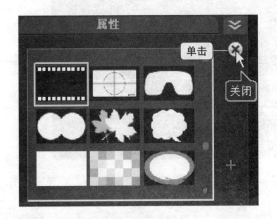

步骤32 设置覆叠素材动画效果。返回"属性"面板后单击"进入"选项组中的"从上方进入"按钮,如下图所示,设置覆叠素材的动画效果,对覆叠轨#1中的第二个文件也应用同样的设置。

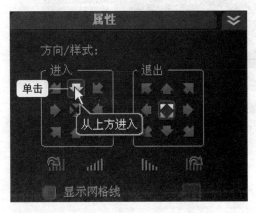

步骤33 显示覆叠素材设置效果。经过以上操作后，即可完成覆叠轨中第二个素材的设置操作，设置后的效果如下图所示。

步骤34 调整视频轨文件播放长度。选中要调整播放长度的视频轨文件，将光标指向文件末尾的黄色部分，光标变成黑色箭头时按住左键向右拖动鼠标，如下图所示，按照同样方法对视频轨中的其他文件进行适当的调整。

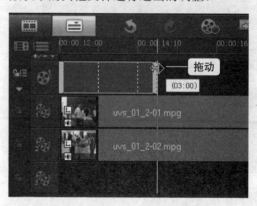

步骤35 打开"特殊"滤镜素材库。单击预览窗口右侧的"滤镜"按钮，在"画廊"下拉列表中单击"特殊"选项，如下图所示。

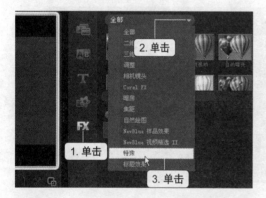

步骤36 选择要使用的滤镜。打开"特殊"滤镜素材库后，选中要应用的"气泡"滤镜效果，将其向时间轴的素材方向拖动，如下图所示。

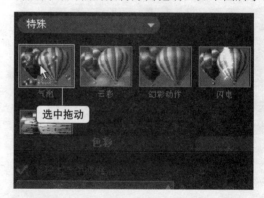

步骤37 应用滤镜效果。将滤镜效果拖到素材缩略图上，如下图所示，释放鼠标左键，即可完成应用滤镜效果的操作。

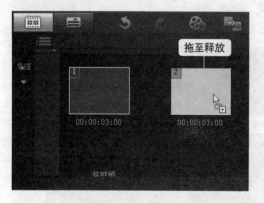

步骤38 打开"气泡"对话框。应用了滤镜效果后，单击"属性"面板中的"自定义滤镜"按钮，如下图所示。

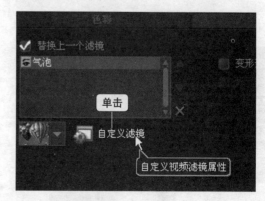

步骤39 打开"Corel色彩选取器"对话框。在弹出的"气泡"对话框中切换到"基本"选项卡，单击"外界"左侧的色块，如下图所示。

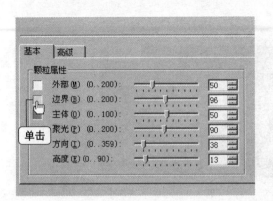

步骤40 设置颜色。在弹出的"Corel色彩选取器"对话框中，设置色彩的RGB值分别为234、234、55，然后单击"确定"按钮，如下图所示。

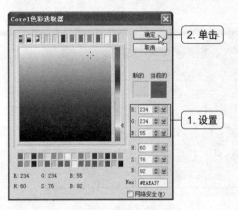

步骤41 打开"Corel色彩选取器"对话框。设置了"边界"的颜色后，单击"主体"左侧的色快，如下图所示。

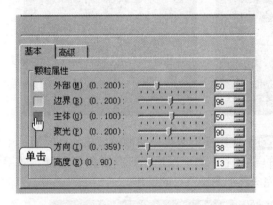

步骤42 设置颜色。在弹出的"Corel色彩选取器"对话框中，设置色彩的RGB值分别为234、234、55，单击"确定"按钮，如下图所示。

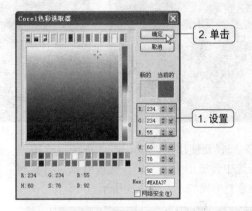

步骤43 设置"颗粒属性"参数。在"颗粒属性"选项组中设置"外部"为67、"边界"为98、"主体"为57、"聚光"为102、"方向"为46、"高度"为12，如下图所示。

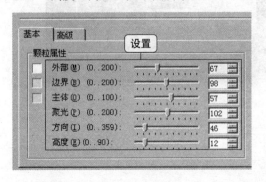

步骤44 设置"效果控制"参数。在"效果控制"选项组中设置"密度"为15、"大小"为15、"变化"为42、"反射"为40，如下图所示。

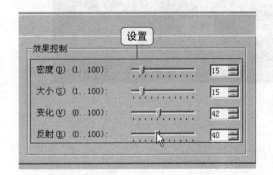

步骤45 设置"高级"参数。切换到"高级"选项卡下，设置"速度"为100、"移动方向"为133、"湍流"为100、"振动"为77、如下图所示。

步骤46 确定参数设置。对滤镜的相关参数设置完毕后单击"确定"按钮，如下图所示。

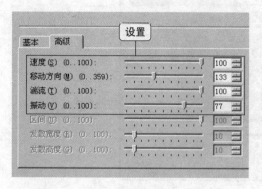

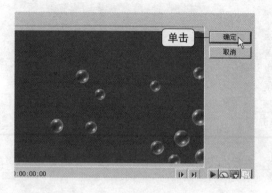

步骤47 显示应用滤镜效果。经过以上操作后，就完成了滤镜的设置操作，单击预览窗口下方的"播放"按钮，即可预览到设置滤镜后的效果，效果如下图所示。

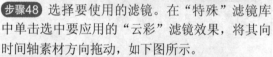

步骤48 选择要使用的滤镜。在"特殊"滤镜库中单击选中要应用的"云彩"滤镜效果，将其向时间轴素材方向拖动，如下图所示。

步骤49 应用滤镜效果。将滤镜效果拖到时间轴中的素材上，如下图所示，释放鼠标左键，即可完成添加滤镜效果的操作。

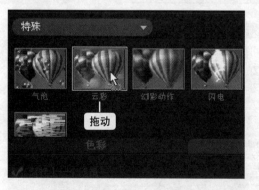

步骤50 打开"云彩"对话框。添加滤镜效果后自动切换到"属性"面板,单击"自定义滤镜"按钮,如下图所示。

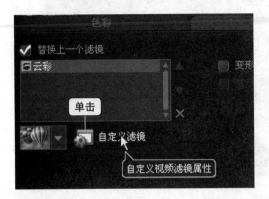

步骤51 调整"效果控制"参数。在弹出的"云彩"对话框中切换到"基本"选项卡,设置"效果控制"选项组中心"密度"为9、"大小"为85、"变化"为21,如下图所示。

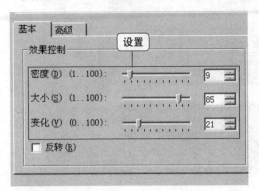

步骤52 设置"颗粒属性"参数。设置"阻光度"为35 "X比例"为61、"Y比例"为41、"频率"为36,如下图所示。

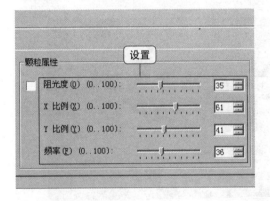

步骤53 确定"云彩"参数设置。对"云彩"滤镜的参数进行相应设置后单击对话框右上角的"确定"按钮,如下图所示。

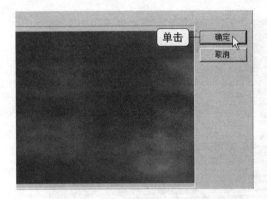

步骤54 显示应用"云彩"滤镜效果。返回会声会影编辑器界面,单击预览窗口下方的"播放"按钮,即可预览到设置滤镜后的效果,如下图所示。

步骤55 打开"相机镜头"素材库。单击"画廊"下拉列表右侧的下三角按钮，在弹出的下拉列表中单击"相机镜头"选项，如下图所示。

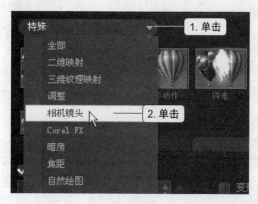

步骤56 选择要使用的滤镜。在"相机镜头"滤镜素材库中选中要应用的滤镜效果，将其向时间轴上的素材方向拖动，如下图所示。

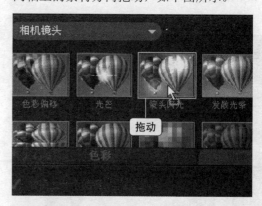

步骤57 应用滤镜效果。将滤镜效果拖到时间轴中的素材上，如下图所示，释放鼠标左键，即可完成添加滤镜效果的操作。

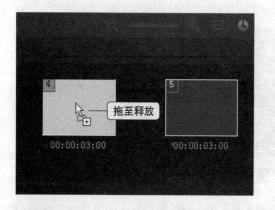

步骤58 选择滤镜类型。应用滤镜后单击滤镜样式预设列表框右侧的下三角按钮，在弹出的下拉列表框中选择第二排的第一种预设样式，如下图所示。

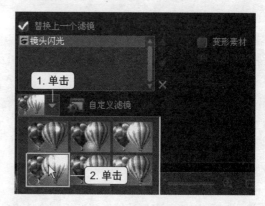

步骤59 显示应用"镜头闪光"滤镜效果。经过以上设置后，单击预览窗口下方的"播放"按钮，即可预览到设置滤镜后的效果，如下图所示。

14.3 | 设置素材转场效果

为了使影片中素材之间的衔接更加完美，可以为视频轨和覆叠轨中的素材应用合适的转场效果，下面介绍一下详细的操作步骤。

步骤01 切换到故事板视图下。单击时间轴左上角的"故事板视图"按钮，如下图所示。

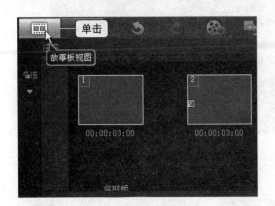

步骤02 打开"擦拭"转场素材库。单击浏览窗口右侧的"转场"按钮，在弹出的下拉列表中单击"擦拭"选项，如下图所示。

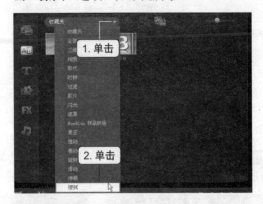

步骤03 选择要使用的转场效果。在"擦拭"转场素材库中选中要应用的"星形"转场效果，将其向素材方向拖动，如下图所示。

步骤04 应用转场效果。将转场效果拖动到时间轴中素材1与素材2之间的灰色方块上，如下图所示，释放鼠标左键为素材应用转场效果。

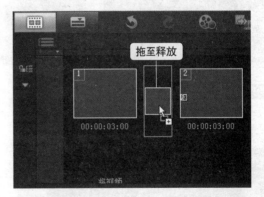

步骤05 设置转场效果边框。单击"边框"数值框右侧的微调按钮，将数值设置为2，如下图所示。

步骤06 设置边框色彩。设置了边框宽度后，单击"色彩"右侧的色块，在弹出的颜色列表中选择色彩，如下图所示。

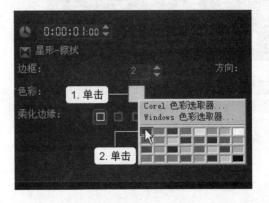

步骤07 设置边框柔化边缘。单击"柔化边缘"右侧的"强柔化边缘"按钮，如右图所示。

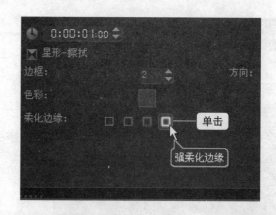

步骤08 显示设置转场效果。经过以上操作后，就完成了设置转场效果的操作，单击"预览"窗口下方"播放"按钮，即可看到设置后的效果，如下图所示。

步骤09 打开"闪光"转场素材库。单击"画廊"右侧的下三角按钮，在弹出的下拉列表中单击"闪光"选项，如下图所示。

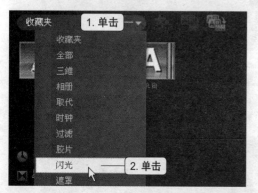

步骤10 选择要使用的转场效果。选中要应用的"闪光"转场效果，将其向时间轴上的素材方向拖动，如下图所示。

步骤11 应用转场效果。将转场效果拖到时间轴中素材2与素材3之间的灰色方块上，如右图所示，释放鼠标左键。

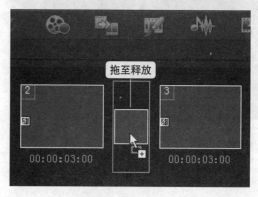

步骤12 打开"闪光-闪光"对话框。应用了"闪光"转场效果后，单击编辑面板中的"自定义"按钮，如下图所示。

步骤13 设置"闪光"转场参数。在弹出的"闪光-闪光"对话框中设置"淡化程度"为3、"光环亮度"为7、"光环大小"为4、"对比度"为10，然后单击"确定"按钮，如下图所示。

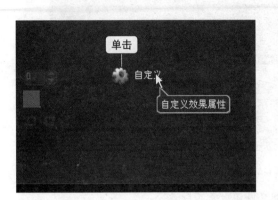

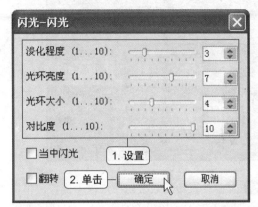

步骤14 显示设置转场效果。经过以上操作后，就完成了转场效果的设置操作，返回会声会影编辑器界面，单击"预览"窗口下方"播放"按钮，即可看到设置后的效果，最终效果如下图所示。

步骤15 切换到时间轴视图方式下。单击时间轴左上角的"时间轴视图"按钮，如下图所示。

步骤16 打开"三维"转场素材库。单击"画廊"下拉列表右侧的下三角按钮，在弹出的下拉列表中单击"三维"选项，如下图所示。

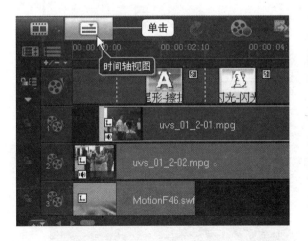

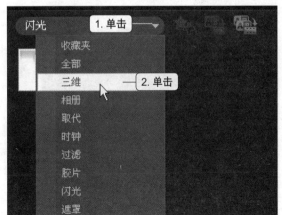

步骤17 选择要使用的转场效果。选中要应用的"飞行方块"转场效果,将其向时间轴方向拖动,如下图所示。

步骤18 应用转场效果。将转场效果拖到时间轴中覆叠轨上素材1与素材2之间,如下图所示,然后释放鼠标左键。

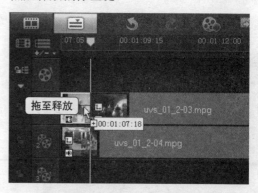

步骤19 显示设置转场效果。经过以上操作,单击"预览"窗口下方"播放"按钮,即可看到设置后的效果,如下图所示,按照类似的操作,为覆叠轨中的其他文件也设置转场效果。

14.4 | 为视频添加标题

制作婚礼视频时,标题是必不可少的元素,不同的场景可以添加不同的标题,下面介绍一下详细的操作步骤。

步骤01 选择要使用的标题。切换到"标题"界面,选中要应用的标题样式Lorem ipsum,将其向时间轴拖动,如下图所示。

步骤02 应用标题样式。将预设的标题拖动到时间轴标题轨的目标位置,如下图所示,释放鼠标左键,即可完成应用预设标题的操作。

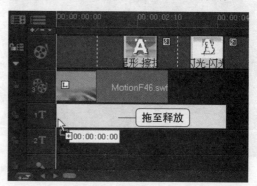

步骤03 选中标题内容。应用了预设的标题样式后，双击标题框，将光标定位在其中，然后选择标题内容，如下图所示。

步骤04 输入标题内容。选中标题框后直接输入标题的文本内容，然后单击选中标题框，如下图所示。

步骤05 设置标题字号。单击"字号"下拉列表右侧的下三角按钮，在下拉列表中单击30选项，如下图所示，即可设置标题的字号。

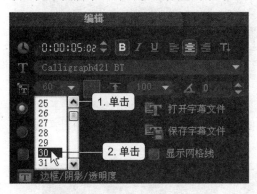

步骤06 设置标题字体。单击"字体"下拉列表右侧的下三角按钮，在弹出的下拉列表中设置适合的字体，如下图所示。

步骤07 移动标题位置。选中标题框，将光标指向标题框，光标变成小手形状时按住左键拖动鼠标，移动标题的位置，如右图所示。

步骤08 显示添加标题效果。经过以上操作，单击预览窗口下方的"播放"按钮，即可看到设置后的标题效果，如下图所示。

步骤09 定位标题在影片中的位置。切换到时间轴视图下，在时间轴中要添加标题的位置单击鼠标左键，如下图所示，定位标题在影片中的位置。

步骤10 定位标题在预览窗口中的位置。双击预览窗口中要添加标题的位置，将光标定位在其中，如下图所示。

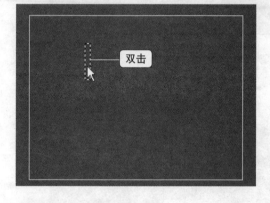

步骤11 输入标题内容。定位好光标的位置后直接输入标题的文本内容，然后选中标题框，如下图所示。

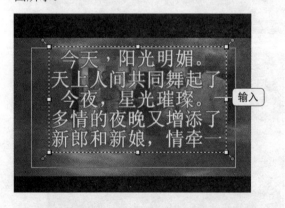

步骤12 设置标题字号。单击"字号"下拉列表框右侧的下三角按钮，在弹出的下拉列表框中单击10选项，如下图所示。

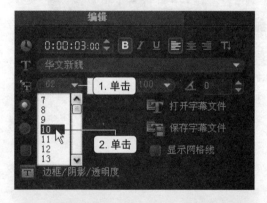

步骤13 取消标题的加粗格式。添加标题后字体默认使用了加粗的效果，单击"粗体"按钮，如右图所示，取消标题的加粗效果。

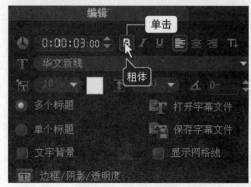

步骤14 选择动画类型。切换到"属性"面板，单击"动画"单选按钮，勾选"应用"复选框，设置动画类型为"飞行"，如下图所示。

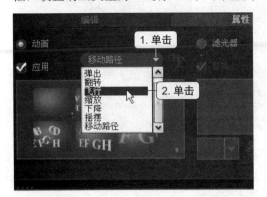

步骤16 设置"飞行动画"起始单位。在弹出的"飞行动画"对话框中单击"起始单位"下拉列表右侧的下三角按钮，在弹出的下拉列表中单击"行"选项，如下图所示。

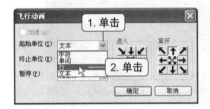

步骤18 确认动画设置。设置了动画效果的起始单位与终止单位后单击"确定"按钮，如右图所示。

步骤19 移动标题位置。选中标题框，将光标指向标题框，光标变成小手形状时按住左键拖动鼠标，移动标题的位置，如下图所示。

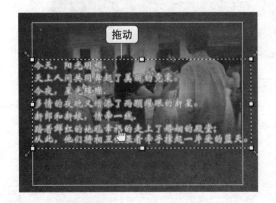

步骤15 打开"飞行动画"对话框。选择动画类型后单击"类型"下拉列表框右侧的"自定义动画属性"按钮，如下图所示。

步骤17 设置"飞行动画"终止单位。单击"终止单位"下拉列表右侧的下三角按钮，在弹出的下拉列表中单击"行"选项，如下图所示。

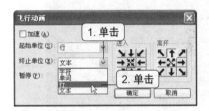

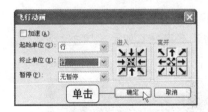

步骤20 调整标题长度。单击标题缩略图，将光标指向缩略图末尾黄色区域，当光标变成黑色箭头形状时按住左键向右拖动鼠标，如下图所示，将标题调整到适当长度。

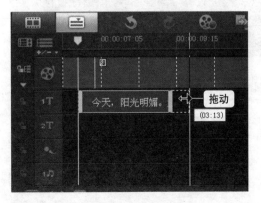

步骤21 显示添加标题效果。将标题调整到合适长度后单击"预览"窗口下方的"播放"按钮，即可预览添加并设置标题后的效果，如下图所示。

  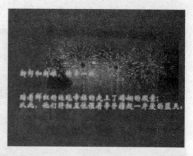

步骤22 定位标题在影片中的位置。在时间轴中要添加标题的位置单击鼠标左键，如下图所示，定位标题在影片中的位置。

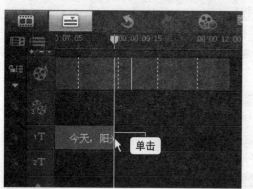

步骤23 定位标题在预览窗口中的位置。双击预览窗口中要添加标题的位置，将光标定位在其中，如下图所示。

步骤24 输入标题内容。定位好光标的位置后直接输入标题的文本内容，如下图所示，然后选中标题框。

步骤25 设置标题字体。选中标题框，单击"字体"下拉列表右侧的下三角按钮，在弹出的下拉列表中选择适合的字体，如下图所示。

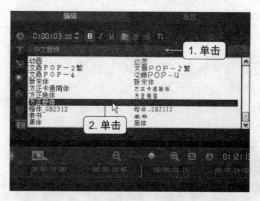

步骤26 设置标题字号。单击"字号"下拉列表框右侧的下三角按钮，在弹出的下拉列表框中单击20选项，如下图所示，即可设置标题的字号。

步骤27 打开"Corel 色彩选取器"对话框。单击"色彩"色块，在弹出的颜色列表中选择"Corel 色彩选取器"选项，如下图所示。

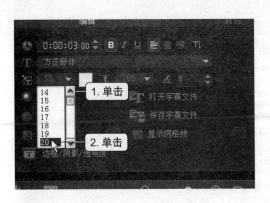

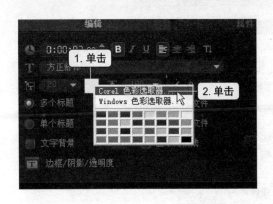

步骤28 设置标题颜色。在弹出的"Corel 色彩选取器"对话框中将标题颜色的RGB值分别设置为255、0、25，然后单击"确定"按钮，如下图所示。

步骤29 确认色彩选择。单击"确定"按钮后，弹出Corel VideoStudio提示框，单击"确定"按钮，如下图所示。

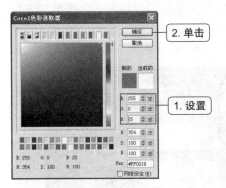

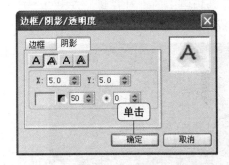

步骤30 打开"边框/阴影/透明度"对话框。设置了标题的颜色后，单击"边框/阴影/透明度"按钮，如下图所示。

步骤31 设置边框宽度。在弹出的"边框/阴影/透明度"对话框中，切换到"边框"选项卡，勾选"外部边界"复选框，然后单击"线条色彩"图标，在弹出的颜色列表中选择颜色，如下图所示。

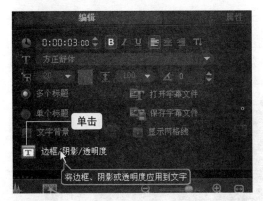

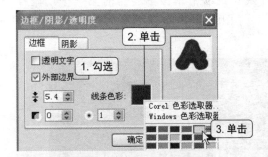

步骤32 设置边框柔化边缘。在"柔化边缘"数值框中输入30，然后单击"阴影"标签，如右图所示。

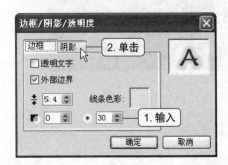

步骤33 设置阴影颜色。切换到"阴影"选项卡后，单击"下垂阴影"按钮，然后单击"颜色"图标，在弹出的颜色列表中选择颜色，如下图所示。

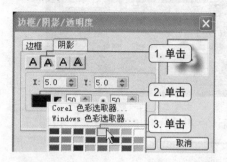

步骤35 设置标题对齐方式。设置了标题的边框与阴影效果后，返回会声会影编辑器界面，单击"对齐"选项组中的"对齐到上方中央"按钮，如下图所示。

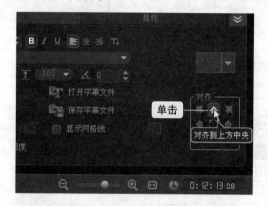

步骤37 选择动画样式。选择动画类型后，在动画样式预设框中单击第一排的第三个动画样式，如下图所示。

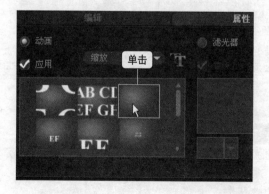

步骤34 设置边框柔化边缘。在"柔化边缘"数值框中输入0，然后单击"确定"按钮，如下图所示。

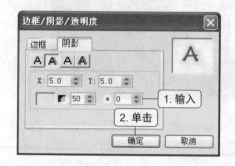

步骤36 选择动画类型。切换到"属性"面板，勾选"应用"复选框，然后单击"类型"下拉列表框右侧的下三角按钮，在弹出的下拉列表框中单击"缩放"选项，如下图所示。

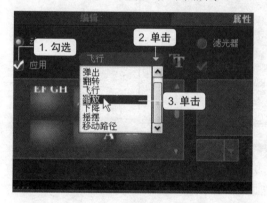

步骤38 调整标题长度。选中标题缩略图，将光标指向缩略图末尾黄色区域，当光标变成黑色箭头形状时按住左键向右拖动鼠标，如下图所示，将标题调整到适当长度。

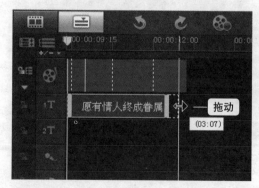

步骤39 显示添加标题效果。将标题的播放时间调整到合适长度后即完成影片标题的设置，单击"预览"窗口下方的"播放"按钮，即可预览到添加并设置标题后的效果，如下图所示。

14.5 设置视频的音频

视频的拍摄过程中会录入杂音，而且本视频在制作的过程中采用了覆叠效果，所以声音显得非常杂乱，为了确保影片的质量，还需要对婚礼视频的音频进行设置。

步骤01 选中要编辑的素材。单击时间轴中覆叠轨#1上的素材，如下图所示。

步骤02 分割音频。选中要编辑的素材后切换到"编辑"面板，单击"分割音频"按钮，如下图所示。

步骤03 删除分割出来的音频。将素材的音频分割出来后，右击分割出的音频文件，在弹出的快捷菜单中单击"删除"命令，如下图所示，按照同样的步骤分割出所有素材的音频，并删除不需要的音频文件。

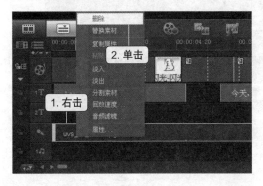

步骤04 打开"打开音频文件"对话框。执行"文件>将媒体文件插入到时间轴>插入音频>到音乐轨#1"命令，如下图所示。

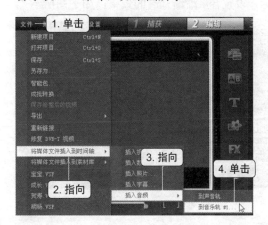

步骤05 选择要插入的音频文件。在弹出的"打开音频文件"对话框中选择要插入的文件，然后单击"打开"按钮，如下图所示。

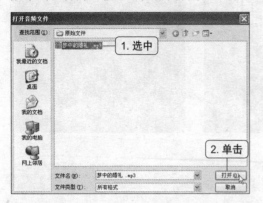

步骤06 切换到音频视图。插入需要的音频文件后，单击时间轴上的"混音器"按钮，如下图所示。

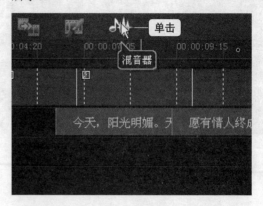

步骤07 降低素材的声音。选中要编辑的音频文件，文件的音量线显示为红色，将光标指向声音轨的开始处，光标变成↑形状时按住左键向下拖动鼠标，降低音量，如下图所示。

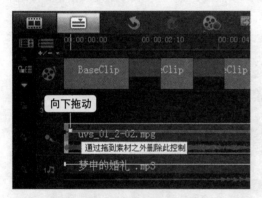

步骤08 为声音轨文件添加控点。通过预览窗口确定声音文件开始提高的位置，单击鼠标左键，即可在该处添加一个控制点，如下图所示。

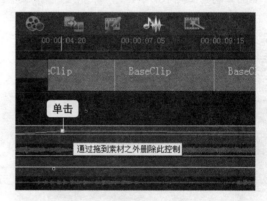

步骤09 提高声音轨文件音量。确定了文件需要提高的起始位置后，在距离起始位置2秒左右的位置将光标指向音量线，然后按住左键向上拖动鼠标，设置音量渐渐升高的效果，如下图所示。

步骤10 为音乐轨文件添加控点。与声音轨文件开始提高的位置相对应，为音乐轨文件也添加一个控制点，如下图所示。

步骤11 降低音乐轨文件音量。确定了音乐轨文件开始降低的起始位置后，在距离起始位置2秒左右的位置将光标指向音量线，然后按住左键向下拖动鼠标，设置音量渐渐降低的效果，如下图所示。

步骤12 降低音乐轨文件音量。将光标指向音乐轨文件末尾处的控点，当光标变成小手形状时按住左键向下拖动鼠标至最底端，如下图所示，即可完成影片音频文件的设置。

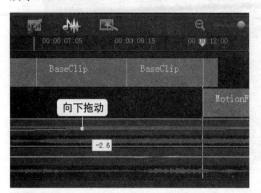

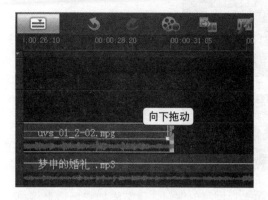

14.6 | 将视频刻录到DVD光盘

影片制作完成后，为了方便携带和保存可以将影片刻录成光盘。用户可根据影片文件的大小选择相应的光盘类型，下面介绍一下详细的操作步骤。

步骤01 选择创建光盘的类型。影片制作完毕后切换到"分享"界面，单击"创建光盘"按钮，如下图所示。

步骤02 打开"创建章节"窗口。在弹出的Corel DVD Factory 2010界面中单击"创建章节"按钮，如下图所示。

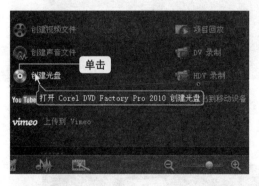

步骤03 打开"自动添加章节"对话框。在预览窗口上方单击"按场景或固定间隔自动添加章节"按钮，如右图所示。

步骤04 自动设置章节。在弹出的"自动添加章节"对话框中单击"每"单选按钮，然后设置其数值为6，最后单击"确定"按钮，如下图所示。

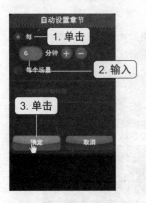

步骤06 返回菜单编辑。章节添加完毕后直接单击右下角的"应用"按钮，如下图所示。

步骤08 选择应用的菜单。显示"趣味"菜单模板后选择要应用的菜单样式图标，如下图所示，在预览窗口中即可看到应用后的效果。

步骤05 确定素材章节的添加。软件开始执行添加章节的操作，添加完成后在"添加/编辑章节"窗口的媒体素材列表框中可以看到添加后的效果，如下图所示。

步骤07 选择主题类型。进入菜单编辑界面后单击"样式"选项卡，然后单击弹出的"收藏夹"按钮，在弹出的上拉列表中单击"趣味"选项，如下图所示。

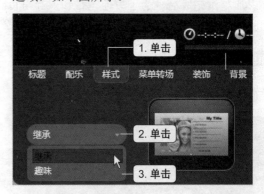

步骤09 打开"打开音频文件"对话框。选择主题菜单后切换到"配乐"选项卡，单击"更多音乐"按钮，如下图所示。

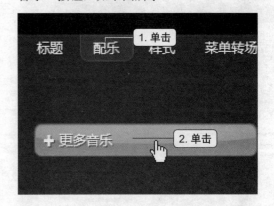

步骤10 选择背景音乐。在弹出的"添加音乐"界面中选中要插入的音乐文件，然后单击"添加"按钮，如下图所示，即可完成背景音乐的添加。

步骤12 选择图像音乐。在弹出的媒体库中将要插入的图像文件拖动到媒体托盘中，单击"转到菜单编辑"按钮，如下图所示。

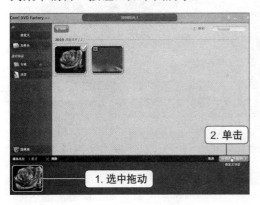

步骤14 显示设置主题背景效果。经过以上操作即可完成设置预览窗口背景图片的操作，在窗口右侧显示出设置后的效果，如下图所示。

步骤11 打开"打开图像文件"对话框。单击"背景"选项卡，然后单击弹出的"更多背景"按钮，如下图所示。

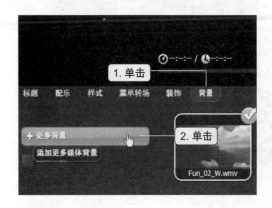

步骤13 伸展背景适应整个屏幕。在Corel DVD Factory 2010界面中勾选"自动伸展"复选框，如下图所示。

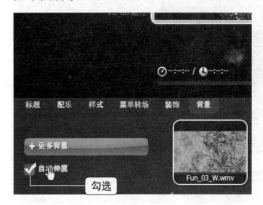

步骤15 选中要编辑的主题文字。双击预览区域中的主题文字，即可选中要编辑的标题文字，如下图所示。

步骤16 打开浮动工具栏。输入需要的文本内容，选中标题框后轻移光标即可弹出浮动工具栏，如下图所示。

步骤17 设置标题字体。在弹出的"字体"对话框中选择需要设置的字体选项，单击"粗体"按钮，如下图所示。

步骤18 设置标题字号。设置主题的字体后将"字体大小"设置为60，如下图所示。

步骤19 设置标题颜色。单击"颜色"色块，在弹出的颜色列表中选择颜色，如下图所示。

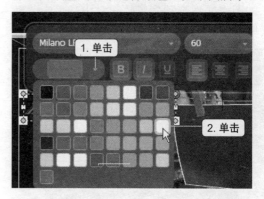

步骤20 显示设置标题效果。经过以上操作后就完成了预览窗口中主题文字的设置，最终效果如下图所示。

步骤21 为菜单添加更多文本。单击预览窗口上方的"为当前菜单添加更多文本"标签，如下图所示。

步骤22 添加新文本后的最终效果。按照同样的步骤陆续添加新文本，最终效果如右图所示。

步骤23 打开"在家庭播放器中预览光盘"对话框。单击预览窗口上方的"在家庭播放器中播放视频"按钮，如下图所示。

步骤24 在家庭播放器中预览光盘效果。经过上面的操作后，可以看到在家庭播放器中预览光盘内容的效果，如下图所示。

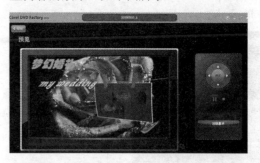

步骤25 从起始位置播放。单击"顶部菜单"按钮，即可看到光盘内容从起始位置播放，如下图所示。

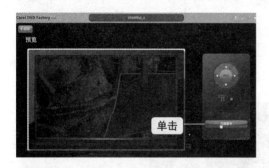

步骤26 进入全屏幕。在预览窗口右下角单击"全屏幕"按钮，如下图所示。

步骤27 全屏幕效果。经过上面的操作后，即可看到全屏幕效果，如下图所示。

步骤28 返回菜单编辑。停止播放文件后，单击预览窗口右上方的"后退"按钮，如下图所示，即可返回菜单编辑界面。

步骤29 进入标题顺序对话框。返回菜单编辑界面后，单击预览窗口右侧的"标题顺序"，如右图所示。

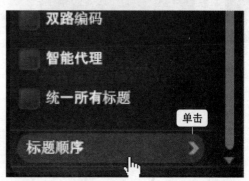

步骤30 播放设置。勾选"在播放菜单前先播放标题",在"播放顺序"选项组中单击"播放所有标题并返回菜单"单选按钮,如下图所示,单击"后退"按钮。

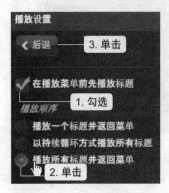

步骤32 停止文件播放。影片预览完毕后单击摇控器上的"停止"按钮,停止文件的播放,如下图所示。

步骤34 确定创建光盘。弹出Corel DVD Factory提示框,单击"是"按钮,如下图所示。

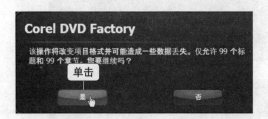

步骤36 操作完成。确认渲染后,软件就开始执行文件的渲染,渲染完成后弹出提示框,单击"确定"按钮,如右图所示。

步骤31 创建视频文件夹。勾选"项目格式"选项组中的"创建视频文件夹"复选框后单击 █ 按钮,如下图所示。

步骤33 选择AVCHD。在"项目格式"下拉列表中选择AVCHD选项,如下图所示。

步骤35 开始刻录。对以上内容进行设置后单击界面右下角的"刻录"按钮,如下图所示,软件即开始执行刻录操作。

Chapter 15
制作"鸟类简介"短片

在前面两个实例中分别对视频与图片在会声会影X3的编辑操作进行了复习回顾，本章将讲解一个视频编辑与图片编辑相结合的宣传类短片实例。

通过本章的学习，您可以：

▲ 巩固图片与视频文件的插入与编辑操作方法
▲ 巩固滤镜与转场效果的应用与设置操作方法
▲ 巩固影片中标题的编辑操作方法
▲ 巩固为影片录制声音的操作方法
▲ 巩固将影片输出的操作方法

 本章建议学习时间：30分钟

在前面两个综合实例讲解的都是人物角色的视频素材编辑，本章讲解制作一个关于鸟类的影片，将结合图片与视频两种类型的素材进行制作。

⊙ 原始文件 • 实例文件\第15章\原始文件\褐马鸡.jpg、画眉.jpg、绿孔雀.jpg、山椒鸟.bmp、石鸡.jpg等
⊙ 最终文件 • 实例文件\第15章\最终文件\鸟类.wmv

15.1 | 文件的项目属性设置与文件的插入

编辑短片前要先对会声会影X3的项目属性进行设置，然后再添加需要的素材文件，下面介绍一下详细的操作步骤。

步骤01 进入会声会影X3启动界面。在电脑桌面双击桌面上的会声会影X3启动图标，如下图所示。

步骤02 进入高级编辑。在弹出的会声会影X3启动窗口中单击"高级编辑"按钮，如下图所示。

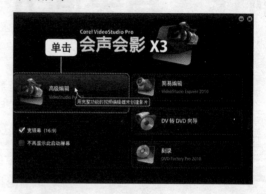

步骤03 打开"项目属性"对话框。进入会声会影编辑器界面，执行"设置>项目属性"命令，如下图所示。

步骤04 打开"项目属性"对话框。在弹出的"项目属性"对话框中，单击"编辑"按钮，如下图所示。

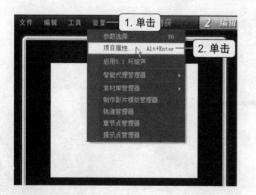

步骤05 设置项目选项。在弹出的"项目选项"对话框中切换到"常规"选项卡，单击"显示宽高比"的下三角按钮，在弹出的下拉列表中单击"16:9"选项，如下图所示。

步骤06 确定项目选项修改。依次单击各对话框中的"确定"按钮后，弹出Corel VideoStudio 提示框，单击"确定"按钮，如下图所示。

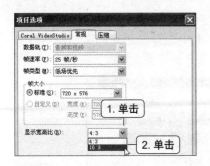

步骤07 为"视频"素材库添加文件。设置项目属性后打开"视频"素材库,单击"添加"按钮,如下图所示。

步骤08 选择要插入的视频文件。在弹出的"浏览视频"对话框中,选择要加载的视频文件,然后单击"打开"按钮,如下图所示。

步骤09 确认文件插入序列。弹出"改变素材序列"对话框,单击"确定"按钮,如下图所示。

步骤10 显示加载视频文件效果。经过以上操作后返回会声会影编辑器界面,完成为视频素材库添加素材的操作,最终效果如下图所示。

步骤11 打开"图像"素材库。单击"画廊"下拉列表右侧的下三角按钮,在弹出的下拉列表中单击"照片"选项,如右图所示。

步骤12 打开"浏览照片"对话框。打开"照片"素材库后单击"添加"按钮,如下图所示。

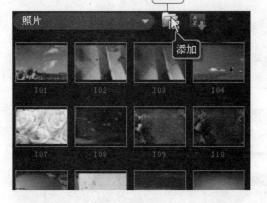

步骤13 选择要插入的图像文件。在弹出的"浏览照片"对话框中选择要加载的文件,然后单击"打开"按钮,如下图所示。

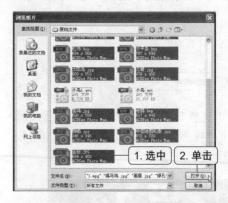

步骤14 显示加载图像文件效果。经过以上操作后返回会声会影编辑器界面,就完成了为"照片"素材库添加素材的操作,如下图所示。

步骤15 打开"动画"素材库。单击"图形"按钮,在"画廊"下拉列表中单击"Flash 动画"选项,如下图所示。

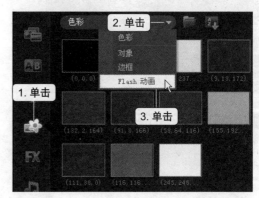

步骤16 选择要插入覆叠素材。打开"Flash动画"素材库,右击要使用的素材"Motion F38",在快捷菜单中单击"插入到>视频轨"命令,如下图所示。

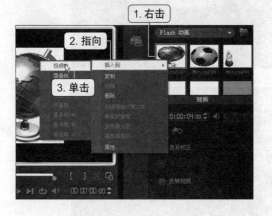

步骤17 显示插入动画效果。经过以上操作后,就可以将Flash动画插入到时间轴中,如下图所示。

15.2 | 编辑影片

插入了需要的素材后就可以对素材进行编辑操作，本例中将对剪辑文件、创建动画、图片编辑等内容进行介绍，下面介绍一下详细的操作步骤。

步骤01 确认素材剪辑的位置。插入素材文件后，向右拖动导览面板中的飞梭栏至需要剪切的位置，如下图所示。

步骤02 按飞梭栏位置剪辑素材。确认剪辑位置后单击导览面板中的"按照飞梭栏的位置分割素材"按钮，如下图所示。

步骤03 删除不需要的片段。将素材剪辑为两个片段后，右击不需要的片段，在弹出的快捷菜单中单击"删除"命令，如下图所示，即可删除该片段。

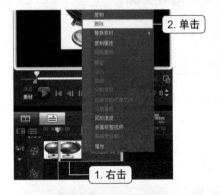

步骤04 打开"回放速度"对话框。删除不需要的片段后，单击选中需要编辑的素材，单击"视频"面板中的"回放速度"按钮，如下图所示。

步骤05 调整素材速度。在"回放速度"对话框中向左拖动"速度"滑块，将"速度"设置为10，单击"确定"按钮，如下图所示，即可放慢文件的播放速度。

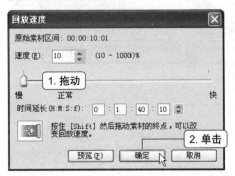

步骤06 进入"绘图创建器"窗口。返回会声会影编辑器界面，单击时间轴上方的"绘图创建器"按钮，如下图所示。

步骤07 打开"背景图像选项"对话框。进入绘图创建器后单击"背景图像选项"按钮，如下图所示。

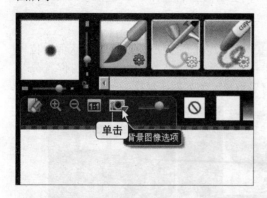

步骤08 打开"打开图像文件"对话框。在弹出的"背景图像选项"对话框中单击"自定义图像"单选按钮，如下图所示。

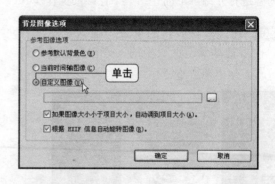

步骤09 选择背景图像。在弹出的"打开图像文件"对话框中选中要插入的图像，然后单击"打开"按钮，如下图所示。

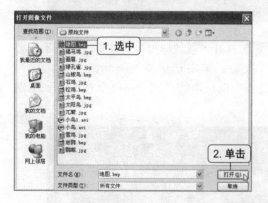

步骤10 确定所选背景图像。返回"背景图像选项"对话框，在"自定义图像"列表框中显示使用图像所在的路径以及名称，单击"确定"按钮，如下图所示，返回绘图创建器。

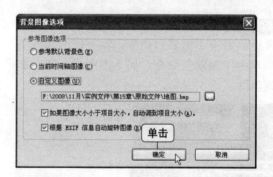

步骤11 打开"参数选择"对话框。设置完成要使用的背景图像后，单击窗口左下角的"参数选择设置"按钮，如下图所示。

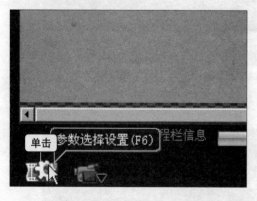

步骤12 设置优先项参数。在弹出的"参数选择"对话框中，在"默认录制区间"数值框内输入1，然后单击"默认背景色"色块，在弹出的颜色列表中选择颜色，如下图所示。

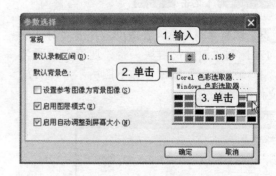

步骤13 锁定笔刷宽高比。在"绘图创建器"窗口中使用默认"画笔"，单击窗口左侧笔刷大小调整区域右下角的"宽高相等"按钮，如下图所示，即可设置笔刷的宽高比相等。

步骤14 调整笔刷大小。拖动笔刷大小调整区域右侧高度或宽度标尺上的滑块，如下图所示，即可调整笔刷的大小。

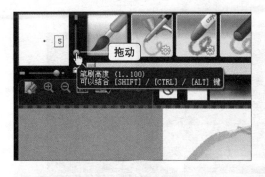

步骤15 设置笔刷颜色。将光标指向"色彩选取器"右侧的颜色区域，光标变成吸管形状时单击鼠标左键选取颜色，如下图所示，即可完成设置笔刷颜色的操作。

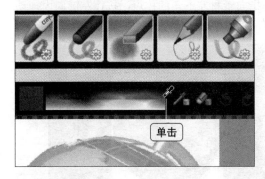

步骤16 开始录制。对笔刷选项设置完成后，单击"开始录制"按钮录制绘图过程，如下图所示。

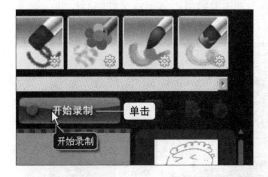

步骤17 录制动画。单击"开始录制"按钮后，拖动笔刷绘制出需要介绍的大概区域范围，如下图所示。

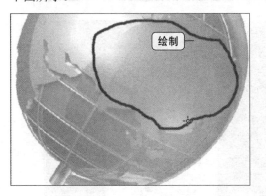

步骤18 停止录制。地图绘制完成后单击"停止录制"按钮，如下图所示，即可停止录制动画。

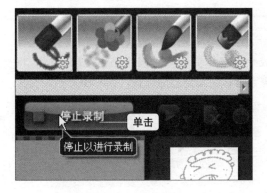

步骤19 确定此次动画的创建。软件将所创建的动画保存在窗口右侧区域，单击"确定"按钮，如下图所示，软件开始制作绘图创建器所创建的文件。

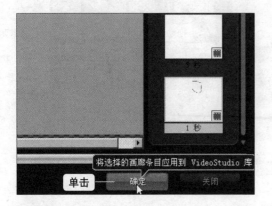

步骤21 移动覆叠文件在时间轴中的位置。将文件插入到覆叠轨后，选中该文件向右拖动，如下图所示，移动到合适的位置后释放鼠标左键。

步骤23 移动覆叠素材位置。将覆叠素材调整到合适大小后，将光标指向选中的素材，当光标变成十字双箭头形状时按住左键拖动鼠标，将覆叠素材移动到合适的位置，如右图所示。

步骤20 将制作的动画插入到覆叠轨。返回会声会影编辑器界面，制作的动画自动保存到"视频"素材库中，右击动画图标，在弹出的快捷菜单中单击"插入到>覆叠轨"命令，如下图所示。

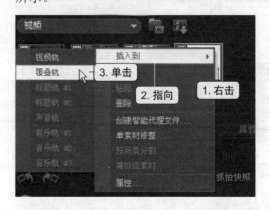

步骤22 调整覆叠素材大小。选中覆叠文件，将光标指向素材左下角的控点，按住左键向内拖动鼠标，缩小覆叠素材画面的大小，如下图所示。

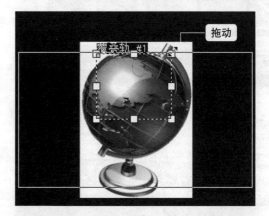

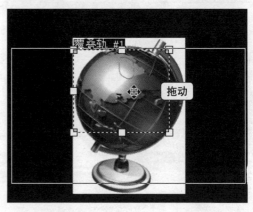

步骤24 显示插入覆叠素材效果。经过以上操作后，就可以完成在地球仪上标注位置的操作，单击预览窗口下方的"播放"按钮即可预览到设置后的效果，如下图所示。

步骤25 打开"浏览照片"对话框。单击"照片"右侧的"添加"按钮，如下图所示。

步骤26 插入图像。弹出"浏览照片"对话框，选中要添加的图像文件，然后单击"打开"按钮，如下图所示。

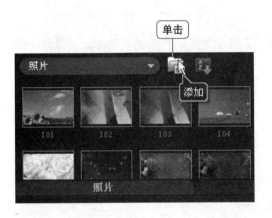

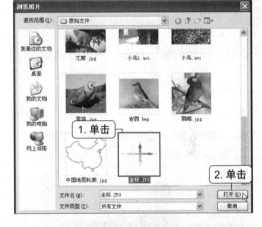

步骤27 调整素材播放时间。将图片插入到视频轨后，将光标指向时间轴中素材右侧的黄色区域，光标变成黑色箭头形状时按住左键向右拖动鼠标，如右图所示，至目标位置时释放鼠标左键，延长素材的播放时间。

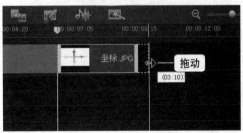

步骤28 添加"自动摇动和缩放"滤镜。插入素材文件后，右击时间轴中的素材图标，在弹出的快捷菜单中单击"自动摇动和缩放"命令，如下图所示。

步骤29 选择自动摇动和缩放动画模式。单击"摇动和缩放"单选按钮下方列表框右侧的下三角按钮，在弹出的下拉列表框中选择第一个动画样式，如下图所示。

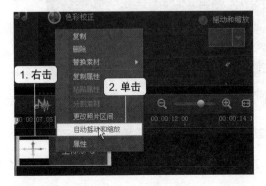

步骤30 打开"摇动和缩放"对话框。选择了动画模式后，单击"自定义"按钮，如下图所示。

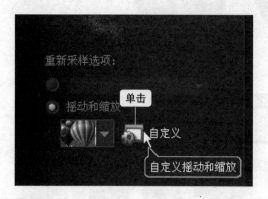

步骤32 设置摇动方向。设置了图像的缩放区域后，将光标指向"原图"选项组中的白色十字形状，当光标变成手形时按住左键拖动鼠标，如下图所示，即可设置摇动方向。

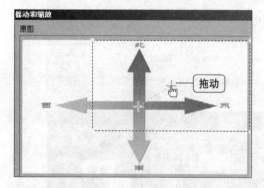

步骤34 将制作的动画插入到覆叠轨。使用同样的方法将创建的动画添加到与"坐标"图像相对应的覆叠轨位置中，如下图所示。

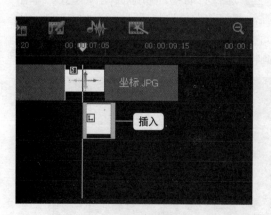

步骤31 设置缩放区域大小。在"摇动和缩放"对话框中将光标指向"原图"选项组中的虚线边框的左上角，当光标变成斜向双箭头形状时按住左键向外拖动鼠标，扩大缩放区域，如下图所示。

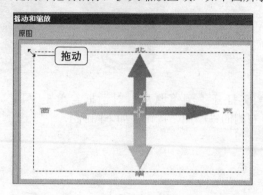

步骤33 使用绘图创建器创建动画。按照同样的操作方法使用绘图创建器创建一个绘制圆圈的动画文件，如下图所示。

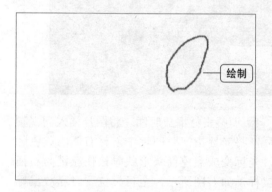

步骤35 设置覆叠素材动画效果。选中插入的覆叠素材，切换到"属性"面板中，分别单击"淡入动画效果"与"淡出动画效果"按钮，如下图所示。

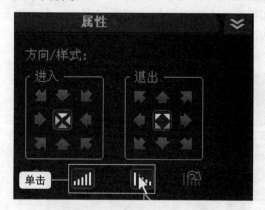

步骤36 显示覆叠素材设置效果。经过以上操作后就可以在"标注"图像中进行标记，单击预览窗口下方的"播放"按钮，即可预览到设置后的效果，最终效果如下图所示。

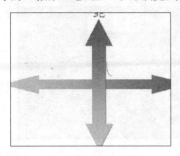 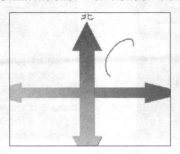 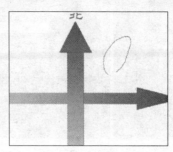

步骤37 打开"照片"素材库。单击"画廊"下拉列表的下三角按钮，在下拉列表中单击"照片"选项，打开"照片"素材库，如下图所示。

步骤38 为视频轨插入图像。按住Ctrl键的同时依次选中要插入的图像文件，然后右击选中的图像，在弹出的快捷菜单中单击"插入到>视频轨"命令，如下图所示。

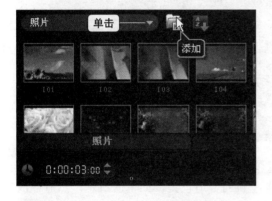

步骤39 显示插入图像效果。经过以上操作后，就可以将图像文件插入到视频轨中，如下图所示。

步骤40 将需要的素材全部插入到时间轴。使用同样的方法分别制作出其他区域的标注，并插入在各地区生活的鸟类图片，如下图所示。

步骤41 打开"视频"素材库。单击"照片"右侧的下三角按钮，在弹出的下拉列表中单击"视频"选项，打开"视频"素材库，如下图所示。

步骤42 为视频轨插入视频素材。按住Ctrl键的同时依次选中要插入的视频素材，然后右击素材，在弹出的快捷菜单中单击"插入到>视频轨"命令，如下图所示。

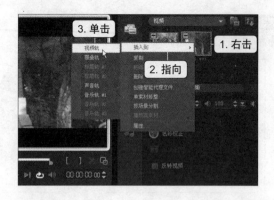

步骤43 查找素材编辑画面的位置。选中"小鸟"文件，在飞梭栏中将其向右拖动至需要的目标位置，如下图所示。

步骤44 将画面保存为静态图像。确定需要编辑的画面后单击"视频"面板中的"抓拍快照"按钮，如下图所示。

步骤45 选择保存的图像文件。执行了以上操作后，保存的图像素材会自动保存到"照片"素材库中，选中保存的图像文件将其向时间轴方向拖动，如下图所示。

步骤46 将图像插入到覆叠轨中。拖动图像素材至覆叠轨的合适位置，如下图所示，然后释放鼠标左键。

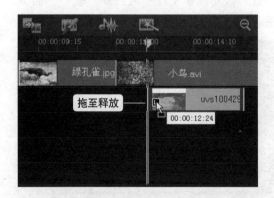

步骤47 调整覆叠素材大小。将图像插入到合适位置后选中覆叠文件，将光标指向预览窗口中素材图像右上角的控点，按住左键向内拖动鼠标，将覆叠素材画面调整到合适大小，如下图所示。

步骤48 打开"遮罩和色度键"面板。选中要编辑的覆叠轨素材后，单击"属性"面板中的"遮罩和色度键"按钮，如下图所示，即可打开"遮罩和色度键"面板。

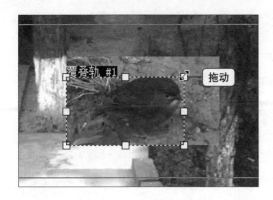

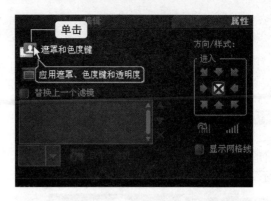

步骤49 选择覆叠选项类型。勾选"应用覆叠选项"复选框,然后单击"类型"下拉列表右侧的下三角按钮,在弹出的下拉列表中单击"遮罩帧"选项,如下图所示。

步骤50 选择遮罩样式。选择了"遮罩帧"类型后,在面板右侧列表框会显示出遮罩帧的样式,单击列表中的第一个遮罩样式,如下图所示。

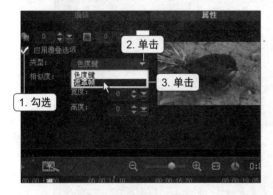

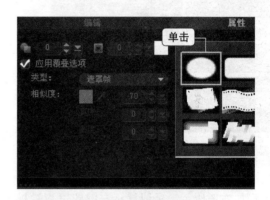

步骤51 设置覆叠素材动画效果。选择了覆叠素材的遮罩帧后返回"属性"面板,然后分别单击"淡入动画效果"与"淡出动画效果"按钮,如右图所示。

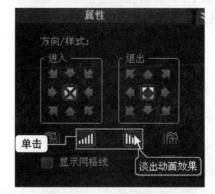

步骤52 显示覆叠素材设置效果。经过以上操作后单击预览窗口下方的"播放"按钮,就可以预览到设置覆叠素材的效果,如下图所示。

15.3 | 设置素材转场与滤镜效果

图像插入完成后，为了使图像之间的过渡更加自然，还需要为视频添加转场效果，不同的素材间需要使用不同的转场效果，下面介绍一下详细的操作步骤。

步骤01 打开"擦拭"转场素材库。单击"画廊"下拉列表右侧的下三角按钮，在弹出的下拉列表中单击"伸展"选项，如下图所示。

步骤02 选择要使用的转场效果。打开"伸展"转场素材库后，选中要应用的"交叉缩放"转场效果，将其向时间轴中的素材方向拖动，如下图所示。

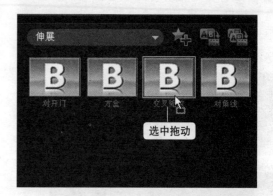

步骤03 应用转场效果。将"交叉缩放"转场效果拖动到时间轴中素材1与素材2之间的灰色方块上，如右图所示，释放鼠标左键即可为素材应用转场效果。

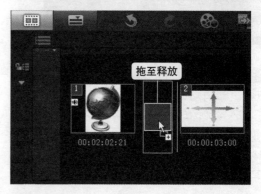

步骤04 显示应用转场效果。经过以上操作后，单击预览窗口下方的"播放"按钮，就可以预览到应用转场后的效果，如下图所示。

步骤05 打开"擦拭"转场素材库。单击"画廊"下拉列表右侧的下三角按钮，在弹出的下拉列表中单击"擦拭"选项，如下图所示。

步骤06 选择要使用的转场效果。打开"擦拭"转场素材库后，选中要应用的转场效果，将其向时间轴中的素材方向拖动，如下图所示。

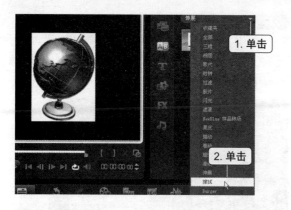

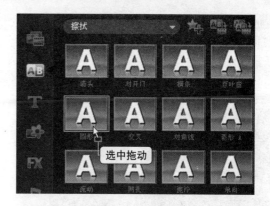

步骤07 应用转场效果。将"圆形"转场效果拖动到时间轴中素材2与素材3之间的灰色方块上，如下图所示，释放鼠标左键。

步骤08 设置效果的柔化边缘。应用转场效果后，单击编辑面板中的"柔化边缘"右侧的"强柔化边缘"按钮，如下图所示。

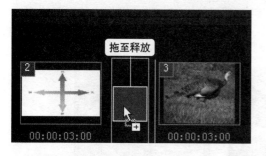

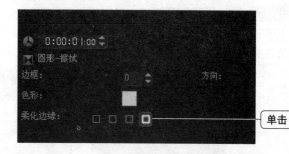

步骤09 显示应用转场效果。经过以上操作后，单击预览窗口下方的"播放"按钮，就可以预览到应用转场后的效果，如下图所示。

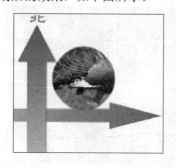

步骤10 打开"时钟"转场素材库。单击"画廊"下拉列表右侧的下三角按钮，在弹出的下拉列表中单击"时钟"选项，如下图所示。

步骤11 选择要使用的转场效果。打开"时钟"转场素材库后，选中要应用的"扭曲"转场效果，将其向时间轴中的素材方向拖动，如下图所示。

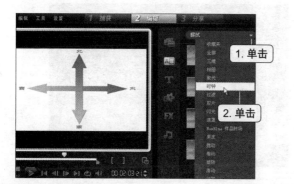

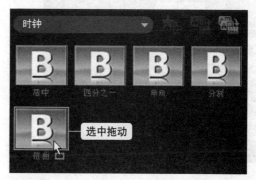

步骤12 应用转场效果。将"扭曲"转场效果拖到时间轴中素材3与素材4之间的灰色方块上，如下图所示，然后释放鼠标。

步骤13 设置转场效果。应用"扭曲"转场效果后，单击"边框"数值框右侧的微调按钮，设置数值为1，单击"色彩"色块，在弹出的颜色列表中选择颜色，如下图所示。

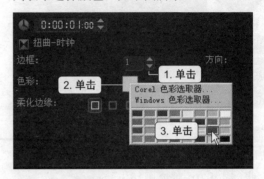

步骤14 显示应用转场效果。经过以上操作后，就完成了转场效果的应用与设置操作，单击预览窗口下方的"播放"按钮，就可以预览到应用转场后的效果，如下图所示，按照类似的操作为影片中的其他素材应用合适的转场效果。

步骤15 打开"相机镜头"素材库。单击"预览窗口"右侧的"滤镜"按钮，单击"全部"下拉列表右侧的下三角按钮，在弹出的下拉列表中单击"相机镜头"选项，如右图所示。

步骤16 选择要使用的滤镜。打开"相机镜头"滤镜素材库后选中要应用的"镜头闪光"滤镜效果，将其向时间轴的素材方向拖动，如下图所示。

步骤17 应用滤镜效果。将滤镜效果拖到需要应用该滤镜的素材缩略图上，如下图所示，释放鼠标左键，即可完成应用滤镜效果的操作。

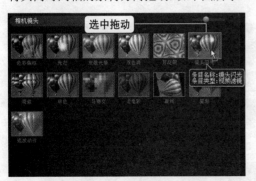

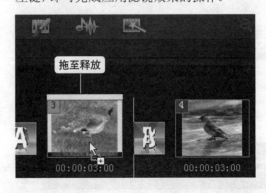

步骤18 选择"镜头闪光"滤镜样式。单击"属性"面板中的预设样式列表框右侧的下三角按钮，在弹出的下拉列表框中单击第一排的第三个动画样式，如下图所示。

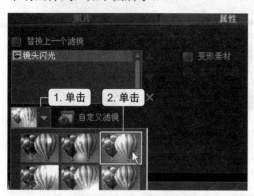

步骤19 打开"镜头闪光"对话框。选择了滤镜样式后单击"自定义滤镜"按钮，如下图所示。

步骤20 设置"镜头闪光"中心位置。弹出"镜头闪光"对话框，将光标指向"原图"选项组中的十字形状，当光标变成小手形状时按住左键拖动鼠标，如下图所示，移动镜头闪光的中心位置。

步骤21 设置镜头闪光滤镜参数。拖动"亮度"滑块，将数值设置为"71"，按照同样的方法，将"大小"设置为"60"，将"额外强度"设置为"317"，如下图所示，最后单击"确定"按钮。

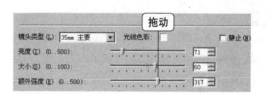

步骤22 显示应用滤镜效果。经过以上操作后，就完成了滤镜效果的应用与设置操作，单击预览窗口下方的"播放"按钮，就可以预览到应用后的效果，如下图所示。

步骤23 打开"暗房"滤镜素材库。单击"画廊"下拉列表框右侧的下三角按钮，在弹出的下拉列表中单击"暗房"选项，如下图所示。

步骤24 选择要使用的滤镜。打开"暗房"滤镜素材库，选中"肖像画"滤镜，将其向时间轴中的素材方向拖动，如下图所示。

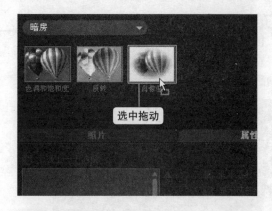

步骤25 应用滤镜效果。将滤镜效果拖到需要应用该滤镜的素材缩略图上，如下图所示，然后释放鼠标左键即可。

步骤26 打开"肖像画"对话框。选择了滤镜样式后，单击"属性"面板中的"自定义滤镜"按钮，如下图所示。

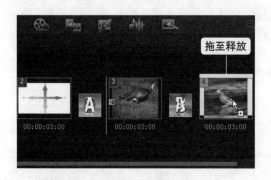

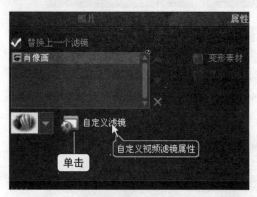

步骤27 选择肖像画形状。弹出"肖像画"对话框，单击"形状"下拉列表右侧的下三角按钮，在弹出的下拉列表中单击"矩形"选项，如下图所示。

步骤28 设置肖像画效果柔化度。拖动"柔和度"的滑块，将数值设置为68，如下图所示，设置完毕后单击"确定"按钮。

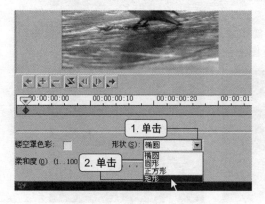

步骤29 显示应用"肖像画"滤镜效果。经过以上操作后，就完成了"肖像画"滤镜效果的应用与设置操作，最终效果如右图所示，按照同样的步骤，为其他图像和视频应用相应的滤镜效果。

应用滤镜效果

15.4 | 编辑短片标题

为了使短片所表述的意义更加明确，观众能够更直接地了解短片的内容，还需要在短片的相应位置添加标题内容进行说明，下面介绍一下详细的操作步骤。

步骤01 选择要使用的标题。切换到"标题"界面，在"标题"素材库中选中要应用的"Lorem ipsum"标题样式，将其向时间轴拖动，如下图所示。

选中拖动

步骤02 应用标题样式。将预设的标题拖动到时间轴标题轨中的适当位置，如下图所示，释放鼠标左键即可完成应用预设标题的操作。

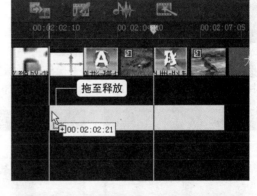

拖至释放

步骤03 输入标题文本内容。选择了预设的标题样式后，选中时间轴中的标题图标，同时预览窗口中的标题框处于选中状态，双击标题框将光标定位在标题框内，然后输入需要的标题文本，最后单击预览窗口任意位置，如右图所示。

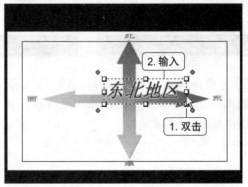

2. 输入

东北地区

1. 双击

步骤04 设置标题字体。选中标题框，单击"字体"下拉列表框右侧的下三角按钮，在弹出的下拉列表框中选择合适的字体，如下图所示。

步骤05 设置标题字号。设置了标题的字体后单击"字号"下拉列表框右侧的下三角按钮，在弹出的下拉列表框中单击60选项，如下图所示。

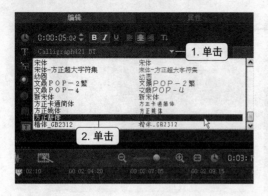

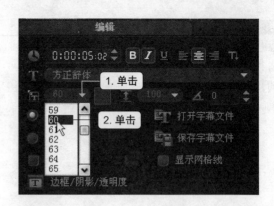

步骤06 取消标题的倾斜效果。单击"编辑"面板中的"斜体"按钮，为标题设置斜体效果，如下图所示。

步骤07 移动标题位置。将光标指向标题框，光标变成小手形状时按住左键拖动鼠标，如下图所示，将标题移动到目标位置。

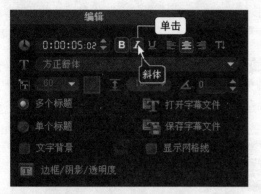

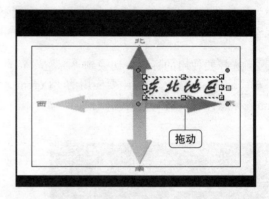

步骤08 显示应用标题效果。经过以上操作后，就完成了标题的应用操作，单击预览窗口下方的"播放"按钮，就可以预览到应用标题后的效果，如下图所示。

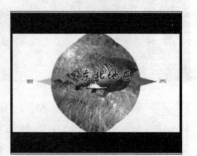

步骤09 定位标题插入位置。在时间轴中需要添加标题的位置单击鼠标左键，如右图所示，确定标题在影片中的位置。

步骤10 输入标题内容。定位标题插入位置后切换到"标题"界面，双击标题框，然后输入标题文本，最后选中标题框，如下图所示。

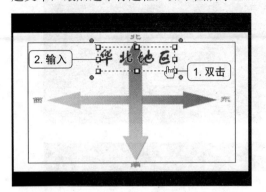

步骤12 打开"边框/阴影/透明度"对话框。选择标题字体后单击"编辑"面板中的"边框/阴影/透明度"按钮，如下图所示。

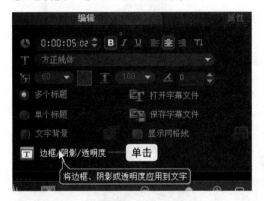

步骤14 设置边框颜色。单击"线条色彩"色块，在弹出的颜色列表中选择颜色，如下图所示。

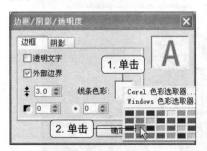

步骤16 设置动画类型。单击"动画"单选按钮，勾选"应用动画"复选框，然后单击"类型"右侧的下三角按钮，在弹出的下拉列表中单击"飞行"选项，如下图所示。

步骤11 设置标题字体。选中标题框，单击"字体"下拉列表框右侧的下三角按钮，在弹出的下拉列表框中选择字体，如下图所示。

步骤13 设置标题边框颜色。在弹出的"边框/阴影/透明度"对话框中切换到"边框"选项卡，勾选"外部边界"复选框，然后单击"边框宽度"数值框右侧的微调按钮，将数值设置为3.0，如下图所示。

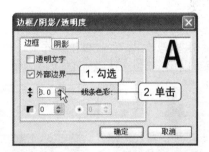

步骤15 设置透明文字。勾选"透明文字"复选框，最后单击"确定"按钮，如下图所示，完成标题边框的设置。

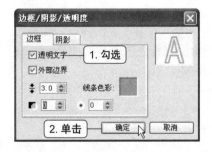

步骤17 选择动画样式。选择了动画类型后，选择动画预设样式列表框中第一排的第三个样式，如下图所示。

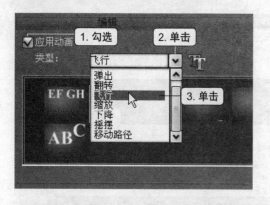
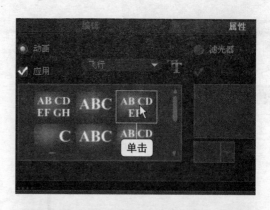

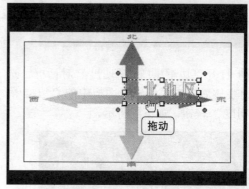

步骤18 移动标题位置。对标题的格式及动画效果进行设置后,将光标指向预览窗口中的标题框,当光标变成小手形状时按住左键拖动鼠标,如右图所示,将标题移动到目标位置。

步骤19 显示应用标题效果。经过以上操作后,就完成了标题的设置操作,单击预览窗口下方的"播放"按钮,就可以预览到应用标题后的效果,如下图所示。

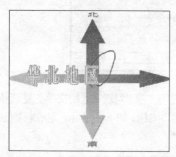

步骤20 定位标题插入位置。在时间轴中需要添加标题的位置单击鼠标左键,如右图所示,确定标题在影片中的位置。

步骤21 输入标题内容。定位标题插入位置后双击标题框输入标题文本,最后单击标题框,如下图所示。

步骤22 移动标题位置。将光标指向标题框,光标变成小手形状时按住左键拖动鼠标,如下图所示,将标题框移动到目标位置。

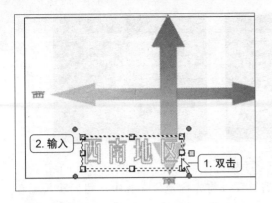 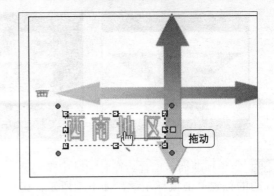

步骤23 打开"文字背景"对话框。切换到"编辑"面板，勾选"文字背景"复选框，然后单击"自定义文字背景的属性"按钮，如下图所示。

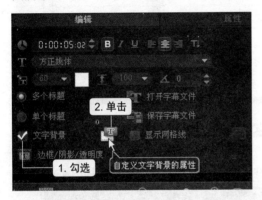

步骤24 设置背景类型。在弹出的"文字背景"对话框中，单击"背景类型"选项组中的"单色背景栏"单选按钮，如下图所示。

步骤25 对标题背景进行色彩设置。单击"色彩设置"选项组中的"渐变"单选按钮，然后单击渐变色块，在弹出的颜色列表中选择颜色，如下图所示。

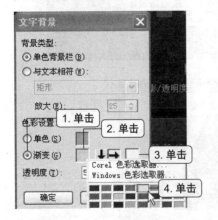

步骤26 设置标题背景透明度。对标题的色彩进行设置后，单击"透明度"数值框右侧的微调按钮，将数值设置为50，然后单击"确定"按钮，如下图所示。

步骤27 显示应用标题效果。经过以上操作后，就完成了标题的设置操作，单击预览窗口下方的"播放"按钮，就可以预览到应用标题后的效果，如下图所示。

步骤28 定位标题插入位置。在时间轴中需要添加标题的位置单击鼠标左键，如下图所示，确定标题在影片中的位置。

步骤29 输入标题内容。双击预览窗口中输入标题的位置，将光标定位在其中，然后输入标题文本，最后单击选中标题框，如下图所示。

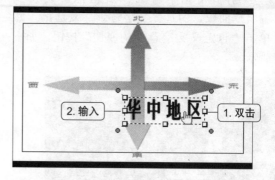

步骤30 设置标题字体。单击"字体"下拉列表框右侧的下三角按钮，在弹出的下拉列表框中选择字体，如下图所示。

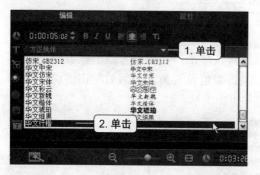

步骤31 打开"Corel 色彩选取器"对话框。单击"色彩"色块，在弹出的颜色列表中单击"Corel 色彩选取器"选项，如下图所示。

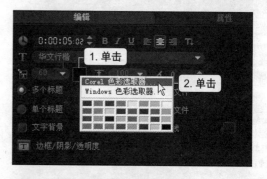

步骤32 设置标题文本颜色。在弹出的"Corel色彩选取器"对话框中，将标题颜色的RGB值分别设置为255、40、147，然后单击"确定"按钮，如右图所示。

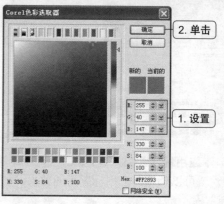

步骤33 选择标题动画类型。切换到"属性"面板，勾选"应用"复选框，然后将"类型"设置为"淡化"，最后单击"自定义动画属性"按钮，如下图所示。

步骤34 设置动画单位。弹出"淡化动画"对话框，单击"单位"下拉列表右侧的下三角按钮，在弹出的下拉列表中单击"行"选项，如下图所示。

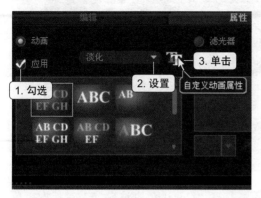

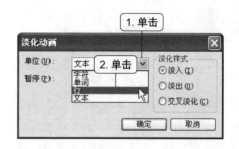

步骤35 设置动画淡化样式。设置动画单位后，单击"淡化样式"选项组中的"淡出"单选按钮，然后单击"确定"按钮，如下图所示。

步骤36 移动标题位置。将光标指向标题框，光标变成小手形状时按住左键拖动鼠标，如下图所示，将标题移动到目标位置。

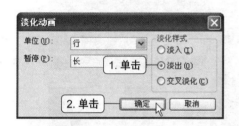

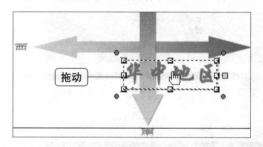

步骤37 显示设置标题效果。经过以上操作后，就完成了标题的设置操作，单击预览窗口下方的"播放"按钮，就可以预览到应用标题后的效果，如下图所示。

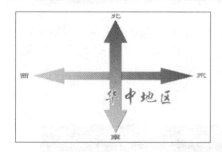

步骤38 定位标题插入位置。在时间轴中需要添加标题的位置单击鼠标左键，如右图所示，确定标题在影片中的位置。

步骤39 输入标题内容。定位标题插入位置，双击标题的位置，将光标定位在其中，然后输入标题内容，最后单击标题框，如下图所示。

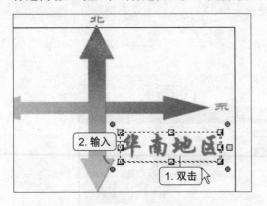

步骤41 设置标题字体。设置标题的方向后，单击"字体"下拉列表框右侧的下三角按钮，在弹出的下拉列表框中单击"华文新魏"选项，如下图所示。

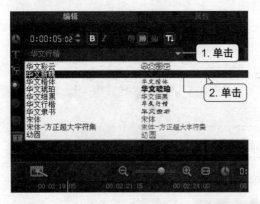

步骤43 设置标题文本颜色。在弹出的"Corel色彩选取器"对话框中，将标题颜色的RGB值分别设置为255、40、61，然后单击"确定"按钮，如下图所示。

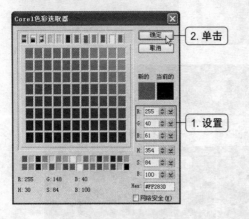

步骤40 更改标题方向。选中标题后单击"编辑"面板中的"将方向更改为垂直"按钮，如下图所示。

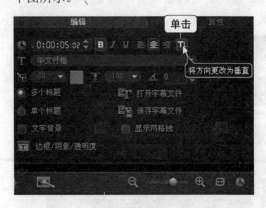

步骤42 打开"Corel 色彩选取器"对话框。单击"色彩"色块，在弹出的颜色列表中单击"Corel 色彩选取器"选项，如下图所示。

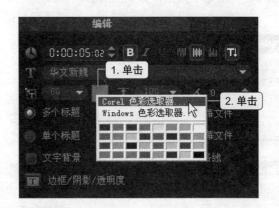

步骤44 打开"边框/阴影/透明度"对话框。设置了标题文字的颜色后，单击"编辑"面板中的"边框/阴影/透明度"按钮，如下图所示。

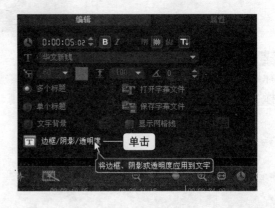

步骤45 设置标题边框。在弹出的"边框/阴影/透明度"对话框中，切换到"边框"选项卡，勾选"外部边界"复选框，将"边框宽度"设置为"4.0"，将"线条颜色"设置为黄色，如下图所示。

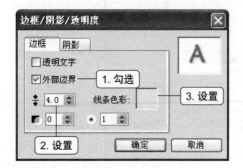

步骤46 设置边框阴影效果。切换到"阴影"选项卡，单击"下垂阴影"按钮，然后将X和Y的数值都设置为"10.0"，将"下垂阴影透明度"数值设置为"50"，将"下垂阴影柔化边缘"数值设置为"7"，最后单击"确定"按钮，如下图所示。

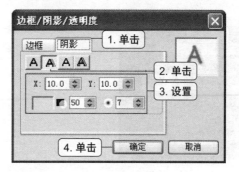

步骤47 选择动画类型。设置了标题的边框和阴影效果后，切换到"属性"面板，勾选"应用"复选框，然后单击"类型"列表框右侧的下三角按钮，在弹出的下拉列表中，选择"飞行"选项，如下图所示。

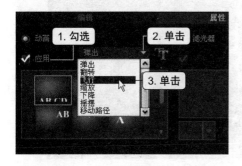

步骤48 选择动画样式。选择了动画类型后，选择动画预设样式列表框中第二排的第一个动画样式图标，如下图所示，最后将预览窗口中的标题框移动到合适位置。

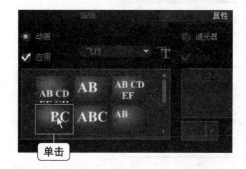

步骤49 显示设置标题效果。经过以上操作后，就完成了标题的设置操作，单击预览窗口下方的"播放"按钮，就可以预览到设置标题后的效果，如下图所示。

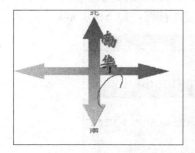
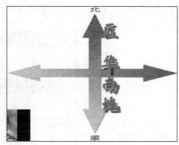

15.5 | 为短片录音

由于本例中的短片属于说明性的视频，为使短片的意义更容易被观众接受，还需要为短片录音并配备说明性的语言，下面介绍一下详细的操作步骤。

步骤01 打开"参数选择"对话框。执行"设置>参数选择"命令，如下图所示。

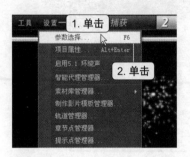

步骤02 打开"浏览文件夹"对话框。在弹出的"参数选择"对话框中切换到"常规"选项卡，单击"工作文件夹"文本框右侧的按钮 ，如下图所示。

步骤03 选择工作文件夹位置。在弹出的"浏览文件夹"对话框中选择会声会影软件的工作文件夹，然后单击"确定"按钮，如下图所示，完成工作文件夹的设置。

步骤04 确定录音位置。返回会声会影编辑器界面，单击时间轴中开始录音的位置，如下图所示。

步骤05 打开"调整音量"对话框。定位文件录音的起始位置后，单击"音乐和声音"面板中的"录制画外音"按钮，如下图所示。

步骤06 测试音量。弹出"调整音量"对话框，对着话筒说话确定录音的音量，调整到合适大小后单击"确定"按钮，如下图所示。

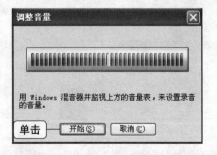

步骤07 停止录音。旁白录制完毕后，单击"音乐和声音"面板中的"停止"按钮结束录音，如下图所示。

步骤08 显示录音最终效果。经过以上操作，在时间轴的声音轨中就可以看到所录制的声音文件，如下图所示，在会声会影的工作文件夹中也会保存一份所录制的声音。

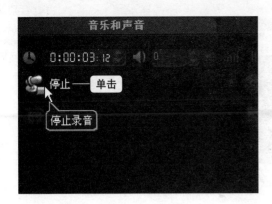

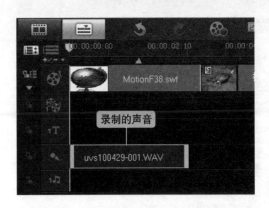

15.6 | 将短片创建为WMV格式的视频文件

短片制作完毕后，为了方便发布和保存，还需要将其创建为视频文件，用户可根据视频文件的用途将其创建为适当格式的文件，下面介绍一下详细的操作步骤。

步骤01 选择创建的文件格式。切换到"分享"界面，单击面板中的"创建视频文件"按钮，在下拉列表中指向WMV选项，在级联列表中单击WMV HD 1080 25p选项，如下图所示。

步骤02 保存视频文件。弹出"创建视频文件"对话框，选择文件要保存的位置，然后在"文件名"文本框中输入文件名称，最后单击"保存"按钮，如下图所示。

步骤03 显示渲染进度。经过以上操作后，返回会声会影编辑器界面，程序即开始创建视频文件，在界面中显示出文件渲染的进度，如右图所示。

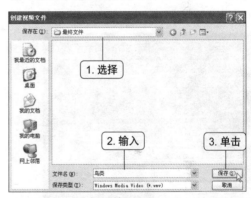

步骤04 显示创建视频文件最终效果。文件渲染完成后进入文件保存的位置，即可看到所创建的视频文件，如下图所示。

步骤05 播放创建的视频。打开视频文件所在位置后，双击新创建的视频即可播放视频，如下图所示。

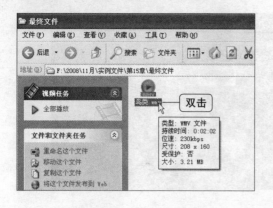

15.7 | 将短片上传到网上

为了能够让更多人共同分享用户所制作的影片,可以将影片发布到网上进行共享。在会声会影X3中,可以使用YouTube在线共享视频功能将短片传到网上,下面介绍一下详细的操作步骤。

步骤01 打开"打开视频文件"对话框。进入会声会影编辑器界面,切换到"分享"界面,单击"上传到YouTube"按钮,在弹出的下拉列表中单击"浏览要上传的文件"选项,如下图所示。

步骤02 选择要上传的视频文件。在弹出的"打开视频文件"对话框中选中要上传的文件,然后单击"打开"按钮,如下图所示。

步骤03 输入登录所用用户名和密码。选择了要上传的文件后,进入"步骤1—注册YouTube"对话框,在"已经是成员了吗?"选项组中输入用户名和密码,然后单击"下一步"按钮,如右图所示。

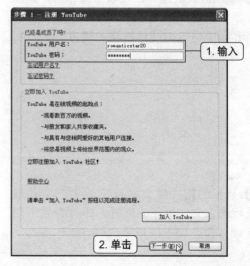

步骤04 阅读版权免责声明。进入"步骤2－版权免责声明"界面，勾选"我同意上述声明"复选框，单击"下一步"按钮，如下图所示。

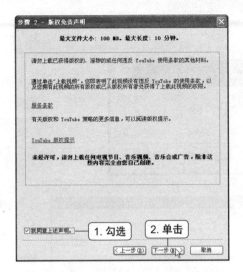

步骤05 描述视频。进入"步骤3－描述您的视频"界面，在"标题"、"描述"、"标记"文本框中输入相应内容，然后在"视频类别"列表框下拉列表中选择视频类别，如下图所示。

步骤06 选择广播类型。在广播选项组中单击"私有：只有您和您选择的人能看见"单选按钮，然后单击"下一步"按钮，如下图所示。

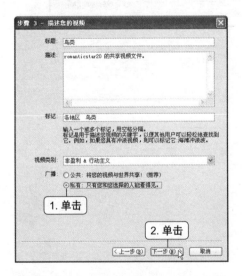

步骤07 生成文件。进入"步骤4－生成文件"界面，在"上载的视频文件属性"选项组中可以看到文件上传的位置、格式等属性，单击"上载视频"按钮，如下图所示。

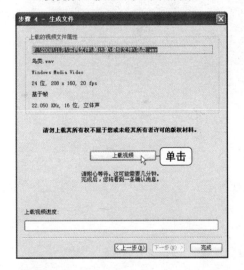

步骤08 显示视频上传进度。单击了"上传视频"按钮后，程序开始执行上传操作，在对话框下方的"上载视频进度"选项组中可以看到视频的上传进度，如下图所示。

步骤09 完成上传。上传结束后弹出Corel Video-Studio提示框，提示视频已成功上载到YouTube，单击"确定"按钮，如下图所示。

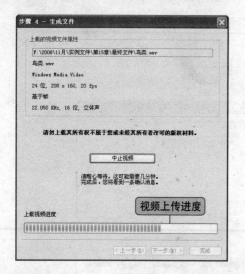

步骤10 查看上传的视频。单击"确定"按钮后弹出YouTube网页，在网页中可以看到刚刚上传的视频文件，如右图所示。